云南科技发展史总论

罗　群　潘先林　等　◎编著

科学出版社
北 京

内 容 简 介

在漫长的历史时期里，云南复杂的自然地理环境、多样的民族文化和以此为基础而形成的特殊的社会历史和经济条件，孕育了红土高原璀璨夺目的科技文明，并成为中国乃至世界科技发展史上一抹耀眼的亮色。本书回顾了云南科技发展的历程，考察了云南科技在不同历史时期的成就，探讨了云南少数民族科技的贡献，并从农业、交通、建筑等方面阐释了云南科技思想的发展演变，兼述了云南历史上的科技人物及其著述。本书为进一步认识中国统一多民族国家形成和发展的历程提供了科技史的视角，对推动云南民族团结进步示范区的建设亦具有重要意义。

本书可以为高校师生、科研机构人员提供参考。

图书在版编目(CIP)数据

云南科技发展史通论. 云南科技发展史总论 / 罗群，潘先林等编著. —北京：科学出版社，2025.3

ISBN 978-7-03-078335-6

Ⅰ. ①云…　Ⅱ. ①罗…　Ⅲ. ①科学技术–技术史–云南　Ⅳ. ①N092

中国国家版本馆 CIP 数据核字(2024)第 064777 号

责任编辑：李春伶　李秉乾 / 责任校对：贾娜娜
责任印制：肖　兴 / 封面设计：润一文化

科 学 出 版 社 出版

北京东黄城根北街 16 号
邮政编码：100717
http://www.sciencep.com

天津市新科印刷有限公司印刷
科学出版社发行　各地新华书店经销

＊

2025 年 3 月第 一 版　开本：720×1000　1/16
2025 年 3 月第一次印刷　印张：16 3/4
字数：282 000

定价：98.00 元

(如有印装质量问题，我社负责调换)

目　　录

绪　　论

一、云南科技史研究旨趣

党的十八大提出实施创新驱动发展战略，强调科技创新是提高社会生产力和综合国力的战略支撑，必须摆在国家发展全局的核心位置。习近平高度重视科技创新，提出一系列新思想、新论断、新要求，充分肯定科技的重要地位，认为"要发展就必须充分发挥科学技术第一生产力的作用"，提出"当今世界，谁牵住了科技创新这个'牛鼻子'，谁走好了科技创新这步先手棋，谁就能占领先机、赢得优势"。强调"在新一轮科技革命和产业变革大势中，科技创新作为提高社会生产力、提升国际竞争力、增强综合国力、保障国家安全的战略支撑，必须摆在国家发展全局的核心位置"。[①]

2016 年 5 月，习近平在全国科技创新大会、两院院士大会、中国科学技术协会第九次全国代表大会上，发表了题为《为建设世界科技强国而奋斗》的重要讲话。讲话中，习近平强调了科学普及的重要性，指出："科技创新、科学普及是实现创新发展的两翼，要把科学普及放在与科技创新同等重要的位置。没有全民科学素质普遍提高，就难以建立起宏大的高素质创新大军，难以实现科技成果快速转化。希望广大科技工作者以提高全民科学素质为己任，把普及科学知识、弘扬科学精神、传播科学思想、倡导科学方法作为义不容辞的责任，在全社会推动形成讲科学、爱科学、学科学、用科学的良好氛围，使蕴藏在亿

---

① 中共中央文献研究室编：《习近平关于科技创新论述摘编》，北京：中央文献出版社，2016 年，第 15、23、26、30 页。

万人民中间的创新智慧充分释放、创新力量充分涌流。"①习近平把科技创新与科学普及摆在同等重要的位置，强调它们都是实现创新发展的重要依托。

科学普及离不开对科技史的普及。20世纪80年代以来，在一大批科技史专家的努力下，中国科技史研究有了长足的进步，产生了有重要影响的系列著作，取得了举世瞩目的成就。与此同时，已有的中国科技史著作一方面偏重学术研究，不适合作为科学普及读物；另一方面，大多涵盖整个中国地域范围，而少有反映地方特色的科技史著作。因此，要充分展开科学普及之翼，就需要编写出一批反映地方特色的普及性科技史著作。

云南地处祖国西南边疆，在元谋发现的距今约170万年的人类化石、旧石器和用火的痕迹，应是人类使用工具的最早记录之一。云南境内居住着诸多边疆族群，加上特殊的地理位置、民族特色和历史文化，形成了独特的科学技术及其思想文化。在历史发展的过程中，云南的科学技术与周边地区和中原地区产生了长期的交往交流和交融，使得云南的科学技术成为中国科学技术历史宝库的重要组成部分。虽然云南科技发展较早，且成就显著，但是发展速度十分缓慢，且科技领域狭窄，多集中于农业、建筑、医疗等与衣食住行相关的领域，尤其多与自然经济相关，这就阻碍了科技水平的提高和科技领域的扩大。因此，云南的科技发展比沿海和内地省份缓慢，且云南省内各地区和各民族的科技水平也极不平衡。

当前，云南在建设民族团结进步示范区、争当生态文明建设排头兵、加快建设面向南亚东南亚辐射中心，以及国家"一带一路"倡议实施过程中不仅需要继承和发展已有科技，开拓新的研究领域，更需要将科技知识、思想和历史普及到广大的人民群众之中。因此，编写一部深入系统而又通俗易读的云南科技史著作，是深入贯彻习近平关于科学技术发展系列重要讲话精神的具体体现，也是服务云南跨越式发展的重要举措。其具体意义和必要性主要体现在以下几个方面。

第一，编写一部深入系统的云南科技史著作，有利于对云南地区科技发展过程的梳理和总结，丰富中国科技史的内容，并为当前的科技发展提供借鉴。

---

① 《为建设世界科技强国而奋斗——在全国科技创新大会、两院院士大会、中国科协第九次全国代表大会上的讲话（2016年5月30日）》，《人民日报》2016年6月1日，第2版。

在中国科技发展史上，云南地区在农业、手工业、建筑、交通、矿业、盐业等方面有许多值得挖掘和总结的历史资料，对此进行深入研究，可以增强人们对云南科技发展史的了解，也可以丰富对中国科技发展进程的认识，并对当前的科技发展提供历史参考。

第二，编写一部具有云南民族特色的科技史著作，有利于深入发掘云南各少数民族在科技发展中的贡献。云南是中国世居少数民族最多的省份，每个少数民族在科技方面都有其独特的创造和贡献。云南科技史的编纂，可以较为完整地将云南少数民族的科学技术呈现出来，从科技史的角度可以进一步认识中国统一多民族国家形成和发展的过程，从而推动云南民族团结进步示范区的建设。

第三，编写一部通俗的云南科技史著作，有利于云南科技知识、思想和历史的普及。云南科技史的编写，用通俗易懂、生动活泼的语言，图文并茂地记述云南科技知识，弘扬其中的科学精神，传播科学思想和科学方法，推动形成讲科学、爱科学、学科学、用科学的良好氛围，充分释放人民群众中蕴藏的创新智慧和创新力量，促进云南科技的创新发展。

二、世界科技发展及研究现状

20世纪中后期是科学知识极快增长并与技术革新和推广相结合的重要时期，新兴科学的发展使科学和技术的关系发生了巨大变化，出现了一系列以科学为先导的技术，如电子计算机技术、空间技术、能源技术、材料技术、激光技术、环境技术、生物技术等。其主要内容包括微电子科学和电子信息技术、空间科学和航空技术、光电子科学和光机电一体化技术、生命科学和生物工程技术、材料科学和新技术材料、能源科学和新能源高效节能技术、地球科学和海洋工程技术、基本物质科学和辐射技术、生态科学和环境保护技术、医药科学和生物医学工程，以及在传统产业基础上应用的新工艺和新技术。新兴的科学技术内容之广、层次之深、跨领域之多都是空前的，这些迅猛向前的高新科技形成新的技术群，掀起了以电子计算机为核心技术的第三次技术革命浪潮。

21世纪是科技全面发展和科学理性充分发展的世纪，世界科技革命开始向更高的阶段迈进,新的科技浪潮蓄势待发。当前,人类正进入前所未有的创新时代,新一轮科技革命和产业变革蓬勃兴起,科技创新给经济社会带来了巨大的改变,新产业、新模式、新业态层出不穷,新的增长动能不断积聚,科技创新已经成为推动经济发展、促进社会进步、维护国家安全的主导力量,更是增强国家核心竞争力的决定因素。信息技术成为率先渗透到经济社会生活各领域的先导技术,世界正在进入以信息产业为主导的新经济时代。基因技术、空间利用、海洋开发,以及新材料、新能源等高新技术的发展产生了一系列创新成果。

由于科技特别是高新科技的快速发展,世界经济调整的步伐不断加快。随着经济全球化进程的加快,国际竞争日趋激烈。为了在未来竞争中占据优势,多国对科技创新进行了系统筹划和战略部署,普遍开展了前瞻性和技术预见性研究,对未来有潜力和有前景的技术方向进行了前瞻性判断,对创新的不确定性和风险提前做出预警,从而为本国科技领先领域的选择提供支撑。很多国家出台科技创新战略,着力推进系统创新,致力于依靠科技创新打造和保持先发优势。当然,最新的突破性创新都离不开坚实的前沿科学基础,为此很多国家不仅在基础研究上投入大量资源,而且不断探索新的机制以更好地激发科技创新。

近年来,全球研发资金投入不断增加,论文、专利等科技产出快速增加,全球科技快速发展,重大科技成果和突破不断涌现。根据经济合作与发展组织的统计数据,2006—2016 年,经济合作与发展组织国家的研发经费总额增加了约 50%,中国 10 年间增加了 300%。在论文、专利等科技产出方面,据 SCI(science citation index,科学引文索引)数据库的统计数据,世界科技论文数量在 2006—2016 年增加了 56%。在信息、生物、能源、航空等众多科技领域中,人工智能领域的发展速度超过了其他领域。[1]以人工智能为代表的新兴技术驶入"快车道",世界科技创新被认为正在进入"认知革命"的阶段——对生命过程的"精微刻画与操作"和对人类智能的"逆向工程与强化"。[2]

中国始终站在时代前沿、国家前途的战略高度,把科技创新摆在重要位置。习近平总书记立足中国放眼世界,强调要在全球视野下实施科技开放创新。习

---

① 中华人民共和国科学技术部编著:《国际科学技术发展报告·2018》,北京:科学技术文献出版社,2018 年,第 3 页。

② 李万:《范式变革与规律涌现:世界科技发展新趋势》,《学习时报》2019 年 12 月 4 日,第 A6 版。

近平强调，新时代"中国将以更加开放的胸襟、更加包容的心态、更加宽广的视角，大力开展中外文化交流"①。在交流合作中把握世界科技创新发展新方向，在竞争与碰撞中制定科技创新发展具体目标，在对比与鉴别中确立科技创新发展新战略，从而不断提升中国科技创新发展的"加速度"，使中国尽快迈入世界一流科技强国、创新强国行列。

针对世界科技经济全球化的发展趋势，世界各国应携手合作，勠力创新，以科技创新支撑构建人类命运共同体，共同应对全球性问题的严峻挑战，最终实现世界各国合作共赢共享。科技命运共同体是人类命运共同体的核心内容和重要保障。党的十八大明确提出，"要倡导人类命运共同体意识，在追求本国利益时兼顾他国合理关切，在谋求本国发展中促进各国共同发展"②。2019年10月16日，由中国科学技术协会、中国科学院、中国工程院联合主办，俄罗斯科学工程协会联合会共同发起，以"科学·技术·发展"为主题的首届世界科技与发展论坛在北京召开，全国政协副主席、中国科学技术协会主席万钢出席开幕式并宣读习近平主席贺信。习近平在贺信中指出，"当前，新一轮科技革命和产业变革不断推进，科技同经济、社会、文化、生态深入协同发展，对人类文明演进和全球治理体系发展产生深刻影响。以科技创新推动可持续发展成为破解各国关心的一些重要全球性问题的必由之路"。习近平强调，"中国一贯秉持开放合作，坚持把联合国可持续发展议程同本国发展战略和国情有机结合，努力实现更高质量、更有效率、更加公平、更可持续的发展。希望论坛促进各国科学家、教育家、企业家携手合作，凝聚共识，交流思想，深化合作，为推动构建人类命运共同体贡献智慧和力量"。③这些都充分体现了中国对全球科技发展与人才交流和合作的高度重视，也充分肯定了科技发展是可持续发展的根本动力。

科学史作为一门独立学科形成于20世纪上半叶。1928年8月8日，国际科学史委员会在挪威奥斯陆成立，次年召开第一届国际科学史大会，科学史的研究走上了国际化道路。其后除第二次世界大战期间中断10年外，每三年举行

①《习近平出席中国国际友好大会暨中国人民对外友好协会成立60周年纪念活动并发表重要讲话》，《人民日报》2014年5月16日，第1版。

② 中共中央文献研究室编：《十八大以来重要文献选编》（上），北京：中央文献出版社，2014年，第37页。

③《习近平向首届世界科技与发展论坛致贺信》，《人民日报》2019年10月17日，第1版。

一次，自 1977 年第十五届起，改为每四年举行一次。1956 年，竺可桢、李俨、刘仙洲、田德望、尤芳湖 5 位科学家代表中国参加第八届国际科学史大会。1981 年 8 月 27 日至 9 月 3 日，第十六届国际科学史大会在罗马尼亚布加勒斯特举行，席泽宗等 8 人组成中国代表团前往参加，此后每届中国均有代表参会。2005 年 7 月 24 日至 30 日，第二十二届国际科学史大会在北京举行。①

　　中国科技史研究始于 20 世纪 20 年代，李俨、钱宝琮、梁思成等学者对古代科技文献与文物进行了发掘和整理工作。中华人民共和国成立后，国家开始重视科技史的研究，1954 年 9 月，中国科学院设立中国自然科学史研究委员会，竺可桢为主任，叶企孙、侯外庐为副主任，并在中国科学院历史研究所第二所成立自然科学史研究组。②1957 年元旦，中国科学院创建中国自然科学史研究室，李俨为主任，1975 年扩建为自然科学史研究所。这些机构的相继成立，标志着科技史开始成为一门独立学科。③与此同时，综合科技史和各学科史的教学和科研活动也在清华大学、中国科学技术大学等高校广泛开展起来。1980 年 10 月，中国科学技术史学会成立，这是中国科技史研究发展的第二个里程碑。该学会狠抓学术交流工作，每年召开学术会议，交流论文数千篇，与中国科学院自然科学史研究所合办《自然科学史研究》《中国科技史料》两种刊物。此外，1958 年中华全国妇女联合会和中华全国科学技术普及协会合并，正式成立中国科学技术协会，作为全国科技工作者的统一组织，是党和政府联系科技工作者的桥梁和纽带，是国家推动科技事业发展的重要力量。

　　近年来，国内科技史工作者在国内各种学术刊物发表科技史方面论文数百篇，科技史研究聚焦于中国古代科技史研究，同时有关中国近现代科技史、中西科技交流史、中国当代科技史等的研究也日趋成熟，并取得了一系列研究成果，出版了"20 世纪中国科学口述史""中国科学技术史""20 世纪中国知名科学家学术成就概览"等大型丛书。完成了"中国科学技术史"丛书的编纂，实现了几十年来由中国人自己编写一套中国科技史的夙愿。

---

① 席泽宗：《中国参加国际科学史组织的回忆》，《光明日报》2005 年 7 月 28 日，第 7 版。
② 刘青泉：《科技史与当代科技》，南昌：江西人民出版社，1999 年，第 29 页。
③ 中国科学技术史学会编著：《2009—2010 科学技术史学科发展报告》，北京：中国科学技术出版社，2010 年，第 3 页。

三、云南科技史研究现状

云南科技史相关资料丰富，但云南科技史的研究却被学术界所忽略，一度沦为学术盲区，普及性的读物甚少。

20 世纪 80 年代，地方志的编修被纳入政府工作的运行机制中，各级政府相继成立地方志编修机构。云南省政府于 1981 年 11 月成立了以省长刘明辉为主任委员的云南省地方志编纂委员会，领导全省的地方志编修工作。1985 年在云南省地方志编纂委员会的指导下，由云南省科学技术委员会牵头组织筹备编写《云南省志》卷 7《科学技术志》，经历了组织队伍、设计篇目、收集资料、试写初稿、评议修改、分纂总纂等阶段，于 1995 年底完成送审稿，经过修改补充最终完成，1998 年由云南人民出版社出版发行。《科学技术志》共 199 万字，设正文 57 章，即天文学、地学、生物学、数学、物理学、化学、软科学、农业（上）、农业（下）、林业、畜牧业、水产、水利、气象、热带作物、烟草、乡镇实用技术、地质矿产、测绘、冶金、机械、化工、电力、煤炭、新能源及节能技术、交通运输、建筑、建材、轻工、纺织、粮油储藏加工、食品工业、新兴科学技术、电子、地震、广播电视、邮电通信、环境保护、医疗卫生、医药、计划生育、文化、电化教育、体育、科技机构、科技队伍、管理机构、计划管理、经费和物资管理、成果管理、专利管理、科技服务、标准计量、国际科技交流与合作、科技体制改革、科技档案和保密、科学技术群众团体。① 《科学技术志》充分展现专业特色、地方特色和时代特色，以科技为主线，全面系统地记述了云南各学科和国民经济主要门类科技的起源、发展、兴衰、曲折及科技的管理等内容，各重要科技事项和成就记述全面，横不漏项，纵不断线；一般相关事物主要从科技活动、科技水平及科技的关系等方面记述，使科技发展脉络清晰，专业特色突出。该书对于云南特有和较为优异的科技事项、少数民族的科技成就和贡献，如天文学、生物学的研究，自然资源的开发利用，烤烟的引种栽培和卷烟加工，有色金属特别是锡矿、铜矿资源的开发利用等都做了详细记述。志书内容的全面，体现出省志编纂的权威性和系统性，为之后研究云南科技史提供了宝贵资料。当然，志书作为"一方之全史"，一定程度上带有

---

① 云南省科技志编委会编撰：《云南省志》卷 7《科学技术志》，昆明：云南人民出版社，1998 年。

工具书属性，也因此影响了志书的可读性和受众面。

云南省科学技术史委员会在编修《云南省志·科学技术志》期间，委托云南省社会科学院历史研究所研究编写《云南科学技术史稿》，云南省社会科学院将其列为重点科研项目，由谢本书和夏光辅担任负责人，牛鸿斌、袁丽萍及云南省博物馆熊永忠共同参与讨论、研究和编写。《云南科学技术史稿》作为"云南科学技术史志丛书"的一种，是较早全面介绍云南科技史的著作。全书共 38 万字，分为两编。第一编"云南科技发展纵述"，以时间先后为序论述云南科技发展的历史进程，分别为原始科技（公元前 9 世纪以前、商代以前）、古代科技（上）（公元前 8 世纪至公元初年、西周至西汉）、古代科技（中）（公元初年至 13 世纪中叶、东汉至南宋）、古代科技（下）（13 世纪中叶至 17 世纪中叶、元明时代）、古代科技与近代科技的交汇（17 世纪中叶至 20 世纪初、清代）、近代科学技术的发展（1912 年至 1949 年、民国）。第二编"云南少数民族的科学技术"，专门探讨云南少数民族的科学技术，分别为天文历法、建筑技术、医药保健、手工技术、农业技术。书中还附有大量图片，生动直观地展现了云南科技史的面貌。[①]该书是云南科技史撰述的开拓之作，在勾勒出云南科技发展历程的同时，还特别注意发掘少数民族科技的成就，对后来的云南科技史的研究和撰述产生了重要影响。同时，由于尚属草创阶段，书中涵盖的科技范围还不够广泛，同时由于断限于民国时期，故而中华人民共和国成立以来的内容未能呈现。

李晓岑的《云南科学技术简史》[②]，作为"民族文化与科技研究丛书"的一种，是云南科技史撰述的重要成果。事实上，1999 年云南民族学院编的《云南》[③]一书中"云南科学技术史概述"部分作为附录占据全书篇幅的大部分。该书正是以此文作为框架基础写出来的，根据云南科技史的特点，对章节的划分做了调整。该书将科技史与民族史相结合，对云南数千年的科技发展历史进行了综合性研究。全书共 36 万字，分为 11 章，内容主要包括两个部分：第一部分即第一章，扼要概述了云南科技发展的空间维度，认为地理环境是云南科技发生、发展与制约的重要因素，地理环境多样性加上物质资源的丰富性，使

---

① 夏光辅等：《云南科学技术史稿》，昆明：云南科技出版社，1992 年。
② 李晓岑：《云南科学技术简史》，北京：科学出版社，2013 年。
③ 云南民族学院编：《云南》，昆明：云南教育出版社，1999 年。

云南科技文化呈现丰富多样的特点。第二部分即第二至十一章，以时间为序（时间维度）论述了从远古到民国时期云南的科学技术，运用科技史、考古学、民族学等多学科研究方法考察云南历史中具有"科技意义"的事件，在大量的文献中挖掘出云南科技史料，在立足史实的前提下，着力凸显"科学"与"技术"的地域属性，呈现一幅云南大地上发生的诸多科技事件大交融的画面，既描绘了源于云南的冶金技术、草药学知识，以及造纸技术传入云南后的本土特色，又阐释了其他国家科技与云南科技接触与融合的现象。全书依时间先后，将云南科技发展划分为若干阶段，对每个阶段进行分类叙述。全书内容简明扼要，具有较强的可读性，但也存在一些缺陷，如该书注重避免时空割裂感问题，但在科学与技术的归属问题方面论述稍显不足。此外，《白族的科学与文明》（云南人民出版社，1997 年）、《科学和技艺的历程——云南民族科技》（云南教育出版社，2000 年）两部著作对云南民族科技也进行了探讨。

另外，还有一批资料整理性质的云南科技史相关著作，如云南省科学技术志编纂委员会组织编写的《云南科学技术大事》（昆明理工大学印刷厂，1997 年）、《云南科研设计机构简介》（云南科技出版社，1991 年）、《云南获奖科技成果》（云南科技出版社，1992 年）及《云南年鉴》中的相关内容，均是云南科技史研究的重要材料。此外，李约瑟主编《中国科学技术史》、卢嘉锡主编《中国科学技术史》等中国科学技术通史著作，关于云南的部分，也值得参考。"中国少数民族科学技术史丛书"（广西科学技术出版社，1996 年）中包含通史卷、天文历法卷、地学·水利·航运卷、农业卷、纺织卷、医学卷等内容，其中涉及云南少数民族的部分，也具有重要的参考价值。

综上所述，现有关于云南科技史的研究和撰述，已经形成了一定的规模，为后续研究和撰述奠定了坚实的基础。但同时可以看出，由于时间断限、受众群体、时代要求等方面的不同，云南科技史的研究和撰述还有欠缺：一是缺乏兼具学术性和普及性的云南科技史著作；二是未能深入挖掘云南少数民族科技的贡献；三是未能充分反映中华人民共和国成立后云南科技发展的成就。基于以上方面，在前人的基础上，本书通过深入研究，力图撰写出一部兼具学术性和普及性、能够深入挖掘云南少数民族科技的贡献，反映中华人民共和国成立后云南科技发展成就的云南科技史著作。

四、云南科技史的特点

历史悠久的中华文明留下了丰富的文化遗产，科技成就是其中光辉灿烂的一环，我国涌现了众多科学家，产生了数以万计的科技成就，不仅深刻影响着中国历史的发展，亦对世界文明发展史做出了杰出贡献。科技的发展离不开特定的社会历史和经济条件，中国灿烂的科技成就是中华民族在广袤大地上辛苦耕耘的结果，更是中华民族在历史进程中交往交流交融的结晶。要想全面深入地了解中国科技的灿烂全景，考察时就必须注重科技发展的总体系与区域或民族特色的结合。云南地处祖国西南边疆，民族众多，在历史长河中形成了众多独具特色的科技成就，是中国科技发展总体系不可分割的一部分。关于云南科技史上发展的不足，谢本书曾在夏光辅所著的《云南科学技术史稿》序言中总结为理论建树不足、发展速度缓慢、科技领域狭窄、因循封闭明显。①时至今日，随着资料的不断挖掘与研究视角的多元化，云南科技史的发展又呈现出了新的图景，大体特点可归纳如下。

（一）发展较早，成就显著，独具特色

云南是世界上最为神秘的地方之一。"滇虽僻界极徼，然山川奥衍，又以邻于外域，故物产之饶甲天下；其他草木鸟兽，亦往往多珍异。宝藏之兴，惟滇为独奇焉。"②各族人民在这块神秘的土地上创造了光辉灿烂的科技文明，并推动其不断向前发展。

云南是人类的发源地之一。考古资料显示，云南是世界上科技创造活动最早的地方之一。距今约170万年的元谋人遗址中有打制石器，有用火的痕迹，这是人类最早的科技活动。之后在滇池、洱海、元谋等地的新石器时代遗址中，发现了石制和陶制的纺轮和纺坠，说明当时已掌握原始纺织技术，纺织原料可能是木棉和野生棉。

云南是世界栽培稻起源地之一。考古学、民族学、文化语言学、神话学、生态植物学等学科方法的交融研究提出了五个论点：①栽培稻由野生稻育成，

① 夏光辅：《云南科学技术史稿》，昆明：云南人民出版社，2016年，第8—9页。

② （清）谢圣纶辑，古永继点校：《滇黔志略点校》，贵阳：贵州人民出版社，2008年，第107页。

云南自古至今有野生稻；②云南现存古稻谷品种有旱稻和水稻，有既具粳稻又具籼稻特性的品种；③云南有原始耕作方式留存；④云南有新石器时代稻谷遗迹；⑤云南有悠久的稻作传统。这些研究进一步有力地证明了云南就是世界栽培稻起源地之一。

除此之外，云南还是茶叶和甘蔗的原种地之一。丰富的矿产资源和生物资源，使其不仅有悠久的种棉、织布和畜牧的历史，冶铁技术也曾冠居全国，同时云南在天文历法、建筑、医药、农业、手工业等方面也独具特色。

（二）与内地紧密相连，浑然一体

虽然从远古到西汉中期，云南的科技主要是地方性的，属于独具风格的地方科技文化，但地方性发展的过程中亦不能忽视其与内地较早发生联系的一面。研究表明，云南新石器文化与内地相比，共性多于个性，是中国新石器文化的一部分。

中国科技大学科学史研究室对河南安阳殷墟五号墓的部分青铜器进行科学测定，发现其铜料是云南出产的，而不是中原产品，说明当时云南已能采矿炼铜，并已远运内地。公元前286年，楚国将领庄蹻王滇，把当时先进的楚国文化和生产技术带到了滇池地区。公元前3世纪，秦始皇派常頞修筑"五尺道"，促进了云南与内地经济文化的交流。

东汉以后，云南科技与内地科技的联系进一步紧密，这种联系是一体两面的发展，即内地科技和云南科技呈现出互相影响的趋势。如魏晋南北朝时期，随着内地汉族迁居云南人数的增多，建筑技术传入云南，汉式建筑开始出现。云南昭通后海子发掘的东晋霍氏墓壁画中的房屋即有瓦顶、斗拱、檐牙高翘等汉式建筑，历经南诏、大理各代，成为云南除土掌房、干栏、井干三大体系之外处于核心地位的第四大建筑体系。又如东汉至元代这一时期，云南本土产生的"稻麦复种制度""梯田耕作法"等伟大的成就不仅引发了云南社会的变革，而且对中国传统农业产生了重大影响。

元朝时，云南在行政制度上正式成为中国的一个省，第一任行政长官赛典赤·赡思丁兴修滇池水利工程，疏通滇池出水口，修筑松花坝水库，有利于预防昆明郊区的旱涝灾害、灌溉良田，加强了中央对云南的统治。明代以后，内地科技对云南产生了重大影响，云南科技总体上成为中国科技总体系的一部分，同时云南地方科技也在融合过程中进一步加强。以采矿、冶铸和金属加工技术为先导，云南几乎所有的技术都取得了巨大的进步，逐步分化成为各种不同的学科，如明代云南出现的"古铜器""斑铜器""乌铜走银"等工艺品，说明此时云南铜器制造技术已经具有较高水平。所以李晓岑说明清时期"各个学科高度发展，使传统技术走向相对成熟的阶段，有些学科达到了传统科技的高峰，云南特色的科学技术的系统性逐渐形成了"①。清代中叶以前，云南初步完成了传统科技体系的建构，其影响到今天仍不能被忽视。

虽然清代中期以后，随着清王朝的衰败，中国传统文化一步步走向僵化，云南部分传统科技亦受到影响，创新能力越来越弱，逐渐呈现出衰落之颓势，不禁让人叹息。但长期以来形成的云南与内地科技互相影响、共同发展的浑然一体关系是研究云南科技史中不可忽视的重要一环。

人类已经有了几千年的文明史，任何一个国家、一个民族都是在承前启后、继往开来中走到今天的，世界是在人类各种文明交流交融中呈现出当今样貌的。云南作为亚洲地理的中心，陆连"三亚"（东亚、东南亚、南亚），肩挑两洋（太平洋、印度洋），云南所处的地缘位置，使其很早就与印度、东南亚等地区发生联系，其中科技的互相影响值得关注。

东汉以后，云南科技的发展除受到内地科技的影响外，亦与周边地区发生联系。南诏国时期，强盛的国力使其与亚洲南部的各个国家和地区都有广泛的联系和交流，接受和融合了各种外来事物。至大理国时期，云南与印度和东南亚的关系十分密切，在数学、医学、水利、金属制作等领域都有广泛的交流，如从印巴次大陆传入的数学的"四四五"进位制，在中外科技交流史上占有重要的地位。

至明清时期，中外科技交流史中最瞩目的当属美洲粮食作物——玉米、番薯、马铃薯等的传入。云南是美洲粮食作物传入中国的重要路线之一，但传入初期仅作为"园圃作物"，而真正产生"革命性"影响的是清嘉道以后移民浪潮推动的二次传播。美洲粮食作物的高产和超强适应性，增强了云南各族人民对边际土地的利用能力，成为开发山区的重要助力，迅速取代传统杂粮成为在山头、山腰种植的重要粮食作物。云南采用轮种制度，并逐渐形成新的饮食文化，

---

① 李晓岑：《云南科学技术简史》，北京：科学出版社，2013年，第344页。

从而对今天云南"山区立体农业"模式和"沿山区立体分布"民族格局的形成产生了深远的影响。

同时，清代西方近代科技的影子也出现在云南大地上，虽然只局限在地理测量等个别领域，但却显示出不同寻常之处，开始扭转 2000 多年来云南科技主要受内地影响的历史发展趋势。

1840 年以后中西方的不断碰撞，使得中国逐渐向近代化转型，处于祖国边陲的云南也随之开始了科技的近代化，云南科技日益与世界科技联系到一起。19 世纪末 20 世纪初是云南交通跨越式发展的关键时期，驿站等传统方式与航空、铁路、公路等近现代方式并存，尤其是滇越铁路的修建和开通更有利于云南社会、经济和文化的发展，使云南从边陲变为接受近现代文化的桥头堡。总之，传统科技和近代科技的碰撞，是云南历史上一次大革命，对云南科技的影响是极为深远的，提升了云南整体的科技水平。

当然，我们也要注意到云南科技发展过程中存在的诸多不足，如理论不足、虽发展较早但狭窄迟缓等，这些是考察云南科技史中不可忽视的一面。

第一章 云南科技发展史的分期

人类在不断认知自然界的过程中创造了璀璨的科技文明，构成了人类文明的重要组成部分，推动着人类社会的发展与进步。云南是人类发源地之一，在漫长的历史时期里，复杂的自然地理环境和多样的民族文化，以及以此为基础而形成的特殊的社会历史和经济条件孕育了红土高原璀璨夺目的科技文明，促进了云南古代文明不断地向前发展，并成为中国乃至世界科技发展史上一抹耀眼的亮色。

第一节 自然与人文：云南科技发展的基础

时间与空间，是认识人类历史进程的两个基本要素。时间历程反映了事物的一般发展过程，地理空间则确定了历史进程所涉及的具体范围。"科技"作为人类认识、改造自然的知识体系和具体手段，本身也受到"时""空"两个因素的制约与影响。要对"云南科技史"这一历史进程做出准确的认识，除了理解它在线性时间中的发展历程以外，还要看到历史地理这一客观因素对它造成的影响。

古代云南地区独特的自然、人文地理环境，是决定云南科技发展轨迹的因素之一。云南省位于中国的西南边陲，是青藏高原的南延部分，地理位置为东经 97°31′—106°11′和北纬 21°8′—29°15′，北回归线横贯省境南部，是典型的低纬度高原。南北纵深 990 千米，东西横跨 864.9 千米，全省总面积 39.41 万平方千米，东部与贵州省、广西壮族自治区为邻，北部与四川省相连，西北部紧依西藏自治区，西部与缅甸接壤，南部和老挝、越南毗邻。[①]云南省地势西北

---

① 云南省人民政府：《区位及面积》，2021 年 9 月 6 日，http://www.yn.gov.cn/yngk/gk/201904/t20190403_96247.html，2022 年 6 月 25 日。

高、东南低，自北向南呈阶梯状逐级下降，属山地高原地形，山地面积占全省总面积的88.6%。地形以元江谷地和云岭山脉南段宽谷为界，分为东西两大地形区。东部为滇东、滇中高原，是云贵高原的组成部分，表现为起伏和缓的低山和浑圆丘陵；西部高山峡谷相间，地势险峻，形成奇异、雄伟的山岳冰川地貌。①

云南省河川纵横，湖泊众多地，跨长江、珠江、元江、澜沧江、怒江、大盈江六大水系。域内径流面积在100平方千米以上的河流有889条，分属长江、珠江、元江、澜沧江、怒江、大盈江六大水系。元江和珠江发源于云南境内，其余为过境河流。除长江、珠江外，其余均为跨国河流，这些河流分别流入中国南海和印度洋。多数河流具有落差大、水流湍急、水流量变化大的特点。全省有高原湖泊40多个，多数为断陷型湖泊，大体分布在元江谷地和东云岭山地以南，多数在高原区内。湖泊水域面积约1100平方千米，占全省总面积的0.28%，总蓄水量1480.19亿立方米。湖泊中滇池面积最大，为309.5平方千米；洱海次之，面积约250平方千米；抚仙湖深度全省第一，最深处为158.9米；泸沽湖次之，最深处为105.3米。②

省内地形以山地为主，夹杂着平原、台地和丘陵，山地面积占88.6%，丘陵面积占4.9%，平原面积占4.8%，台地面积占1.5%。③山区或者丘陵地带局部平原和台地俗称坝子。在云南域内起伏纵横的高原山地之中，高原坝子星罗棋布，面积在1平方千米以上的坝子有1400多个，其中近1000个分布在滇东高原，约占全省坝子总数的69%，总面积约1.7万平方千米，约占全省坝子总面积的71%。滇西横断山地坝子数量较少，面积在1平方千米以上的坝子有400余个，约占全省坝子总数的31%，坝子总面积较小，约7000平方千米，约占全省坝子总面积的29%。④全首面积在100平方千米以上的坝子有49个。坝子

---

① 云南省人民政府：《自然概貌》，2024年12月11日，http://www.yn.gov.cn/yngk/gk/201904/t20190403_96255.html，2025年2月11日。

② 云南省人民政府：《自然概貌》，2024年12月11日，http://www.yn.gov.cn/yngk/gk/201904/t20190403_96255.html，2025年2月11日。

③ 云南省人民政府：《自然概貌》，2024年12月11日，http://www.yn.gov.cn/yngk/gk/201904/t20190403_96255.html，2025年2月11日。

④ 云南省地方志编纂委员会总纂，云南师范大学地理系等编撰：《云南省志》卷1《地理志》，昆明：云南人民出版社，1998年，第232、236页。

地势平坦、气候温和，土壤肥沃、灌溉便利，多是云南农业兴盛、人口稠密的经济中心，也成为孕育云南科技文明的重要地带。

复杂的地形、地势造就了云南多样的气候类型，主要包括北热带、南亚热带、中亚热带、北亚热带、南温带、中温带和北温带等七个气候类型。多样的气候类型使云南享有"植物王国""动物王国"的美誉；特殊的自然地理环境也使云南地质现象种类繁多，成矿条件优越，矿产资源极为丰富，尤以有色金属及磷矿著称，被誉为"有色金属王国"，是得天独厚的矿产资源宝地。①多样性的生物资源和丰富的矿产资源对云南科技史的走向产生了深刻影响，与此相关领域的科技也成为云南科技史的核心内容，对历史时期云南的农业、医药、金属冶炼及纺织、印刷、建筑等的发展影响深远。

从地缘关系角度看，云南是中国通往东南亚、南亚的窗口和门户，辖域内国境线长达 4060 千米，陆地边境与越南、老挝、缅甸三个国家接壤，与泰国和柬埔寨通过澜沧江—湄公河相连，与孟加拉国、印度等南亚国家邻近。沿边 8 个州、市土地面积合计 20.2 万平方千米，总人口 1882.9 万人，分别占全省的 51.4%和 39.9%，居住着壮族、苗族、哈尼族、彝族、傣族、景颇族、傈僳族等 23 个少数民族，特殊的地理区位是云南科技发展呈现丰富多彩特征的原因之一。②如滇南的西双版纳分布有傣族、哈尼族、彝族等少数民族，因与缅甸、老挝山水相连，又与泰国、越南邻近，故西双版纳地区的科技发展呈现出一定的东南亚特色。

云南是人类文明起源地之一，栖息在这片土地上的各族人民共同缔造灿烂的科技文化。云南省境内的民族结构多样，在这片美丽富饶的红土高原上生息繁衍着 25 个世居民族，其中 15 个为云南独有，而复杂的自然地理环境造就了各民族互相交往交流交融的历史文化发展轨迹和多元统一的民族文化风貌，深刻影响着云南科技的发展轨迹。不同民族在认知自然、改造自然的过程中，创造出了绚烂多彩的民族文化。不同民族虽然存在一定的文化差异，但不断地积累经验、革新技术，以更加和谐的方式维系人与自然的关系却是各民族文化中

① 辜夕娟：《云南旅游景观地名语言文化研究》，昆明：云南大学出版社，2021 年，第 150 页。
② 云南省人民政府：《云南省人民政府关于印发云南省沿边地区开发开放规划（2016—2020 年）的通知》，2016 年 7 月 5 日，http://www.yn.gov.cn/zwgk/zcwj/yzf/201911/t20191101_184096.html，2025 年 2 月 11 日。

蕴含的共同特征。因此，综观云南科技发展的悠久历史，科学技术的发明和创造无不体现着民族文化的强力支撑，如传统节日对历法、宗教信仰对民间工艺的影响即是鲜明的体现。①

交流与融合是云南科技发展漫长历史中呈现的主题之一。云南科技史中的交流与融合体现在两个方面：一是云南地区对中原地区先进科技文化的吸纳；二是云南域内各民族间的科技交流与融合。上述两方面因素共同推动着云南科技不断前进。

云南与内地的科技交流迟至新石器时代即已展开，在大理点苍山马龙峰山麓的新石器时代文化遗址中，考古人员发现了鼎的残足。鼎在先秦时期是中原地区特有的一种器物，它在洱海地区的出现，足以证明古代洱海地区的原始氏族、部落群与中原地区一直保持着密切的联系。及至战国时期，可见记载云南与内地发生联系的史文，楚国将军庄蹻"将兵循江上，略巴、（蜀）黔中以西……蹻至滇池，（地）方三百里，旁平地，肥饶数千里，以兵威定属楚。欲归报，会秦击夺楚巴、黔中郡，道塞不通，因还，以其众王滇，变服，从其俗，以长之"②。至秦时，始皇帝遣将军常頞修通从蜀南下经僰道（今宜宾）、朱提（今昭通）至滇池（今昆明）的五尺道并置官管辖，交通的便利使云南与内地的文化联系渐渐频繁。汉武帝元封二年（前109），汉王朝在云南置益州郡，随着人口迁移活动的增多，云南与内地的文化交流逐渐活跃起来，中原文化始得以规模性地影响云南地区。东汉王朝沿袭西汉王朝制度，在云南地区设郡置官。蜀汉后主建兴三年（225），诸葛亮率军兵分三路开赴南中平叛并析置郡县，巩固了蜀汉在南中的统治。此后的两晋时期，中原王朝虽对云南区划建置做了多次调整，南朝各代依然在云南地区设官置吏，但其实际控制范围却不断缩小。云南地区最终为爨氏割据，与内地的文化交往密度也急剧减少，逐渐遁迹于史文。

需要说明的是，秦汉时期云南与内地的文化交流对云南科技的发展产生了深刻影响，如纸张至迟在三国时期即已传入云南。史文中有关云南造纸术的记载虽于元代始出现，但内地的造纸术显然对云南造纸术的发展影响深远，纳西人用于书写东巴经的东巴纸的发明即是例证。纳西人的手工造纸融入了一些中

---

① 李晓岑：《云南科学技术简史》，北京：科学出版社，2013年，第6页。
② 《史记》卷116《西南夷列传》，北京：中华书局，1959年，第2993页。

原造纸的方法，是多元文化交汇的产物，而其晒纸过程明显受到浇纸法的影响，又有抄纸法的痕迹，是中国造纸术与印巴次大陆造纸法兼容并蓄的结果。

唐宋时期，云南地区先后出现南诏和大理两个地方政权。南诏国时期，云南与内地的文化交往整体呈现比较热络的态势。韦皋为西川节度使时，曾选派云南边疆族群子弟赴成都学习中原文化，并形成一项长期执行的治边政策。《资治通鉴》载："初，韦皋在西川，开青溪道以通群蛮，使由蜀入贡。又选群蛮子弟聚之成都，教以书数，欲以慰悦羁縻之，业成则去，复以他子弟继之。如是五十年，群蛮子弟学于成都者殆以千数。"①虽然韦皋最终目的是为唐王朝的羁縻策略服务，但作为一项被长期执行、涉及成千上万边疆族群子弟的治边政策，其在促进云南科技发展方面的作用是不容忽视的。此外，南诏政权对唐王朝政治制度的仿效亦推动着云南科技的发展。大理国地方政权曾于熙宁九年（1076）、政和六年（1116）、政和七年（1117）赴宋朝贡。政和七年朝贡取得积极成果，宋王朝"制以其王段和誉为金紫光禄大夫、检校司空、云南节度使、上柱国、大理国王"②。但遗憾的是，由于宋王朝秉持"守内虚外、强干弱枝"的治边思想，大理国地方政权与宋王朝仅维持了名义上的臣属关系。在上述政治背景下，双方之间由官方主导的文化交流乏善可陈。大理国曾遣使入宋王朝求经籍，崇宁二年（1103），段正淳遣高泰运"奉表入宋，求经籍，得六十九家，药书六十二部"③。相较于大理国与宋王朝官方交流的冷清，双方民间交流和联系却十分热络，《桂海虞衡志》载有大理国市马商人入宋购买经籍事，大理商人所求即有医药书目，而此对云南医药学发展的影响显而易见。

及至元代，广袤的云南边疆被纳入"大一统"版籍之中，其开创性意义正如元人李京所言："秦、汉以来，虽略通道，然不过发一将军、遣一使者，以镇遏其相残，慰喻其祁恳而已。所任得人，则乞怜效顺；任非其人，则相率以叛。羁縻（縻）苟且，以暨于唐，王师屡覆，而南诏始盛矣。天宝以后，值中原多故，力不暇及。五季扰乱，而郑、赵、杨氏亦复攘据。宋兴，介于辽、夏，未

---

① （宋）司马光编著，（元）胡三省音注：《资治通鉴》卷 249《唐纪六十五》，北京：中华书局，1956 年，第 8078 页。

② 《宋史》卷 488《大理国传》，北京：中华书局，1977 年，第 14073 页。

③ （明）倪辂辑，（清）王菘校理，（清）胡蔚增订，木芹会证：《南诏野史会证·段正淳传》，昆明：云南人民出版社，1990 年，第 269 页。

遑远略。故蒙、段二姓与唐、宋相终始。天运勃兴，文轨混一，钦惟世祖皇帝天戈一指，尽六诏之地皆为郡县。迄今吏治文化侔于中州，非圣化溥博，何以臻此。"① "文轨混一"是元明清时期云南社会历史发展的重要特征，反映了云南边疆与内地一体化进程的加速，而科技的发展即是其中的内容之一。随着与中原地区科技交流的密集化，云南科技进入了快速发展期。需要说明的是，作为中原王朝统治秩序成熟的腹里地区是云南科技发展的核心区域，该地区在政治、经济、文化方面与内地的一体化是科技发展的重要内在原因。如在昆明、大理地区即涌现了一批具有代表性的科技成果。此后的明清时期，在中原王朝统治力量不断深入边远地区的基础上，内地移民得以大规模地涌入云南边疆。如滇东北的昭通地区具有丰富的有色金属矿产资源，众多内地移民涌入该地从事矿产开采。该地是内地移民聚居程度最高的地区之一，亦是受中原文化影响深刻的地区之一，而其金属冶炼技术在云南科技发展史上具有突出的地位。

多样性是云南科技发展的鲜明特征，而具有不同文化底蕴的各世居民族间的科技交流是多样性特征的重要体现，奠定了各世居民族科技"你中有我，我中有你"的发展态势，最终合力推动着云南科技的发展。

第二节　先秦时期云南科技的萌芽

一切历史皆以"时间"为基本参照，"科技"的发展亦不例外。科技的发展，本身即是一个经由时间积累而形成体系的历史过程。就云南地区而言，科技的进步既有其自身的发展脉络，同时也与中国的整体科技发展水平直接联系。也就是说，从纵向的时间点进行整体观察，云南的科技发展水平在特定时间点可能与中原、沿海以及其他边疆地区存在差异，但从整体时段来看，传统中国各区域的科技发展水平又是保持在同一层级上的。云南在漫长的历史时期中，科技自有其特点，但同时也与同时期其他地区的科技水平基本保持了一致性。

考古资料表明，早在170万年以前，云南地区即已有人类活动，元谋人牙齿化石也是迄今为止在中国境内发现的最早的人类骨骼化石。随着越来越多的遗迹的发掘，云南璀璨的原始文化逐渐呈现在世人面前。位于石林县的"百石

---

① 转引自云南省民族研究所编、王叔武校注：《云南志略辑校》，昆明：云南民族出版社，1986年，第84页。

岭"是考古学家在 1961 年发现的人类旧石器时代遗址，受技术条件限制，考古学家保守推测该遗址年代为距今 4 万—3 万年。2005 年，云南的考古学家在对百石岭进行重新研究时发现了较多的旧石器，否定了前次的年代定位，而将该遗址年代重新定位为距今 80 万年。考古学家在石林百石岭发现的那些距今约 80 万年的旧石器时代石器遗存和最早在此发现的星月形刮削器同属一个时期，是目前云南已知最早的旧石器时代工具。元谋人和百石岭遗址的发掘为研究中国早期人类文明提供了重要证据。

云南地区由旧石器时代向新石器时代过渡时期的文明发展状况可通过娜咪囡遗址观察。娜咪囡遗址位于西双版纳傣族自治州景洪市景哈哈尼族自治乡土鲁村民委员会巴勒村民小组北偏西 30°的 1700 米处。在 2011 年 11 月至 2013 年 5 月的第二次发掘中，考古学家发现了 5000 多件石制品和 20 000 多件动物化石。石制品的原料包括玄武岩、花岗岩、石英和燧石等，类型有石核、石片、工具、断块、残片、碎屑等；工具类型包括砍砸器、刮削器、尖状器、研磨器、石锤、石砧、石臼、磨制石斧和石锛毛坯、局部磨光石斧和石锛等，大部分工具通过精细加工制成，例如形制规整的周边陡刃砍砸器、舌状刮削器等。动物化石有大量鹿、牛、羊、猴、鼠等动物骨骼和牙齿化石，大量鱼、龟、蛇等动物骨骼化石，大量螺壳、蚌壳等无脊椎动物化石，以及大量鸟类化石。除此之外还发现大量蚌壳、赭石碎块，少量早期陶片、炭化植物种子等。娜咪囡遗址中发现的特殊的"不定型化"技术加工石器，有利于揭示史前人类在打造石器过程中运用的知识和技能。该遗址文化遗存丰富、遗物数量较多，为探索新石器文化起源、农业起源和旧石器向新石器过渡阶段人类的生存方式、行为特点及社会文化的研究提供了重要材料。

经过旧石器时代的缓慢发展，距今 5000—4000 年前，云南进入了新石器时代，目前考古发掘的新石器时代遗址几乎遍及云南各地。例如，大理海东银梭岛新石器时代遗址，约公元前 3000 年进入新石器时代；宾川白羊村新石器时代遗址，碳-14 测定的年代为距今 3770±85 年；永平新光新石器时代遗址，碳-14 测定的年代为距今 4000—3700 年；元谋大墩子新石器时代遗址，碳-14 测定的年代为距今 3210±90 年。另外，在滇西的大理马龙遗址、永仁菜园子、云县忙怀、龙陵梅子寨和景东丙况等地都发现了大量新石器时代的遗物，表明这些地区是史前云南古人类的主要聚居地。滇南则在文山、麻栗坡、个旧、建水、西双版纳等地有新石器时代遗址，在滇池区域，有少量的贝丘遗址属于新石器时代。① 上述考古遗迹表明，在新石器时代，云南的陶器、纺织、建筑等方面技术均有了一定程度的发展。而尤为引人注目的是云南农业的发展，稻谷栽培技术的出现具有标志性意义。云南宾川白羊村、永平新光和元谋大墩子等新石器时代遗址均发现了炭化稻谷、稻穗凝块或陶制器具上的谷壳及穗芒压痕，这些遗迹的年代为距今约 4000 年。

矿产开采和有色金属冶炼是商周时期云南科技发展的主题之一，青铜文化的出现是其中的重要内容。在鲁甸县野石山遗址中，考古学家发掘出铜锛，其年代可追溯至晚商时期，证明滇东北在商代即已有较为成熟的铜矿开采和冶炼技术。纳古石棺葬位于云南省迪庆藏族自治州的德钦纳古，石棺墓共有 23 座，据碳-14 测定，其年代为公元前 950±100 年，处于西周时期。该遗址还发掘出了铜质兵器和生活用具，如柳叶形矛、曲茎剑、双圆饼首剑、铜镯、脚饰、铜饰牌等，它们主要为铜锡合金。从历史进程来看，德钦纳古青铜文化是对云南影响最早并在洱海区域发扬光大的青铜文化，堪称云南青铜文明最重要的源头。滇西北德钦永芝、石底及中甸和宁蒗等地均发现青铜时代石棺墓和土坑墓，多处于春秋战国时期。出土文物有剑、矛、戈、弧背刀、杖头、泡饰、手镯等，其风格与德钦纳古相同，均有北方甘、青文化特征。这些铜器的成分以红铜和铜锡合金为主，并有少量铜锡铅合金，其中一件永芝 M2 出土的铜泡饰为铜砷铅合金，即砷白铜，十分少见。上述出土文物表明，商周时期云南的科技，尤其在矿产开采和金属冶炼等方面已有了不同程度的发展。

这个时期的云南，数学概念及知识开始萌芽。宾川白羊村和大理马龙遗址出土的陶器的形制和纹饰表明当时已有圆形、同心圆、菱形、弧形、球形、三角形、椭圆等多种几何图形的概念。大理马龙遗址的陶器上还有 24 种符号，这些刻画符号可能是数字的起源。

另外，先秦时期的云南地区已经萌发了关于天文的思想观念。例如，从江川李家山墓葬中出土的青铜浮雕祭祀扣饰，以及晋宁石寨山出土的器皿的纹饰图案来看，当时的人们应萌发了一些大同小异的宇宙观，即认为宇宙的早期是混沌的，后来经过长期演化，其演化有个开端，演化过程则由"无序"向"有

---

① 李晓岑：《云南科学技术简史》，北京：科学出版社，2013 年，第 12 页。

序"发展。这些特征所体现出的宇宙有创生期的思想已在现代宇宙学中得到印证。①再者，从宾川白羊村的遗址可以看出，绝大多数墓葬指向正东西方向或正南北方向，说明人们已能够根据太阳和星辰的起落方向来确定方位，一定程度上反映了当时先民的天文思想观念。

综上，根据考古资料信息，云南是人类最早的发源地之一，也是科技创造活动萌生最早的地方。②当然，我们也应该知道，先秦时期云南的科技还处于萌芽阶段，技术水平还比较原始。

第三节　秦汉、魏晋南北朝时期的云南科技发展概况

秦汉时期，云南科技发展最为耀眼之处仍是金属冶炼技术，青铜器的合金配比技术逐渐成熟，古滇国还发明了熔模铸造法，已能在金属器皿上铸造各色人物和动物造型，且该项技术已经十分成熟。例如，研究者分析了 66 件西汉时期的铜器，其中红铜器 4 件，占 6.1%，所占比例已大大减小；铜锡合金 52 件，占 78.8%，比例有增加的趋势；铜锡铅合金 10 件，占 15.2%。由此说明，古滇国的铜器主要以铜锡合金为主。另外，他们又对江川李家山、会泽水城的东汉铜器进行了成分分析，鉴定的 10 件样品全都是铜锡铅合金。③分析结果显示，滇池周边铜器合金的成分有所演变，之前的铜锡合金已经变为铜锡铅合金，并且相应的配比非常稳定，直接表明铸铜技术到了东汉时期已有了很大的进步。铸铜技术的成熟也推动了云南农业的发展，在古滇国墓葬中即出土了铜质农具，且数量较多。

云南金属冶炼技术不断进步的另一个表现是铁器的使用。西汉中期以前，云南人对铁的认识相对缺乏，只能靠锻打进行铁器的制作，铸造出来的铁器种类和数量并不丰富。早期大型墓葬中出土的铁器只有零星几件，且须与青铜相配合使用，如铜柄铁剑和铜銎铁凿，说明当时铸铁技术和人们对铁器的使用还处于不成熟阶段。到了西汉中期，从墓葬中出土的铁器数量增多，种类也丰

---

① 李晓岑：《云南科学技术简史》，北京：科学出版社，2013 年，第 56 页。

② 夏光辅：《云南科学技术史稿》，昆明：云南人民出版社，2016 年，第 4 页。

③ 李晓岑：《云南科学技术简史》，北京：科学出版社，2013 年，第 40—41 页。

富起来。"晋宁石寨山和江川李家山出土的一些铁器，其剑柄的装饰有滇文化的特点，并出现了较多的全铁器。"①由此可知，云南人已掌握铸铁技术且会熟练地制作铁器。

除了冶炼技术之外，手工业技术的发展亦是秦汉时期云南科技发展的重要内容。20世纪末，考古学家在昆明羊甫头发现了大量保存完好的漆木器，为近年云南最重要的一次漆器考古发现。该遗址漆器主要包括各种兵器、生产工具如漆木柲，也有少量生活用具，还有以刻画人物和动物为主题的木雕饰件。漆器多以髹黑漆作地，辅以赤漆描纹，亦有一些用咖啡色或棕红色漆作为装饰。出土器物精妙生动，部分器物彩绘纹饰多样，有涡旋纹、蜥蜴纹、蛙纹、点线纹、编织纹等，形成绚丽多彩的艺术风格，制作工艺绝妙。除此之外，由保山龙溪山出土的砖瓦可知其为东汉中平四年（187）制造，这是现时发现的最早生产的纪年砖，说明当时保山地区的制砖技术已经成熟。另外，东晋时期，种植甘蔗与制作蔗糖也开始盛行起来。②

纸张的使用也是这个时期很重要的一个事件。随着中原汉人的迁入，东汉以后，纸张也随之进入云南。据史料记载，在三国时期，云南的贵族人士已经开始使用纸张。到了西晋，由史料记载可知，云南的有些地区已经大量使用纸张进行祭祀。两晋时，西爨白蛮的书法已经达到很高造诣，如《爨宝子碑》《爨龙颜碑》书法得汉、晋正传，在中国书法史上具有崇高的地位，这与书写工具——纸张的传入（甚至可能是造纸术的传入）是密切相关的。③

鎏金和镶嵌技术也是值得注意的。云南地处高原，江河湖泊众多，又多产麸金（也称沙金）。这些麸金为云南的黄金冶炼提供了原料保障。从墓葬出土文物来看，最迟到西汉时期云南的黄金冶炼技术就已经成熟。从在晋宁石寨山、江川李家山发掘的金剑鞘、金饰物、鎏金青铜器等可以看出，当时这些器物的金佩饰已经达到了纯金的成色，从中衍生出的鎏金技术也随之而发展。"鎏金，近代人称为'火镀金'，是一种简单易行的镀金技术，也是我国古老的'涂金'技术。""鎏金的工艺流程是先将黄金与水银混合，使黄金溶解于水银中，成

---

①　李晓岑：《云南科学技术简史》，北京：科学出版社，2013年，第46页。

②　云南省科学技术志编纂委员会编：《云南科学技术大事》，昆明：昆明理工大学印刷厂，1997年，第5页。

③　李晓岑：《云南科学技术简史》，北京：科学出版社，2013年，第73页。

金汞剂，再将金汞剂涂在要鎏金的青铜器表面，然后加热使水银蒸发，金就牢固地依附在青铜器表面，永不脱落。"①镶嵌技术，是在青铜器表面镶嵌颜色鲜艳而且坚硬的贵重玛瑙、玉石、绿松石等。其中，桃胶是重要的黏合剂之一。此外，对玉石、玛瑙、绿松石等硬石类工艺品的加工技术也是应当予以关注的。考古学家从晋宁、江川两地出土的西汉时期古墓群中就发现了许多用玉石、玛瑙、绿松石等制作的手镯、扣饰、项珠、耳环等饰品，在当时落后的生产条件和技术水平的背景下，古滇人还能够制作出这些精美的配饰，实属难得。

除此之外，纺织技术在秦汉时期也得到了发展。在滇池区域出土了很多纺织物文物，其主要原料有棉、麻、丝、毛。从晋宁石寨山出土的刻画纺织场面的贮贝器可见，这时期一种足蹬式踞织机已经广泛使用。

在建筑风格方面，西汉以前云南的建筑风格多以干栏式为主，另有井干式建筑出现，现今云南西部一些少数民族地区仍旧有此建筑。魏晋南北朝时期，随着内地迁居云南人数的增多，内地建筑技术传入云南，汉式建筑在云南出现。在昭通的后海子发掘的东晋霍氏壁画中的房屋，即有瓦顶、斗拱、檐牙高翘等汉式建筑，在经历了南诏和大理各代之后，成为处于核心地位的四大建筑体系之一。②总的来说，西汉以后逐渐出现了砖瓦结构的建筑样式，这也是建筑技术进步的一种体现。

特别值得一提的是，秦汉时期，云南与内地的交往开始密切起来，这在云南交通发展方面有鲜明的体现。秦时，始皇帝遣将军常頞修"五尺道"，西汉武帝时期，以"五尺道"为基础，疏通了内地通往云贵高原的道路，是为"南夷道"。蜀汉时期，越嶲郡守张嶷重开旄牛旧道，又于旄牛夷地复置驿站，亦在客观上加强了云南地区与蜀汉的联系。

云南的农业在秦汉时期也得到了发展。在西汉晚期，云南的农业生产技术进步很大。我们通过出土的贮贝器可以看出，古滇国经常举行各种盛大的与农业相关的仪式，例如"祈年""播种""丰收"等。其中，《史记·西南夷列传》

---

① 夏光辅：《云南科学技术史稿》，昆明：云南人民出版社，2016 年，第 46 页。
② 云南省科学技术志编纂委员会编：《云南科学技术大事》，昆明：昆明理工大学印刷厂，1997 年，第 5 页。

就记载称滇国一带有耕田，有邑聚，处于农耕社会。①汉武帝正式设益州郡管辖云南，将滇王印赐给滇王尝羌后，中央王朝便开始大力支持云南的农业开发，进行了较大规模的移民屯田，把内地的汉人迁入云南进行垦殖。这些迁入的汉人把中原地区较为先进的农耕技术带到云南，"审其土地之宜，观其草木之饶……通田作之道，正阡陌之界"②。云南地区的原始农业技术得以改进，出现了田园化的土地耕作制度。③自古以来，旱涝等自然灾害就是农业生产面临的严峻挑战，云南发生最多的是旱灾。西汉始元六年（前 81），就有"益州大旱"④的记载，当时的云南人民应对灾害主要体现在两个方面，即抗旱思想的凝练和制度的完善。抗旱思想主要表现为"灾异天谴说"，具体而言，当灾害发生时，当政者的抗旱救灾行为多少都表现出了一定的机会主义思想，第一时间是用祈祷、祭祀等行为以回应"天"对人的惩罚。⑤具体的应对措施则分为报灾、勘灾、救灾等环节，不过西汉时期的救灾举措还不是很成体系，直到清代才逐渐形成较为完整的救灾系统。这也从侧面说明，由于农业技术的进步，云南人民应对旱灾的经验也越发丰富。

众所周知，秦汉时期云南的农业生产之所以得到长足发展，主要是因为冶铁技术的提升，铁制农具得以广泛使用。"铁质生产工具的广泛使用作为一种新的生产力因素，发挥着巨大的作用，它使砍伐树木、开垦荒地、农田耕作和水利灌溉都可以较大规模地发展起来，在云南稻作农业的发展进程中是一个具有划时代意义的事情。"⑥所以，生产工具的变革促进了云南古代农业的发展。再者就是牛耕的使用与推广。中国牛耕技术始于春秋战国时期，到西汉出现了"二牛三人耦犁"的耕作方法。云南对牛耕的使用则比较晚，据现有史料分析，至蜀汉建兴年间，云南的牛耕技术才比较普及，如《蛮书》载："每耕田用三尺犁。"⑦在南诏时期还曾有牛和犁的画像。

① 《史记》卷 116《西南夷列传》，北京：中华书局，1959 年，第 2991 页。
② 《汉书》卷 49《爰盎晁错传》，北京：中华书局，1962 年，第 2288 页。
③ 夏光辅：《云南科学技术史稿》，昆明：云南人民出版社，2016 年，第 49 页。
④ 李伯川主编：《云南农业科学技术史研究》，昆明：云南人民出版社，2014 年，第 136 页。
⑤ 李伯川主编：《云南农业科学技术史研究》，昆明：云南人民出版社，2014 年，第 141—142 页。
⑥ 管彦波：《云南稻作源流史》，北京：民族出版社，2005 年，第 103 页。
⑦ （唐）樊绰撰，向达校注：《蛮书校注》卷七《云南管内物产》，北京：中华书局，2018 年，第 171 页。

农业的进步带动了云南畜牧业和渔业的进步。西汉初期，云南农业转为以栽培种植为主，且畜牧业开始发展。[①]这点我们从出土的文物之中便可看到，如晋宁石寨山出土的贮贝器上有大量的马、牛、羊等图案，足以证明当时的牧羊、饲养牛马等畜牧业有所发展。"当时滇池地区已有捕鱼业出现，昆明羊甫头出土青铜鱼杖头饰，上面鱼的形象应为滇池中出产的鲢鱼。"[②]东汉以后，云南一些地区的畜牧业发展很快，并出现了以马为代表的畜牧产品，如当时云南有名的马——滇池驹。据《华阳国志·南中志》记载，此马可日行五百里，被誉为神马。[③]牛、羊的养殖也比之前繁盛。同时，根据史书记载，在滇东南一带的"僚民"傍水而居，很擅长捕鱼，"能水中潜行，行数十里，能水底持刀，刺捕取鱼"[④]。除此之外，滇东北、滇中等地的渔业也已经有所发展。

值得注意的是，在这个时期，云南的天文历法也有所发展。东汉初期，僰道的僰人中涌现出一位天文学家任永，《华阳国志》卷10记载："任永，字君业，僰道人也。长历数，王莽时托青盲，公孙述时累征不诣。"[⑤]《后汉书·独行列传》中也有任永的传记，他是见于记载的最早的僰人科学家。东汉以后，中原地区的农历传入云南，在今发现的一些墓砖上所刻时间已采用中原地区的历法，如在大理一带出土的一些墓砖上有"嘉平年十二月造""太康四年""太康六年"等字样，滇中一些晋碑上也有用中原的历法和干支纪年月的情况。魏晋时期，中原历法更是在云南得到普及，陆良和曲靖发现的大小两爨碑就采用了中原农历纪年。

古滇国时期，滇人已经具备了丰富的生物学知识，能够在青铜器上绘制四十余种动物形象，对生物与生态环境的有机联系也有深刻的认识。东汉时期，生物学知识开始有了较多的记载，很多云南药物得到了使用，有些还被运到了

---

① 云南省科学技术志编纂委员会编：《云南科学技术大事》，昆明：昆明理工大学印刷厂，1997年，第4页。

② 李晓岑：《云南科学技术简史》，北京：科学出版社，2013年，第55页。

③ （晋）常璩撰，任乃强校注：《华阳国志校补图注》卷4《南中志》，上海：上海古籍出版社，1987年，第237页。

④ 此条原文无地名，王叔武先生将其系于牂牁郡下（今滇东黔西一带）。见王叔武辑：《云南古佚书钞》（增订本），昆明：云南人民出版社，1996年，第17—18页，转引自李晓岑：《云南科学技术简史》，北京：科学出版社，2013年，第68页。

⑤ （晋）常璩撰，任乃强校注：《华阳国志校补图注》卷10中《广汉士女》，上海：上海古籍出版社，1987年，第583页。

中原地区。

数学方面，古滇国时期，滇人已使用"〇"符号来计数，如在晋宁石寨山出土的刻文图片上，就有用"〇"符号和"—"符号对牛、马、羊、虎和人的数目进行计数的描绘，还有这两种符号的混合使用以表示数字。其中"〇"符号的使用，对以后零数的发明及"0"符号的产生有重要意义。①

综上可知，在秦汉、魏晋南北朝时期，云南的科技水平有所提升，特别是在金属冶炼方面和农业技术方面，有了明显的提升。

第四节　南诏国、大理国时期的云南科技发展概况

8 世纪初，南诏崛起，在唐王朝的支持下，完成了对洱海区域的统一。随着社会环境日趋稳定，南诏与中原地区在经济、文化、科技等方面也逐渐呈现出一体化的历史特征，在农业、冶炼、畜牧业等方面均有明确体现。

南诏的冶金技术较前代有了较大幅度的提升。例如，铁器制造在南诏国时期就有较快的发展，铁制品增多，使用铁器的领域随之扩大，锻钢和淬火技术也得到了很大提升。其中最重要的标志就是制造了铁犁，《华阳国志·云南管内物产》有"每耕田用三尺犁，格长丈余"的记载②，这种"三尺犁"就是铁制的。另外，南诏国时期制铁技术高度发达的重要标志——铁索桥和铁柱的建设与铸造也是值得关注的。《大唐新语》卷十一中有相关记载："时吐蕃以铁索跨漾水、濞水为桥，以通西洱河，筑城以镇之。"③这是唐朝派唐九征率军到云南与吐蕃作战，曾焚毁的两座铁索桥。"这种铁索桥，用铁环连结成铁索，若干股铁索横跨江河，铁索头系固于两岸的石岩，铁索上铺木板，即成铁索桥。这种铁索桥，设计巧妙，工程艰险，在冶铁工艺和施工技术上都有突破性进步。"④铁柱的铸造最具代表性的就是著名的"唐标铁柱"。唐九征将两座铁索桥切断以后，唐对吐蕃的战争才取得了胜利，于是唐九征就在今弥渡县立铁柱

---

① 李晓岑：《云南科学技术简史》，北京：科学出版社，2013 年，第 55 页
② （唐）樊绰撰，向达校注：《蛮书校注》卷七《云南管内物产》，北京：中华书局，2018 年，第 171 页
③ 转引自李晓岑：《云南科学技术简史》，北京：科学出版社，2013 年，第 93 页
④ 夏光辅：《云南科学技术史稿》，昆明：云南人民出版社，2016 年，第 57 页。

纪功。该铁柱现立于弥渡县城西北的铁柱庙之中，柱基高约 2 米，铁柱高约 3.3 米，是一根实心的圆柱，周长大约 1.05 米。此外，南诏的铁制武器也值得关注。见于史料记载最多的武器是枪、剑、刀、矢、矛等，最著名的是浪剑、郁刀、铎鞘。浪剑又叫南诏剑，是南诏社会比较普及的剑，贵族和平民皆将其悬挂腰间，作为战斗及防身武器。郁刀是一种锋利带毒的刀。《蛮书》载："造法用毒药虫鱼之类，又淬以白马血，经十数年乃用。中人肌即死。俗秘其法，粗问得其由。"①铎鞘是南诏铁制武器之中质量最高的，南诏将其视为珍贵的兵器，据说历代南诏王率军出征都执铎鞘。南诏的铁器制造技术高超，铁索桥和铁柱的传说流传百世，铁农具的使用较为普遍，由此可见南诏铁产量之丰富、质量之上乘，这比前代有过之而无不及。

除了铁器的铸造技术有所提高外，南诏的铜器冶炼和铸造技术也在发展。云南的铜历来都是全国著名，南诏国、大理国时期以铸造佛教用品出名。南诏中后期，佛教盛行，用铜的方面及需求数量巨大，铸铜工艺水平很高。以著名的崇圣寺为例，"用铜 4 万多斤，铸造铜佛像 1 万多尊……从崇圣寺大殿内的观音铜像、寺内的大铜钟、千寻塔的铜塔顶这三件宝物可知"②。

同时，南诏的金银开采和制造也很发达。开采的金主要是生金和麸金两种。生金的开采地主要是山中，麸金则主要在江河之中开采。该时期开采的金银主要用于制造器具，如异牟寻身穿的金甲、官员佩戴的金腰带、贵族用的各种金银器具和饰品等。

南诏的农业也有了长足的进步与发展。《蛮书》曾有记载称："从曲靖州已南，滇池已西，土俗唯业水田。种麻、豆、黍、稷不过町疃。水田每年一熟。从八月获稻，至十一月十二月之交，便于稻田种大麦，三月四月即熟。收大麦后，还种粳稻。小麦即于岗陵种之，十二月下旬已抽节，如三月小麦与大麦同时收割。"③从这段文字我们可以看出当时云南农业的发展情况：一是农作物的品种已经相当丰富，有粳稻、大麦、麻、豆、黍、稷等；二是多以水田为主；三是南

---

① （唐）樊绰撰，向达校注：《蛮书校注》卷七《云南管内物产》，北京：中华书局，2018 年，第 205 页。

② 夏光辅：《云南科学技术史稿》，昆明：云南人民出版社，2016 年，第 59 页。

③ （唐）樊绰：《蛮书》卷七《云南管内物产》，转引自夏光辅：《云南科学技术史稿》，昆明：云南人民出版社，2016 年，第 63 页。

诏的水田耕作，已经实行一年两熟的耕作方式，三四月间种粳稻，八月成熟收割，十一二月间种大麦，三四月间成熟收割。①除此以外，南诏国时期的牛耕技术也有了很大的进步与提升。据史料载："每耕田用三尺犁，格长丈余，两牛相去七八尺，一佃人前牵牛，一佃人持按犁辕，一佃人秉耒。"②采用了"二牛三人耦犁"的耕地方法。该法在西汉时就已经在中原地区由赵过推广过，是中国农业技术进步的重要标志，对中国的农业发展起到了重要的推动作用。由于云南多山地的自然地理状况，所以除水田耕种外，南诏国时期的梯田耕种也是极为发达的，这也是迄今为止云南最有特色的种植方式之一。梯田主要是在山坡上沿着等高线修成台阶形状的田地，边缘之处再用土或者石头筑成梯状的田埂，使梯田具有保水、保土等作用。如果再引水或蓄水灌溉的话，就可以成为水田。由此可见，这种梯田的建设不仅适应了云南山地农业的实际特点，还利用了水源的条件，完全是为适应云南的自然地理环境而产生的一种具有重要意义的农业技术，这极大地扩展了农业用地，对云南的农业生产具有重要意义。

为适应水田种植的需要，南诏政权组织了今大理地区的水利灌溉工程建设。据史料载，南诏国、大理国时期不仅修筑了"横渠道"和"锦浪江"，灌溉今大理城东郊和南郊的田地，还修建了苍山玉局峰顶的"高河"水利工程，把苍山的水汇集为池，然后引流入平坝，让十八溪的水灌溉数万顷田地。③另外，南诏国时期还修建了邓川罗时江分洪工程等，这个工程主要是为了防治洪涝，对洪水有阻挡作用，并增加了灌溉面积，这些工程对后世大理地区的水利事业产生了积极影响，反映了云南各族人民在工程建设方面取得的成就。④

南诏的畜牧业和农业一样很发达，如饲养越赕马、牛、羊等。其中饲养的牛有奶牛、黄牛和专门耕田的牛。除此之外，狩猎也是南诏人民经常从事的活动，他们主要进行虎、豹、野猪、野牛等的狩猎。越赕马是南诏著名马种，又被称为"越赕驹"或"越赕骢"，主要用于骑乘，尾高，一日可奔驰数百里。《云南志》就曾对此马有过记载："马出越赕川东面一带。"⑤

---

① 夏光辅：《云南科学技术史稿》，昆明：云南人民出版社，2016 年，第 63 页。

② （唐）樊绰撰，向达校注：《蛮书校注》卷七《云南管内物产》，北京：中华书局，2018 年，第 171 页。

③ 夏光辅：《云南科学技术史稿》，昆明：云南人民出版社，2016 年，第 64 页。

④ 李晓岑：《云南科学技术简史》，北京：科学出版社，2013 年，第 91 页。

⑤ （唐）樊绰撰，向达校注：《蛮书校注》卷七《云南管内物产》，北京：中华书局，2018 年，第 200 页。

　　手工业方面，南诏的纺织技术很是发达。南诏继承了前代棉布的纺织技术并发展到比较成熟的阶段，李璠曾说："我国原来的栽培棉种的故乡在云贵高原。"[①]这表明西南地区的棉种植历史悠久，也说明云南棉布纺织技术的发达得益于棉产地优势。另外，南诏国时期就已经盛行用蚕丝进行纺织，《蛮书》卷七里面就曾细致地描述过滇池和洱海区域的丝织情况，云南人对蚕的养殖是用柘林而非植桑。云南人用这种柘蚕丝纺织成绫、锦、绢等丝织品。南诏国初期，云南人还未掌握绫罗的织法，在南诏与唐朝川西之战后，将俘虏的一些四川的能工巧匠带回云南，才掌握了纺织绫罗的技术。

　　我们都知道，大理扎染技术很出名，然而早在南诏国时期洱海地区的人民就已经掌握了染色工艺。从《南诏中兴二年画卷》《张胜温画卷》的描述来看，当时的贵族衣着中，红色较多，也有黑色、黄色、青色和白色等多种颜色，可见当时的染色技术已经有所发展。

　　同时，南诏国时期云南已经有了造纸技术，制糖和酿造技术也有了明显的发展与提升。

　　南诏政权建立之前，洱海流域的河蛮（白族先民）聚族而居，又称作"松外诸蛮"。这些居住在洱海流域的族群已经使用文字，并且已经出现了历法，《通典·松外诸蛮》载："（松外诸蛮）有文字，颇解阴阳历数……以十二月为岁首"。[②]从历法角度看，十二月为建丑，唐历则是建寅，二者有所不同。唐历在唐初时传入云南部分地区，后随着南诏与唐王朝关系的紧张，滇西其他部落与唐王朝关系断绝，只有蒙舍诏的诏主盛炎奉行亲唐政策，"独奉唐正朔"，采用唐历。所以，在南诏国建立前，洱海流域即有"以十二月为岁首"的民族历法与中原历法并存的现象。直到 20 世纪中期，这种民族古历法仍然在滇西的怒江地区使用着。南诏政权建立后，中原历法以官方渠道传入大理地区。南诏王异牟寻在位时，为与唐王朝修好，主动采用唐历，打出"奉唐正朔"的旗号。唐王朝亦多次向南诏颁赐历法。此后，南诏政权与唐王朝交往时往往遵用唐历。此外，佛教徒从中原大量进入云南，也带来了用唐历纪年、月、日的中原历法。总而言之，无论是民间还是官方，中原历法均得到了较为普遍的传播。

---

　　① 李璠编著：《中国栽培植物发展史》，北京：科学出版社，1984 年，第 232 页。
　　② （唐）杜佑撰，王文锦、王永兴、刘俊文，等点校：《通典》卷一八七《松外诸蛮》，北京：中华书局，1988 年，第 5067 页。

　　南诏国时期，云南已有关于恒星的记载。在大理千寻塔出土的绢质符咒中绘有30多颗恒星的示意图。印度天文学中的"七曜"星期制观念，南诏时通过汉地传来的佛经传入云南。另外，印度的寒季、热季、雨季三季度划分法，以须弥山为中心的宇宙观等天文学知识也同样通过汉地佛经传入南诏，推动了南诏天文学的发展。白族和彝族"星回节"的记载始见于南诏国时期，南诏骠信（寻阁劝）歌咏星回节的诗中有"不觉岁云暮，感极星回节"诗句，清平官赵叔达贺诗中亦有"河润冰难合，地暖梅先开"的描述。宋代《太平广记·南诏》直言"南诏以十二月十六日谓之星回节"，表明南诏有十二月过年节的历法，这与河蛮历法（"以十二月为岁首"）一致，再次说明南诏出现了唐历和河蛮历法并存的现象。但后世文献还记载了夏季的星回节，有专家认为，星回节就是火把节，这是由于白族在古代也曾使用过十月太阳历，有冬夏两个年节，故有冬夏两个星回节。

　　在地学方面，南诏时，云南各民族与亚洲各国人民已有普遍的联系和交往，大大拓展了人们的空间视野，地理学知识也日益丰富，如云南区域地图的出现。南诏王异牟寻向唐朝进献的管理疆土的地图，是当时南诏臣服于唐王朝的一种象征。今存的《南诏中兴二年画卷》，其背景就是大理地区的地形图。此外，唐代樊绰撰《云南志》被视为云南地学发展的代表。该书是根据作者在唐懿宗咸通年间任安南经略使幕僚时，对南诏的实地考察，并参酌唐人其他著作写成的。该书是中国最古的舆志，分云南界内途程、山川江源、六诏、名类、六赕、云南城镇、云南管内物产、蛮夷风俗、南蛮条教、南蛮疆界接连诸番夷国名等部分，涉及云南及周边国家和地区的历史、山川、气候、物产、风俗、宗教等情况，是有关这一地区现存最早、最系统的综合性地理著作，为研究云南的历史和地理，留下了珍贵的文献资料。[①]

　　此外，南诏国时期云南建筑技术的发展亦引人注目，取得了辉煌的成就。南诏国时期云南的建筑形象在《南诏中兴二年画卷》《张胜温画卷》中均有反映，而其中最为著名者当数崇圣寺三塔，堪称云南建筑的代表。崇圣寺三塔造型绝妙，气度恢弘，千寻塔和两个附塔呈品字形排列，既有主次，又显得统一；既有鲜明的对比，又在造型上相互渗透和衬托。千寻塔外部是密檐式，内部则为筒形楼阁式，这种兼具密檐式和楼阁式的砖塔在中国建筑史上具有十分鲜明的

---

① 李晓岑：《云南科学技术简史》，北京：科学出版社，2013年，第81页。

特色。塔的整个外形呈方形，但又采用空心筒式结构，这种空心筒式结构具有很均匀的向心拉力，能减少横剪力的影响，因而抗震能力和抗风能力都很强。这就是 1000 多年来，大理历史上发生过多次强烈地震且大理地区又属多风地区，但千寻塔仍然巍然耸立在苍洱之滨的根本原因。此外，昆明的东寺塔、西寺塔、大姚白塔、宜良法明寺塔等也都是这一时期佛塔的代表。

得益于边疆特殊的地理区位，大理国时期云南科技的发展掀开了辉煌的篇章。一方面，与印巴次大陆的科技交流使印度医学知识传入云南；另一方面，与内地交往的增多则为云南科技的发展注入了活力，云南医药学的发展即是鲜明体现。1956 年，考古人员在大理凤仪北汤天发现的大理写经残卷上绘有人体示意图，绘注了人体心、肝、胆、肾、胃及泌尿和生殖系统部位，对消化、泌尿、生殖系统也有一定描述，表明解剖学知识已出现于大理国。这些知识为明确人体脏腑器官的部位提供了形象资料，有助于各科医学的发展。该人体示意图中的双手和双足上注有地、火、水、风四字，是为印度哲学中强调的"四大"，被认为是宇宙万物的基本元素，由此足见古印度医学对云南医学发展的影响。此外，大理国时期的云南还积极吸收内地的医药学技术，内地精通医术之士为了适应这种需求，纷纷进入大理国行医传业。史载白居易后人白和原即在大理行医且医术高明，被赞"其医术之妙则和原"。白和原后人白长善亦为名医，曾任大理国权臣高隆之子高庆充的医疗侍从，他以脉象断病，用针灸祛病，医术高超。内地精通医术之士的涌入推动了大理国时期云南医药学的发展，并逐渐奠定了中医在大理国医药学中的主导地位，这种形势对元明清时期云南医药学的发展产生了深远影响。

除此之外，大理国时期的铁器制造技术在南诏基础上也有所发展。除了生产农具如锄、犁、斧等之外，还生产刀、剑等武器。大理国时期的"云南刀"较南诏国时期的铎鞘、郁刀等更为著名。这种刀耐用、锋利并且美观，所以得到很多人包括内地人的青睐，被视为宝刀。大理国时期的冶金技术除了铁和钢外，铜、锡、镍、青铜（铜锡合金）、白铜（铜镍合金）、金、银等的锻造技术也比南诏国时期出色。从大理国王、王族、官员、富商等大量使用金银器皿和工艺品便可看出当时的金银开采、冶炼、制作等技术的进步。

大理国时期的农业也较南诏时发达。宋朝成都府派遣杨佐到大理国买马，经过姚安一带的时候就看到当地的农耕技术已经与当时水平较高的四川资中、荣县一带旗鼓相当。同时，还看到一些山地上也种上了庄稼。①大理国时期还兴修了祥云的清湖和段家坝、弥渡的赤水江、凤仪的神庄江等水利工程，增加了水田面积，提高了农作物的产量。②

另外，我们应当注意的是，大理国时期的手工业可谓相当发达，手工技术水平相当高。在纺织方面，《永昌府志》记载：苏轼在四川买到一件大理国缝制的弓衣，衣服上的花纹织成梅圣俞的《春雪》诗句意境，苏轼将其作为传家宝物，可见当时云南纺织技术的精湛。此外，大理国时期用羊毛制成的毡也相当受欢迎。制毡技术和毡的质量被世人称赞。如宋人范成大《桂海虞衡志》就称："蛮毡出西南诸蕃，以大理者为最。蛮人昼披夜卧，无贵贱。"③大理国时期的云南彩漆技术也是闻名多地的。大理国的漆器称为"漆雕"，明王朝还将其视为珍宝，誉为"宋剔"。大理国的造纸技术也比南诏国时期有所发展和进步，当时造出来的纸被宋人称为"碧纸"，细厚光滑，韧性也很好。④在宝祐年间，云南已经开始使用雕版印刷技术，在大理国印有《佛说长寿命经》。⑤此外，大理石制造工艺也初露头角。大理国曾向宋朝进贡名为"金装碧玕山"的大理石工艺品，它是用精雕的大理石镶金制成，非常精美。这也是史书记载的最早的大理石工艺品。

南诏国、大理国时期，云南科技水平较前代有了跨越式的发展，很多具有云南地方特色的科技以极快的速度发展起来，达到了一个新阶段。无论是金属冶炼技术还是农业、手工业等行业，都有了很大的提升。天文学、地学等方面也有很大进步。其中，梯田与水利工程的建设使南诏国、大理国的农业生产达到了很高的水平。总而言之，南诏国、大理国时期的云南科技空前繁盛。

---

①　（宋）李焘撰：《续资治通鉴长编》卷二百六十七，《景印文渊阁四库全书》史部，第318册，台北：台湾商务印书馆，1986年，第518页。

②　夏光辅：《云南科学技术史稿》，昆明：云南人民出版社，2016年，第65页。

③　（宋）范成大撰：《桂海虞衡志》，《景印文渊阁四库全书》史部，第589册，台北：台湾商务印书馆，1986年，第375页。

④　夏光辅：《云南科学技术史稿》，昆明：云南人民出版社，2016年，第68—69页。

⑤　云南省科学技术志编纂委员会编：《云南科学技术大事》，昆明：昆明理工大学印刷厂，1997年，第7页。

第五节 元明时期的云南科技发展概况

元明时期，云南再度被纳入"大一统"的王朝版籍之中，云南在中原王朝的管辖下，与内地的交流与交融推动着科技的发展。随着内地汉人和北方蒙古人等大量迁入云南，至明代以后云南的汉人人数已经超过当地的少数族群人数。人口的增加及经济文化的进步与发展，使得云南的科技显著进步，如内地先进技术的传入对云南农业技术的发展产生了深刻影响。

1274 年忽必烈任命赛典赤·赡思丁为"平章政事行云南中书省"，赛典赤·赡思丁到任后，便着手改革云南地方行政，其中最具影响力的便是在云南地区进行屯田。赛典赤·赡思丁任职后便清查户口数，进行"编户齐名"，登记在册后，由政府统一授以农具和种子，百姓要承担赋税。这样一来，内地更为先进的农业生产技术进入云南。明朝在云南的屯田比元朝更具规模，这与明朝实行的卫所制度有关。

卫所制度是明王朝实行的一种军队编制制度，军队组织有卫、所两级。一府设所，几府设卫。卫设有指挥使，统领士兵 5000 多人。这些士兵在没有战争的时候便从事农业生产，所以又称卫所屯田，简单来讲就是中央使用士兵垦种的田地，为军屯性质。到万历年间，云南全省的军屯人数为 228 867 人，屯田的面积达 1 320 641.71 亩[①]，粮食产量也十分可观。

元明时期，云南的屯田规模大，历时久，范围广，对云南的农业乃至整个经济体系产生了重要的影响。为满足农业生产的需要，云南修筑了一批重要的水利工程。大理地区修筑有赤水江（今弥渡县）、神庄江（今凤仪镇）等水利工程，灌溉面积甚至达上万公顷。元人郭松年游历大理，看到了点苍山十八溪及水利灌溉的情景言道："若夫点苍之山……派为十八溪，悬流飞瀑，泻于群峰之间，雷霆砰轰，烟霞暗霭，功利布散，皆可灌溉。"[②]郭氏所言即反映了元初引点苍山十八溪泉水进行农田灌溉的图景。元初，云南平章赛典赤·赡思丁对云南的水利建设做出了巨大贡献。例如，他召集老百姓，开凿海口，疏通螳螂川，

---

① 转引自夏光辅：《云南科学技术史稿》，昆明：云南人民出版社，2016 年，第 96 页。

② （元）郭松年撰，王叔武校注：《大理行记校注》，昆明：云南民族出版社，1986 年，第 20 页。

解决了滇池的水患问题，并且得壤地万余顷。他还组织开挖金汁河、银汁河，引盘龙江的水灌溉滇池东部的农田。①此外，他还支持增修昆明松花坝水库，这是云南科技发展史上具有重要意义的事件。松花坝水库是在昆明东北滇池上源盘龙江修建的，具有灌溉、供水和防洪等多种功能的水利工程。松花坝始建时系木框填土堆筑而成的拦河坝。在盘龙江左岸凿出一个干渠，名为金汁河，渠南行七十余里，尾水亦流入滇池，灌溉面积号称万顷。至今，这个水库对昆明供水仍发挥着重要作用。松花坝水库作为云南古代有深远影响的重大水利工程，其在设计、建造、运行等方面均为后世提供了范例。

元明两朝的农业与水利事业的发展，促使云南农作物品种增多，主要有水稻、麦、豆类、玉蜀黍、马铃薯、荞麦、棉、桑、麻、蔬菜与果木等。

手工业方面，明代以后，造纸技术在云南各少数民族中进一步传播，云南的白族、纳西族和傣族的造纸技术都很发达。纺织业进一步发展，带有浓郁的民族特色。元明时期云南的制盐业在前代的基础上有了较大发展，特别是明代，发展更大。元明时期中央鉴于食盐在国民生计上的重要性，对食盐的经营进行管控。这一时期促进盐产量增多的原因同样与中央实行的屯田制度分不开。明代大量移民进入云南，促使云南人口数量激增，对盐的生产与需求也随之扩大。元明时期的制陶技术也得到了很大的发展。明代以后，随着云南人口的增多，对陶器的需求量随之增大，制造陶器的作坊随处可见，其中以建水、华宁、祥云等地的陶器为最。陶器制作技术的发达也带动了瓷器制造技术的进步。中国的瓷器名扬海外，唐、宋、明、清各代更是瓷品盛世。云南地处边疆，制瓷技术相对落后，虽然没有生产出与内地相媲美的瓷器，但元明以后，受内地的影响，制瓷技术也在进步。考古发现，玉溪囡囡山和禄丰县等都有具有云南特色的瓷器，制作工艺也很精美。②

元明时期云南的建筑技术也有所进步。元代以后，民族交融扩大，随着汉族人口的增多，汉式建筑越来越广泛。在昆明、玉溪、曲靖、昭通、楚雄、保山等地坝区，汉式建筑成为主流。民居建筑一般是木构架开间、前厦廊，楼房、

---

① 《云南省志·农业志》编纂委员会编撰：《云南省志》卷22《农业志》，昆明：云南人民出版社，1996年，第5页。

② 夏光辅：《云南科学技术史稿》，昆明：云南人民出版社，2016年，第116—119页。

土墙、双坡瓦顶、前重檐、后单檐、硬山封闭（后、左、右），前檐楼为木窗，重檐下廊为木质门窗。元明时期在此基础上发展为"三合院""三间两耳""一颗印"等模式，视家庭经济状况而有规模和装饰程度的不同。县城、州城、府城、省城的建筑大多仿内地汉式。高大的城墙，或土筑，或砖砌，高垒深壕。城楼壮观，钟楼、鼓楼、文庙、衙门也建筑得富丽堂皇。临安府城（今建水县城）、蒙化府城（今巍山县城）、大理府城至今还留有元代的一些城建遗迹。

明代，云南各地大量筑城建文庙，修玉皇阁，建筑技术主要受中原传统建筑的影响，出现了大量具有汉文化风格的各种建筑形式。这时的建筑在云南很多地区都有保留，风格厚重、朴实，大气而不事张扬。代表性的建筑有建水朝阳楼、巍山拱辰楼、建水文庙、蒙自玉皇阁、诺邓玉皇阁等，桥梁建筑则以横跨澜沧江的霁虹桥为代表。[①]

元明时期的矿业与冶金也是相当发达的。元代，云南的金课、银课和铜课都位居全国首位，表明云南矿产开采在全国的重要性。元代的云南矿冶业已分官营和民营两种，生产规模也大于前代。

至明代，云南的矿产开采趋于兴盛，先后开采了银矿 23 所，铜矿 19 所，铅矿 4 所，磷矿 1 所。锡矿以临安府蒙自县个旧锡最为著；而银矿以楚雄、永昌、大理为最盛，曲靖、姚安次之，镇沅又次之。中原王朝甚至在云南专门派驻了内监进行开采。明代铜的开采也规模空前，冶金技术得到了长足的发展，特别是冶铜技术十分发达，在铸造技艺方面也有一定的进步，如路南州以东有红石岩厂产铜，年产量可达百万斤。明代弘治、正德年间钞法渐废，铜钱的需要量增加，嘉靖时，户部认为云南地僻事简，决定在云南就近买料铸钱 3300 余万文，押送户部。后虽因成本过高而停铸，但万历、天启年间又在云南开局铸钱，铜作为铸钱原料被大量使用，产量更高了。除铜、银以外，其他如金、铁、锡、铅等矿藏也得到了更大规模的开采。

元明两代，朝廷征收矿课，云南矿业给统治者创造了不少的财政收入。同时，清以前的云南矿业也是云南各族人民增加收入、养家糊口的来源，为矿区附近的各族人民提供了谋生或增收的机会。元明两代云南矿业的发展，对民族地区经济社会发展、民族文化交流等方面产生了重要作用。虽然如此，元明两

---

① 李晓岑：《云南科学技术简史》，北京：科学出版社，2013 年，第 192 页。

代云南矿业，不论从矿厂数量、矿产产量，还是从业人数等方面来看，其规模都远远达不到清代的水平，其影响力也不足以从根本上改变边远地区封闭、落后的面貌和延续了几千年的云南经济依赖于传统农牧业的基本格局。少量的汉族矿业移民也还不足以打破汉族移民基本上留居城镇或坝区，边远地区基本上是以少数民族占绝对主体的民族分布格局。

云南的生物学与医药学在这个时期也有了进一步的发展。明代，白族学者李元阳的《嘉靖大理府志》在生物学方面有出色的贡献。在辨识动植物方面，该书依据不同的外观特征对植物进行分类，大体上反映了生物从低级到高级的进化顺序；其分类基本上概括了整个动植物分类的全貌。保山人张志淳撰有《永昌二芳记》，该书应为云南最早的植物学专著，至今在浙江民间仍有传本，已不易详见。徐霞客游历云南时，观察和记述了多达 62 种植物的生态品种，明确提出地形、气温、风速对植物分布和开花早晚的各种影响。他曾十多次采集植物标本并在云南保山亲自做植物试验，这在古代学者中是较为难得的。

元代，云南设立了惠民药局，官给钞本，月营子钱以备药物，这是有记载的云南第一个官方医疗机构。然而在一些民族地区，医学知识还比较落后，大理国晚期至元初云南各族对巫师还很迷信，影响了当地医药学的发展。

时至明代，出现了著名的医学家兰茂。兰茂（1397—1470），嵩明县人，其在医学、音韵学、文学等方面均有高超的造诣，今存著作有《滇南本草》《韵略易通》《医门揽要》《玄壶集》《性天风月通玄记》。其中《滇南本草》对云南科技史做出了开创性的贡献。《滇南本草》共三卷，收录 458 种动植物类药物，详细记载了许多常见中医药，如川草乌、川牛膝、贝母均始载于该书。《滇南本草》详列每种药物名称、用途、性味、功能，很多药物均有附方和附案，甚至有形态的简要描述和附图。《滇南本草》付梓流行的具体情况虽难以考证，但却早于李时珍的《本草纲目》。因此，《滇南本草》既是云南首部药物学著作，亦是中国第一部地方本草专著。兰茂的出现，说明了本籍士人在云南科技发展历程中扮演着重要的角色。

明代大理地区也是云南中医药的中心，白族学者杨士云和李元阳都有医学著作，但已失传。李元阳《嘉靖大理府志》收有大理地区药物 177 种，对当地民族药物进行了空前的整理。陈洞天有《洞天秘典注》，李星炜有《奇验方书》《痘疹保婴心法》，皆为风行一时之作。云南著名的药材——冬虫夏草，在明代的文献中已有记载，为久负盛名的滋补药品。明代李时珍在《本草纲目》中还记载了主要产于云南的名贵药材"三七"，誉之为"金不换"。

云南的数学、物理学与化学在元明时期也得到了广泛的发展。数学方面，元代，从印巴次大陆传入云南"四四五"进位制，直到明代，大理一带的白族仍然在使用这种特殊的计数方法。除此之外，大理地区还有一种"二四四"进位制，见于元代陶宗仪《南村辍耕录》。这又是一种独特的进位方法，面积单位有双、角、已、乏数种。据研究，"双"的单位从印度传入，其他面积单位为白语读音，应为云南所特有。

明代云南物理知识也有较大的发展，白族学者杨士云在声学研究上做出了重要贡献。他著有《律吕》一卷，存于《杨弘山先生存稿》第四卷。他的声学知识涉及十二律的计算、音调的数学计算、管口校正方法、三分损益法等方面，是内地科学知识在云南的传播成果。他在《天文历志》中还记述了中国古代著名的力学装置——候风地动仪，非常准确地描述了汉代张衡发明的候风地动仪的构造，表明他对这种仪器的物理性能相当了解且有自己的体会，并有所阐发，对中国物理学史的研究做出了独特贡献。傣族升放孔明灯是大气压强原理的应用。徐霞客在《滇游日记》中对鸡足山的一个利用虹吸原理的大气压装置做过描述，这是云南古代应用大气压强的又一个典型事例。

化学物质的开采与使用在该时期也是值得注意的。例如，在明代，一些重要的化学药品得到大量应用，这不仅在经济上有重要意义，对古代传统科技也有一定影响。滇西腾冲人已在地热的蒸汽地面周围挖取硫黄。蒙化则盛产雄黄，大多作为药用或炼丹原料。云南县（今祥云县）出产铅粉，采用化学方法制取。南涧县出产的天然碱，用于保护皮肤、洗涤及药用等。

元明时期云南的天文、地理知识得到了明显的提升。明初，弥渡北汤天的董贤是阿吒力教徒，因"通阴阳历数之术"，得到明成祖的接见。保山人张升撰有《中星图说》，今已失传。晋宁人黄拱斗也是一个观测精度很高的天文气象学家。明末，刚刚传入中国的西方天文学知识已传到了云南。（天启）《滇志》引利玛窦的话说："大地在天中仅一点，中国在大地中仅八十一分之一。"[①]有关地圆说和新的"世界"观念在云南的传播，大大开阔了云南知识分子的视野。

---

① （明）刘文征撰，古永继校点：（天启）《滇志》卷1，昆明：云南教育出版社，1991年，第26页。

这也是迄今所见西方科技成果在云南史籍中的最早记载。漏刻作为古代常见的计时仪器，明代云南各地已有较多使用。景泰年间昆明的南楼置有铜漏刻，采用浮箭漏，制作精致。楚雄和曲靖等云南重要城市的城楼上均放置采用铜质材料制作的漏刻，用以计时和报时。

地理方面的成就也很值得注目。元代，意大利旅行家马可·波罗不远万里来到中国，并周游了云南各地，在其著名的游记《马可波罗行纪》中，对昆明、大理、保山等地区的物产、风俗、山川及相关人文地理状况进行了有意义的记述，丰富了人们的空间地理知识。他用大量的篇章，记述了云南的黄金、白银、井盐、酒、稻、麦等物产，以及马、牛、羊、鱼等动物的养殖情况，是研究元代云南科技的重要资料。马可·波罗作为西方人，第一次对云南地理情况进行了较为全面的记载，展现了元代云南多民族的民俗风情，在西方产生了极大影响。另外，元人郭松年游历云南，留下了文笔优美的《大理行记》；李京来到云南，著有云南第一部省志《云南志略》。这些游记和著述，描述了元代云南的山川、地貌、物产、风俗和古迹诸方面的地理状况，对云南古代地理学有一定的贡献。

明代，以云南地方志为主的大量地理学著作问世，具有代表性的有白族学者杨士云的《苍洱图说》《郡大记》，李元阳的《嘉靖大理府志·地理志》《万历云南通志·地理志》，以及刘文征的《滇志》等，这些著作深受内地地方志的影响。其中，山记多以描述风景古迹寺观为主，水道记大都记载了水道的来龙去脉，反映了明代云南的自然面貌。这些记载有一定的科学价值，特别对古今云南水道的变迁情况，提供了可靠的依据。

李元阳是对大理文化最有贡献的历史人物之一。他的著作不仅记载了大量的云南物产、矿产、地形、民族分布等，对大理地区的古代气候、植物分布、经济地理和景观地理等进行了较全面的记述。他描写的叶榆十观（山腰云带、晴川溪雨、群峰夏雪、榆河月印、灵峰天乐、翠盆叠崿、龙湫石壁、瀑泉丸石、嵌岩绿玉、天桥衔月）均为大理的著名景点，对今天开发大理的旅游资源亦有重要的参考价值。

从明代开始，云南的地方志中就出现了很多地图，且多为地形图，大都合乎比例，对于山脉逶迤、峰峦起伏等要素都有较好的表现。有些以测量为基础，精度比较高，说明当时测绘技术已达到一定的水平。

　　明末，中国著名地理学家徐霞客游历云南，在地理学上做出了超越前人的贡献。他于 1638 年由贵州进入云南，从滇东直至滇西边境腾冲，1640 年返回家乡，这是他一生中非常重要的一次出游。他广泛考察了云南的地貌、岩溶水系、地热、火山等，并留下《滇游日记》这一珍贵的地理地质资料。他在云南系统地观察自然，描述自然，深入地解释地理现象，并上升到理论思维高度，突破了传统疆域沿革地理和仅仅扩张地理空间视野的老路，具有现代地理学意义。

　　综上可知，元明时期云南再次纳入中原王朝直接统治，科技水平也与内地渐趋同步，云南的科技在这个时期得到了飞速的发展，各方面都有了很大的提升，甚至是质的飞跃。

第六节　清代前中期的云南科技发展概况

　　自元代置行省以来，云南与中原的一体化进程就在不断加快。特别是明、清两代，云南的科技发展水平呈现出与中原地区的一致性特征。尤其在矿冶、铸造等方面，呈现出较高的水平。这与"滇铜京运"的产生具有密切的联系。

　　云南的铜矿成为清朝的重要战略资源之一。在清朝的大力开发之下，云南的金属冶炼达到了全国领先的水平，滇铜铸造钱币成为关乎清王朝经济命脉的大事，有"滇铜京运"的史话。清初，天下局势动荡不安，清王朝财政入不敷出。康熙年间，地方铸钱业日趋凋敝，清廷为保障鼓铸，便将滇铜作为铸钱的重要原料。至乾隆初年，京局鼓铸年需铜 400 万斤，滇铜居其中半数，停办洋铜后，滇铜京运数目增至 600 多万斤。①除"滇铜京运"外，清代前中期云南的铜器制作工艺亦十分发达，最具代表性的是昆明金殿。金殿初建于明万历年间，入清被毁，后由吴三桂主持重修。金殿是一座高 6.7 米、宽 7.8 米、深 7.8 米，有两层屋面的重檐歇山式建筑，总重约 250 吨，为全国最大、最精美的铜殿。金殿内所有梁柱、椽、瓦、斗拱、门窗及神像、匾联均由青铜铸成，仿木结构建筑。殿壁以 36 块雕花格扇加枋拼成，结构复杂，门窗、梁柱均饰精美花纹，十分精巧。殿中供鎏金神像 5 尊，中为真武帝君，侧塑金童玉女，两

---

① 转引自李晓岑：《云南科学技术简史》，北京：科学出版社，2013 年，第 219 页。

旁有水、火两将。金殿的铸造体现了清初云南冶铸技艺的高超水平。

清代前中期，云南矿业的发展对滇地、他省，乃至中央都发挥着举足轻重的作用。矿课收入是中央财政收入的重要来源之一，而矿厂所产的铜、银为滇地军事安全、民生安全等提供了保证。在滇矿发展昌盛时期，还将铜、银等矿产运往他省，协助他省鼓铸。不过，云南省的矿厂分布是不均衡的，主要聚集在滇东北、滇中及滇西的东川府、昭通府、曲靖府、云南府、楚雄府、丽江府、永昌府，腾越州、武定府、临安府次之。①如前所述，清代云南铜矿业快速崛起，扩大了币材供给来源，从而满足了国家的货币需求，稳定了清政府的财政，而且改善了军队的装备，增强了清政府的国力。清代云南铜矿业的发展给当地提供了大量就业机会，促进了云南省内社会经济的发展，并且矿产地区的人口构成、社会结构、礼仪风俗以及与中央政府的关系等方面都发生了深刻的变化。

清代，云南地区还大量研制化学药品，除运送至内地外，也远销缅甸、印度等东南亚、南亚国家。外销药品包括丹砂、石硫黄、空青、硝等。

此时云南各地农业技术措施和精耕制度已逐步形成，出现各种类型的农田，农田建设采取了因地制宜的措施，有些地区不断提高农作技术，逐渐形成了一整套精耕细作的制度。这一时期，农作物品种迅速增加，美洲传来的作物进一步输入云南地区，稻谷种类已达百余种，多样性的农业种植方式对减轻作物的病虫灾害有重要意义。与农业息息相关的水利工程建设在云南也有了发展。鄂尔泰任云贵总督时，极为重视云南的水利建设，主持滇池区域的六河水利工程，并且命黄士杰实地勘察，收集资料，撰成《六合总分图说》。该书各章图文并茂，详细介绍了昆明六河的源流、水文特征、治理及效益等，并且提出了规划方案，对滇池治理具有重要价值。另外大理、永昌和西双版纳等地的水利灌溉事业亦得到发展。

云南纺织技术在清代获得了全面发展，技艺达到了高度成熟的水平，出现了具有地方特色的丝织品、棉织品、麻织品和毛织品等。造纸技术也很精湛，出现了一些名纸。

清代前中期，云南的建筑技术也有了明显进步。与明朝注重厚重、朴实的建筑风格不同，清代云南代表性的建筑，风格上追求富丽堂皇，外观显得极为

① 和芬:《清代云南矿区地理分布与社会研究》，云南大学 2013 年硕士学位论文。

华丽，甚至有些夸张。装饰上极尽雕饰之能事，大量使用彩绘成为清代建筑的一大特点。少数民族的民居建筑和桥梁建筑也各展风采，并有浓厚的民族色彩和地方色彩。传统建筑技术在清代终于达到了高峰。著名的万寿宫极尽华丽奢侈，是清代云南楼阁建筑的代表之作。

值得注意的是，清中期云南生物学方面的发展亦十分引人注目。云南学者高奣映在《鸡足山志》中详列树木23种、果木57种、花木93种、禽28种、兽19种、鳞介12种、药蔬67种。当然，这只是大致的分类，实际上，有些物种由于进行了补充说明，还可再细分下去。乾隆年间，檀萃作《滇海虞衡志》，在卷六《志禽》、卷七《志兽》、卷八《志虫鱼》中对云南域内的110多种动物做了详细考察；又在卷九《志花》、卷十《志果》、卷十一《志草木》中对云南境内分布的约100种植物的产地、形态、生长特点和经济价值做了详细介绍，成绩斐然。①

清乾隆以后，云南医药界名医辈出，如著名的中医师姚方奇、李裕采及儿科专家康敬斋等，往往世代相袭地享有盛名。昆明地区出现了众多的医学著作，主要有曹鸿举注释的《瘟疫论》《瘟疫条辨》，钱懋林的《瘟疫集要》《脉诀指南》，姚时安的《医易汇参》，段觐恩的《医学诀要》，方有山的《瘟疫书》，李裕采的《诊家正眼》《通微脉诀》，彭超然的《鼠疫说》，陈雍的《医学正旨测要》，等等。在大理地区，中医方面也是人才济济，医学著作有孙荣福的《病家十戒医家十戒合刊》，赵子罗的《救疫奇方》，奚毓崧的《训蒙医略》《伤寒逆症赋》《先哲医案汇编》《六部脉主病论补遗》《药方备用论》《治病必求其本论》《五胜受病舌苔歌》，李钟浦的《医学辑要》《眼科》，等等。白族医学主要属中医理论体系，但使用的医方和民间药物都有自己的特色。清雍正年间，通海还创建了著名的"老拨云堂"，至今仍是云南著名的老字号药店，"拨云锭"眼药则是云南历史最为悠久的一个品牌。②

云南一些少数民族进一步形成了较为完备的医药学知识体系，以彝医、傣医、藏医为代表，也是云南特色的科学知识的组成部分。民族医药在少数民族地区有很大的影响，为各民族的繁荣和发展做出了重要的贡献。彝医在中国的

---

① 转引自李晓岑：《云南科学技术简史》，北京：科学出版社，2013年，第205页。
② 转引自李晓岑：《云南科学技术简史》，北京：科学出版社，2013年，第206—207页。

民族医药学中占有重要的地位。在云南楚雄一带，先后发掘出内科、外科、妇科、儿科等彝文书籍近 330 种。傣医有自己的医学理论，但受到中医和印度医学的影响。藏医有独立而成熟的理论体系，以特效药多而闻名，在其他民族地区也有一定的影响。纳西族在医药学方面有丰富的知识，成书于清代的《玉龙本草》共辑药物 500 余种，为民族地区的医药学做出了贡献。

其他民族也有一些医药方面的成就，如苗族在伤科方面十分著名，文山的苗族早就懂得使用名贵药材"三七"疗伤。壮族和布依族在伤科方面也很有名，壮医的望诊、解药、药线点灸等医疗方法亦极具特色。总的说来，藏医和傣医有完备的医学体系；彝医也有一定的医学理论；纳西族和白族主要采用中医的理论体系，但有很多自己的惯用药；而其他民族主要是一些医疗经验。有些治疗经验尽管只是一方一药，但也极为宝贵，疗效显著者还被载入《中华人民共和国药典》。民族医药作为祖国医药宝库的重要组成部分，值得深入挖掘，发扬光大。

清代云南的地理学有两大显著成就：一是地图的绘制由示意图发展为通过仪器测量再绘制成图，提高了地图的精确性和科学性；二是传统的官修地理志扩展为更多的私修山水志，考察更加详细。

康熙年间，清政府在全国测绘地图。1714 年，奥地利耶稣会士费隐及法国奥斯定会士山遥瞻奉旨绘云贵两省图。法国传教士雷孝思协助完成了这一工作。这是西方学者第一次进入云南从事科学工作，为西方科学介入云南地理学的开始，在云南科技史上有重要的历史意义。此事在清代滇人的著述中亦多有记述。西方学者先进的工作方法，受到云南知识分子的关注，对近代测绘科学的先进和精密，给予了高度的评价。

《滇南山水纲目》是清代赵元祚撰写的一部地理学专著，该书对云南山脉走向和金沙江的水道源流论述极详，是清代以前关于云南地貌和水文地理方面的重要著作。清代另有李诚的《云南水道考》一书，以水道为纲，对云南各水系的分布和演变，均一一考其始终，颇为精详，也是研究云南历史地理学的重要资料。清代研究云南最知名的博物学家檀萃所著《滇海虞衡志》在地质学方面有较大的成就。他注意到地震与煤的形成的关系，提出了煤是由远古树木因地震埋于地下历久变化而形成的理论。这是世界上首次对煤的形成进行的科学论述，在中国科学史上具有重要地位。

　　清代，云南出现了一批天文学者，如周思濂、何中立、段克莹和杨增等均进行过天文学研究。

　　彗星观测方面，《(咸丰)邓川州志》载："万历三十五年彗星见，十一月复见西方，尾东指，其色赤。"①《光绪云南通志》记载了同治元年六月在景东、剑川地区所见的彗星。②

　　在星宿理论方面，云南彝族已有完整的二十八星宿理论，星座名称以动物命名，几乎完全自己创造且自成体系，用于纪日，以大月二十八天，小月二十七天，每天一个星宿值日。傣族的恒星知识中有完整的二十七宿理论，主要来源于自己的天文观测。除此之外，深受随佛教传入傣族地区的印度天文学说的影响，傣族还有十二宫理论。纳西族的二十八星宿理论目前在各地各有不同，总体命名方式与汉族不同，与彝族相近，用于看日子吉凶好坏。

　　日月观测方面，彝族先民在《宇宙人文论》中有关于日月食的不太成熟的讨论与看法，但也有一些符合科学规律的精彩见解。傣族则有预报日月食的方法，为准确推算交食，傣历中能推算太阳盈缩运动，并设有较粗略的盈缩数表。傣族已能比较准确地掌握日、月及金、木、水、火、土五大行星的运行规律。

　　在历法方面，彝族、白族、纳西族、壮族和苗族都有自己的历法，内地历法对其有较明显的影响。傣族的傣历、哈尼族和藏族的时轮历等民族历法主要受印度历法的影响。回族则采用伊斯兰教历法，又称回族历法，系纯阴历。一些文化较原始的民族也有自己的历法，但主要是一种物候历，如白族支系"勒墨人"、佤族、拉祜族、基诺族等的历法。

　　总的来说，清代前中期的云南，与元明两代相比，人口增多，经济发展，文化水平有所提高，科技的发展得到了质的飞跃。最为突出的是矿冶业的发展，到清代已经形成了较为完备的体系。同时，独具云南特色的科学知识体系也渐趋形成。比如少数民族生物、医药知识等。值得注意的是，一些近代科技已经在云南开始出现，这对云南的科技发展产生了重要影响。

---

　　①《(咸丰)邓川州志》卷五，《灾祥》，第 2 页。载《中国地方志集成·云南府县志辑》76 卷，南京：凤凰出版社，2009 年。

　　② 李晓岑：《云南科学技术简史》，北京：科学出版社，2013 年，第 199 页。

第七节　传播与交融：近代云南科技的发展与转型

近代，西方的科技开始进入云南，并逐渐在云南占据主流地位，云南的科技经过变革后，逐渐融入世界科技当中。在抗日战争的特殊背景下，以国立北京大学、国立清华大学等为代表的大批著名院校内迁，成立国立西南联合大学，加之当时思想、学术自由的风气，云南有如进行了一场科技革命，科技人才辈出，并产生了一批有影响的科技成果。由于中央和地方政府的大力建设，云南的工业技术发展迅速，逐渐形成了具备近现代工业水平的较完整体系。直到现在，近代建立的工业体系仍是云南工业体系中重要的一部分。

一、边疆危机背景下云南科技的发展与转型

古代中国的科技水平虽长期居于世界领先地位，但自 18 世纪以来，这一情况逐渐出现了变化。欧洲基于工业革命实现了历史性转向，开始在世界范围内引领科技发展，并建构起了一整套近代科技体系。有学者认为欧洲科学革命源于文艺复兴时期人文主义的成就，他们（学者和艺术家）可以接续的不仅有柏拉图和亚里士多德，还有欧几里得和阿基米德，这些学者曾促进了物理学和数学的研究。更重要的是，他们从各门学科中得到的鼓舞。医生研究了希波克拉底和盖仑的全部著作，博物学家则研究了亚里士多德、迪奥斯科里斯和泰奥弗拉斯托斯的著作。①而后的 16、17 世纪，哥白尼的"日心说"开辟了天文学的新纪元，扩展了人类认识宇宙的眼界；伽利略使用当时新发现的望远镜，观察宇宙的实际情况，以经验为依据支持哥白尼。伽利略的实验物理学和牛顿的经典物理学奠定了新兴物理学的基础。18 世纪后期进行的工业革命影响了科学革命，并转而受到科学革命的影响，詹姆斯·瓦特改良蒸汽机就是一个例证。19 世纪安东尼·拉瓦锡的物质守恒定律使得化学发展迅速；达尔文的生物进化论和新兴的细胞学及微生物学奠定了生命科学的基础。内燃机、电动机的发明和

---

① 〔美〕斯塔夫里阿诺斯：《全球通史：从史前史到 21 世纪》（下册），吴象婴、梁赤民、董书慧，等译，北京：北京大学出版社，2006 年，第 480 页。

使用，热力学、电学、地质学等学科的新成就及其应用，为工业革命提供了巨大的动力。数学的新成就，不断解决新学科所需的复杂计算。①这些新的科技进步与传统技术相比都是空前的成就，为欧洲带来了巨大财富。

晚清时期，西方列强发动了对中国的侵略战争，他们利用军事、政治、科技、文化等手段攫取了大量的特权，给中国的海疆和陆疆防卫造成了严重的危机。云南地处中国西南边疆，是西方列强占领中国西南领土必经的重要门户。19世纪七八十年代，英法等国企图入侵云南，纷纷派遣"探险队"或武装部队进入云南"探路"和"考察"。1883年，法军占领河内，逼近中越边境。年底，中法战争爆发，中国"不败而败"，被迫与法国签订了《越南条款》，法国政府不仅要求清王朝承认法国对越南的保护，而且迫使云南对外开埠通商，以此为契机，蒙自、河口、思茅、腾越先后被迫开为商埠。这样，法国侵略者打开了侵入云南的门户。1875年，发生了著名的"马嘉理事件"，英国以此为借口，强迫清政府签订了中英《烟台条约》，规定云南定期开放通商，并准许英国派员到云南"探路"与"调查"等。此后，英国又对我滇缅北部的领土进行了侵占。英法等列强纷纷在上述通商口岸派驻领事，从此"法瞰其南，英伺其西"，逐渐控制云南的经济命脉。

明代以前，我国绘制的地图都是示意图。清朝初年，开始聘用外国人使用仪器测绘地图。云南地处边疆，清代后期，缅甸、越南沦为英法两国的殖民地，云南危急。有识之士讨论边防之策，研究和绘制边防地图，诸如《云南南防边界图》《云南西防沿边图》《中越分界图》等。1911年正月间，在昆明成立云南陆军测地局，组织测绘了昆明附近22个县的详图。采用兰勃特投影解决地球曲面与地图平面的关系，测绘了1∶2.5万比例尺地形图90幅（昆明附近50幅，滇越铁路沿线40幅），1∶5万比例尺地形图577幅，1∶10万比例尺编纂调查图362幅。②

外国人在云南地区的相关活动也引起国内人士的重视与警惕。民国时期，以丁文江为代表的地质学家相继到云南进行地质考察，调查了云南个旧的锡矿、东川的铜矿、宣威的煤矿，又对滇东地层、古生物、构造、矿床做了详细研究，

---

① 夏光辅：《云南科学技术史稿》，昆明：云南人民出版社，2016年，第158页。
② 转引自夏光辅：《云南科学技术史稿》，昆明：云南人民出版社，2016年，第142页。

纠正了国外一些地质学家的错误认识，最早命名了下寒武统沧浪铺组、中志留统面店组，上志留统关底组、妙高组、玉龙寺组等地层单位，撰写了大量的研究成果。丁文江对云南进行深入的地质科学考察，标志着云南近现代地质科学的开始。1915 年，余焕东任第七区矿务监督署署长，管理云贵两省的矿政。他和其他人一起编写了《云南矿产一览表》，在翔实调查的基础上，全面介绍了云南各地区的矿产情况，至今仍有重要的参考价值。

20 世纪初，近代气象学的观测也于云南出现。从 1901 年开始，法国人在昆明设置临时测候所，实测雨量，开展了三次重要的气象观测。第一次为 1901 年 7 月，法国外交部驻云南府交涉员公署为徐家汇气象台设置云南府（昆明）临时测候所，持续观测了雨量等数据，共进行了 2 年多，至 1903 年停止工作。第二次为 1906 年 1 月法国传教士普库林（Pkuline）在昆明自设一个气象观测所，持续观测至 1911 年 12 月，共进行了 6 年。第三次为 1907 年 1 月，为建滇越铁路，设置了昆明铁建司测候所，于 1907 年 1 月至 1929 年 12 月开展气象观测，这次持续观测时间达 23 年之久。这些观测资料直到现在还保存着，是云南最早的气象学、物候学的观测记录，对研究近代昆明等地的气候及演变具有重要价值。

云南的天文学也迎来了新的发展，出现了一批卓越的天文学家。大理的回族学者马德新，是中国近代最早出洋的科学家，也是云南近代天文学研究的先驱。《寰宇述要》是马德新的重要天文学著作，该书以通俗易懂的形式对回族天文学和近代西方天文学加以解说，并配有一些插图，在中国天文学中是少见的，在回族天文学中尤为珍贵。在书中，马德新利用天文望远镜的观测，绘制了准确度很高的太阳黑子分布图、月球环形山及五大行星表面图，是中国人借助天文仪器绘制的较早的一批天体表面图，这项成果在中国天文学史上占有一定地位。①

受西方近代天文学的影响，马德新在《寰宇述要》中记述了哥白尼的日心体系，对哥白尼的学说在中国的传播做出了重要贡献。书中对交食成因的解释也是科学的。在恒星观测方面,《寰宇述要》除了对二十八星宿的介绍和研究外，主要表现为对极星位置变动的记录和对北斗星的观测。马德新通过实践发现天

---

① 李晓岑:《云南科学技术简史》，北京：科学出版社，2013 年，第 254 页。

体出没的方位是随观测地纬度的不同而有很大的不同，这在航海天文学上是一个极为重要的概念。1866 年法国探险队来到云南，与马德新会面并讨论天文观测现象，这是云南科学家首次与西方学者进行的科学交流活动，此时的马德新已有很精密的近代三足架天文镜，并绘有一些天文观测图，说明他很重视天文观测并有较好的观测仪器。马德新为中国天文学的发展做出了不可磨灭的贡献。作为中国第一个赴海外亲睹西方科学状况的科学家，马德新取得了不凡的成绩，他的工作成为近代科学在云南传播的先导，具有标志性意义。

云南有"植物王国"之称，西方植物学者在云南的考察活动一定程度上促进了云南近代植物学的发展。"19 世纪后半期，法国天主教驻昆明传教士赖神父，在云南采集大量植物标本寄到巴黎博物院（约 20 万份），还把许多珍奇园艺植物种籽引入法国繁育。"英国的"爱丁堡植物园和其他种苗公司联合派遣职业采集家傅礼士，于 1904 年至 1931 年间 7 次来云南，采集植物标本 30 000 余号，6000 余种，其中 3000 种为地理新分布，1200 种为学术界新种，还采得森林园艺植物种子根数千斤。""美国哈佛大学阿诺树木园职员许纳特，于 1914年至 1915 年来昆明、丽江等地搜集植物标本，采有很多宝贵的种类，其中新记录和新种亦不少。"1914 年，"奥地利维也纳自然历史博物馆 H. Handel-Majjetti 在滇东北及滇西北采集大量植物标本，汇集出版了《中国植物志要》"。[1]除此之外，"法国人梅里、梅尔，瑞典人施密史，美国人洛克等，都到云南采集过植物标本和种籽"[2]。这些外国人的"调研""采集"活动，使云南丰富的植物资源闻名于世界，促发了更多学人对云南植物研究的重视。

医药方面，西医的传入在一定程度上提升了云南的医疗水平。20 世纪初，西医开始传入昆明、昭通和大理地区。1901 年法国领事署在昆明创办了第一所西医医院，先称为"大法施医院"，后改名为"法国医院"（滇越铁路医院，今昆明市妇幼保健院），两年后又设立"大法施医院附属学校"，招中国学生，这是云南最早的西医医院及西医学校。1910 年，昭通开办教会医院福滇医院，亦属西医医院。随着教会医院在云南的大量出现，西医很快传遍了云南各地区。

---

① 云南省科学技术志编纂委员会编：《云南科学技术大事》，昆明：昆明理工大学印刷厂，1997 年，第 27 页。

② 夏光辅：《云南科学技术史稿》，昆明：云南人民出版社，2016 年，第 170 页。

1909 年云南陆军医院创建，这是清朝官方在云南创办的第一所西医医院。[①]

民国时期，昆明地区有四大名中医之说，他们分别是吴佩衡、李继昌、姚贞白和戴丽三，其中后三位出身昆明著名的医学世家。他们在中医方面有很深的造诣，并都有著述行于世，他们的医术在云南有很大的影响，特别在昆明地区，可谓家喻户晓。民国以后，西医医院相继在昆明和各州县建立，从此形成了中西医并存的状态，一直影响至今，西医的人才队伍也随之发展了起来。

更为重要的是，云南本土科技的近代转化也取得了很大的成绩。如矿冶技术，在清代前期，云南矿冶业中的探矿、采矿、选矿、冶炼诸方面，主要采用的是中国传统的技术。到了清代末年的光绪、宣统年间，一些采炼铜、锡、锑的企业，引进国外机器进行生产，揭开了云南矿冶业机器生产的序幕。

轻工业技术也实现了由传统向近代转型。例如，云南的纺织业由传统的家庭手工业过渡到近代纺织厂，技术上有了较大的提升，织布机由木机逐渐变为铁机。在木机织布向铁机织布的转变过程中，昆明的机械纺织工业也得到了很大的发展，有 100 多户经营机器纺织。再如，皮革的制造。云南传统的制革技术是烟熏和硝制法。近代西方国家的先进制革技术传入云南，促进了制革技术的突破，如铬鞣制革，硫化碱脱毛，牛胰软化、染色、涂饰等技术得以应用。除此之外，还兼用机器制造和生产，实现了技术和设备的双重进步。又如在造纸和印刷技术方面，也取得了发展。云南古时就有造纸技术，但都是手工制造，制造时间和产量都受到限制。近代云南开始开办造纸厂，采用先进的机器设备造纸，节省了制造时间，提高了产量。云南传统的印刷技术主要是雕版印刷。19 世纪 90 年代后，外国的石印、铅印等近代印刷术传入云南。1890 年前后，云南已采用石印技术印刷书籍和地图。

诸如此类的技术发展和转型还有很多，此处不一一列举。总之，在 19 世纪 70—90 年代边疆危机的背景下，云南进入到科技的近代化时期。这时，近代科技开始大规模地传入云南，外国的科学家纷纷进入云南考察。此后，移植西方科技成为云南科技发展的一种趋势，云南的科技日益与世界科技联系到一起。传统科技与近代科技的碰撞，是云南发展史上的一次大变革，对云南的整体科技水平有着深远的影响。

---

① 李晓岑：《云南科学技术简史》，北京：科学出版社，2013 年，第 260 页。

二、云南科技人才培养与科学学科建设

中国科技在古代曾处于世界先进地位，到了近代便落后于欧洲，差距日益增大，一个重要原因是教育制度落后。欧洲从 13 世纪以后，建立了各类学校，教授自然科学、社会科学、生产技术等，培养了大批知识分子，他们在近代科技革命中起到了重要作用，使欧洲科技迅速发展。中国在 19 世纪末以前，仍以传统的教育模式进行人才培养，忽视自然科学和生产技术。甲午战败令清王朝朝野震动，推动了学制改革。1898 年，光绪帝诏"将各省、府、厅、州、县现有之大小书院，一律改为兼习中学、西学之学堂"①。1902 年，清王朝颁布《钦定学堂章程》，规定"京师大学暨各省高等学、中学、小学、蒙学章程"，诏令"各省督抚，按照规条实力奉行……教育之有系统自此始"。②1903 年，在厘定前章程基础上颁布《奏定学堂章程》，新学制正式设立，1904 年 8 月，清王朝废除科举制，与之相依存的庙学制也因时代新旧嬗递而被最终淘汰，"徒有学校之名而无教育之实的地方官学（府州县学）随着科举制度的废除，职能愈益清简，惟余尊孔之象征意义"③。

科技成果是由人创造的，人才培养对科技的发展至关重要，人才离不开学校培养。"云南自 1902 年至 1911 年清朝的最后 10 年间，在昆明建立过 7 所高等学校：高等学堂、优级师范学堂、法政学堂、高等工矿学堂、方言学堂（英文、法文）、东文学堂（日文）、陆军讲武学堂。"除此之外，还办过一些专业学堂，如师范学堂、女子师范学堂、工业学堂、实业学堂、农业学堂等。各府州县也创办了一些中学堂和小学堂。这些新学堂的课程，除了讲授传统的"四书""五经"外，还讲授社会科学、自然科学、外文（主要为英文、法文、日文）、生产技术。其中，"高等学堂聘请三个日本教师，一个教文科，一个教数理化科，一个教博物科，系统讲授西方社会科学和自然科学。优级师范第一届分为四类：史地、理化、博物、文学教育；第二届分为五类：史地、理化、博物、数学、

---

① 《清德宗实录》卷 420，"光绪二十四年五月甲戌"条，《清实录》第 57 册，北京：中华书局，1985 年，第 504 页下。

② 《清史稿》卷 107《选举二》，北京：中华书局，1976 年，第 3130 页。

③ 霍红伟：《清代官学在近代教育转型中的改制与变迁》，《中国社会科学报》2019 年 1 月 19 日，第 7 版。

英文"。^①另外，高等工矿学堂和其他中等专业学堂的课程，除了上述提到的，重点是专业技术课，生产技艺成为这些学校的主要讲授内容。一部分中小学堂还开设了科学常识课。这些新学堂由于开设了自然科学和生产技术课程，为培养科技人才奠定了基础。如优级师范学堂毕业的陈一得、方言学堂毕业的熊庆来和缪云台等，受自然科学的熏陶，后来成为著名的自然科学家。上述各级各类的学校普遍开设自然科学课程，促进了科技知识的传播。

清廷除推进学制改革外，为积累和培养人才，还鼓励学子出国留学。1901年，"清廷诏令各省选派学生留洋，学成后视情赏赐进士、举人出身。1902年2月（光绪二十八年），又诏令选派八旗子弟出洋游学。同年10月，再次诏令各省督抚筹款选派学生出洋游学"。1902年，云南选送首批留日学生10名。1903年，又送10人。1904年，仅见于官方资料的留日学生就有89人，其中41人学师范，28人学军事，20人学实业。至1905年，云南的留学生所习专业众多，大体以师范、军事为主，包括农、工、商、矿等。学生留学经费有官费，也有自费。值得注意的是，1906—1911年，"云南留日学生在专业选择上有一个特点，即从中央到地方均大力倡导云南留日学生学习矿冶技术，并对此反复强调"。^②这是由于云南矿产资源丰富但相关人才不多，所以从中央到地方一致认为需加强云南矿冶人才的培养，以尽地力之效。晚清的留日学生，毕业后陆续回到云南工作，进一步提升了云南的科学文化水平，扩大了云南科技知识的传播范围，促进了云南传统科技与西方新科技的交融发展。

中华民国成立以后，政府继续推行留学政策。云南地方政府先后几次选送公费出国留学生。1912年送日本40人。1913年送缪云台、任嗣达等6人至美国学习工业、政治，送李汝哲等5人至法国学习法政和兵工，送熊庆来等3人至比利时学习矿业，送香港大学8人。1926年送25人至日本学习。1931年送30人至日本学习。"到1932年，云南地方当局公布《欧美留学生暂行规程》，规定每年总数以不超过20人为限。1912—1938年，云南共派出留学生218名，其中农科18名，工科60名，理科13名，医科14名。"《续云南通志长编》卷49载，此期间有国外留学生题名的，总计313人（不包括20世纪40年代出国

---

① 夏光辅：《云南科学技术史稿》，昆明：云南人民出版社，2016年，第156页。

② 周立英：《晚清留日学生与近代云南社会》，昆明：云南大学出版社，2011年，第1、20—21页。

的留学生）。"1945 年，选派学生赴美国留学，是历届云南选派留学生最后且规模最大的一次。"1944 年在昆明选拔了 40 名云南籍的学生赴美国学习，1945 年 6 月初出发。"他们分别进入麻省理工学院、里海大学、芝加哥大学、俄亥俄州立大学、康奈尔大学等名校学习工程技术。"其中"冶金与金属学专家谭庆麟、傅君诏、宋文彪、陈永定，动物营养学家杨凤，石油化工专家袁定虞，生产过程控制专家周春晖等优秀人才"①都是出自这批留学生。这期间，自费出国留学者也陆续增多。

值得注意的是，近代云南省政府不仅支持学生出国留学，而且鼓励学生去国内知名的学校学习。京师大学堂创办于晚清时期，是当时国内知名的学校，其最大的特色是在继承中国古代文明基础上引进西方资本主义文明和近代科学文化。办学方针遵循"中学为体，西学为用"原则，所以，其教学内容除中国传统文化外，还有一些西方的社会政治学说和自然科学。1901 年以后，云南陆续选送了一些青年学子到京师大学堂学习。其中一些学习自然科学的学生，毕业后回云南工作，提升了云南的科学文化水平。民国时期，云南许多学子或出国留学，或到省外大学就读，学习先进的科学技术。仅 1932—1942 年的 10 年间，就有 196 人享受云南省政府奖学金和汇款优待证到省外大学读书。1912—1939 年的 17 年间，出国留学生、到省外大学读书毕业的学生，加上本省高等学校的毕业生，云南受高等教育的人数共 2575 人。其中理学、工学、农学、医学等自然科学和工程技术的人数占一半以上。②

辛亥革命以后，云南的学校进行了调整。清末创办的云南高等学堂、方言学堂、优级师范学堂、东文学堂等都已停办，只有法政学堂改名为法政学校，继续办校。1912 年又改名公立法政专门学校，到 1932 年该校"照部颁办法停办"。

1922 年 12 月，私立东陆大学（云南大学前身）在昆明成立，首任校长为董泽。1923 年 4 月 20 日举行开学典礼，至此，云南省历史上第一所大学正式诞生。起初，达到录取线的人仅有 30 多人，于是又增收了试读生和补习生 80 多人，共 100 多人，分为文、理预科各一班。以后每年的春天便添招一班。到

---

① 李晓岑：《云南科学技术简史》，北京：科学出版社，2013 年，第 331—332 页。
② 夏光辅：《云南科学技术史稿》，昆明：云南人民出版社，2016 年，第 160 页。

1925 年,"东陆大学才正式开办文、工本科,文科分别设政治、经济、教育三系;工科设土木工程、采矿冶金两系"①。这五个系下又设若干专业。工科两系除了学习基础理论外,还重视实际操作。学校特地设实验室和实习工厂供学生实验和实习。1930 年,省政府决议,改私立东陆大学为省立东陆大学。1931 年,东陆大学又将文、工两科改为文学院和工学院。1932 年,教育厅将 1930 年开办的云南省立师范学院并入东陆大学,成为东陆大学内的教育学院。又将文学院扩为文理学院,增设了数理系和法律系。加上工学院共设三个学院。1933 年,开始招收医学专修科学生。1934 年,省立东陆大学更名为省立云南大学,进行了院系调整,将文理学院中的数理系并入工学院,成立了理工学院;教育学院被撤销,将教育系、中文系、法律系合成文法学院。

1937 年熊庆来任云南大学校长。1938 年,中央教育部改省立云南大学为国立云南大学。熊庆来任校长后,积极招纳人才,聘请著名学者到云南大学任教。随着许多著名学者先后应聘,学校的教学水平和科研水平大大提升。除此之外,熊庆来还积极为学校筹集经费,以此扩大校舍,增购教学设备和图书资料。云南大学以此为基础,学校规模扩大,院系也随之增加。下设文法学院、工学院、理学院、医学院、农学院五个学院,共 18 个系,3 个专修科,3 个先修班。云南大学成为一所名副其实的综合大学。在校生人数从 1936 年的 302 人增至 1947 年的 1100 人;1928—1943 年共有毕业生 1600 人。②云南大学培养的大批科技人才,对改变云南落后的科技文化水平起了很大的作用。

抗日战争时期,云南的高等教育水平有很大的提升,华北及沿海城市的很多高校纷纷迁入云南。1938 年,由国立清华大学、国立北京大学、私立南开大学组建的长沙临时大学迁至昆明,改称"国立西南联合大学";中山大学、同济大学、中法大学、华中大学、中正医学院、国立上海医学院、唐山工学院等高校相继迁来。其中以西南联合大学规模最大、影响最为深远。

国立西南联合大学设有文学院、理学院、法商学院、工学院、师范学院 5 个学院,包括 26 个系,2 个专修科和 1 个选修班。其中理学院下设算学系、物理学系、化学系、生物学系、地质地理气象学系等 5 个系。算学系主要设有必

① 温梁华:《民国时期的云南高等教育》,《玉溪师专学报(社会科学版)》1988 年第 5 期。
② 夏光辅:《云南科学技术史稿》,昆明:云南人民出版社,2016 年,第 161 页。

修或选修的微积分、立体解析几何、近世代数、数论等课程；物理学系主要设有必修或选修的普通物理学、电学、光学、量子力学、普通相对论等课程；化学系主要设有必修或选修的普通化学、无机/有机工业化学、综合药物化学、化学史等课程；生物学系主要设有必修或选修的普通生物学、遗传学、动物/植物显微镜学方法、普通生物学实习等课程；地质地理气象学系分为地质组、地理组和气象组 3 个组，其中地质组开设地质学、矿物学、地史学、测量学等课程，地理组开设自然地理、中国地理、种族地理、西南边区研究、世界地理等课程，气象组开设气象学、气象观测、理论气象、航空气象等课程。

工学院下设土木工程学系、机械工程学系、电机工程学系、航空工程学系、化学工程学系等 5 个主要学系。其中，土木工程系设有必修或选修的课程，如铁路工程、工程材料学、道路工程等；机械工程学系设有必修或选修的课程，如制模实习、锻铸实习、电机工程等；电机工程学系设有必修或选修课程，如电工原理、电工实验、电报电话学、电讯网络等；航空工程学系设有必修或选修课程，如飞机结构原理、航空仪器、飞机设计等；化学工程学系设有必修或选修课程，如无机工业化学、化学工程、定量分析等。

1938—1946 年国立西南联合大学在昆明期间，"前后任教的教授有 300 余人，学生有 8000 人，毕业生有 3343 人"[①]，是著名学者聚集最多的高校。国立西南联合大学在滇 8 年，培养了几千名学生，人才辈出。该校还极其重视研究工作，科研成果卓著，在 *Nature* 和 *Science* 等国际学术刊物上发表了一些成果。

中法大学于 1939 年迁入昆明，设有文、理学院，下设 6 个系，但其学生和教师人数比国立西南联合大学和国立云南大学少，不过也培养了一批人才。其他迁入昆明的高校规模较小，师生数量也较少。

这期间除了高等教育有了很大发展外，中等教育也有较大发展。因为大学毕业生增多，师资力量比原来增强很多。云南自从开始办中学和小学到 1938 年累计有省立中等学校 29 所和县立中等学校 46 所，私立中学 3 所。到 1945 年，省立中等学校增至 42 所，市、县立中等学校增至 128 所，私立中学增至 31 所。全省小学因为各地人口分布和经济状况不同，所设的学校多寡不一，到

---

① 李晓岑：《云南科学技术简史》，北京：科学出版社，2013 年，第 328 页。

1947 年，全省共有中心小学 1329 所，普通小学 8173 所，小学教师多达 34 000 余人。①其中小学普遍开设了自然科学常识课和算术课，中学普遍开设了数学、物理、化学、生物等课程。

学校不仅是科技知识传播的重要阵地，也是培养科技人才的主要场所。近代云南的教育，与传统社会忽视自然科学和生产技术相比，更有利于科技的发展。

另外，值得注意的是，科技团体的建设和发展，对科技知识传播和人才培养同样具有重要作用。近代云南建立的有关自然科学和工程技术的学术团体有云南学会、云南省农学会、云南省科学研究社、博物学会、昆明市园艺研究会、中国科学研究励进社、云南国医学术改进研究社、医刊社、中华医学会昆明分会、中国地质学会云南分会、云南大学土木工程学会等。②这些学术团体，是科学研究者进行学术交流的群众性组织。其中以云南学会的人数为最，其宗旨是发展云南学术，分史地、博物、理化三部。云南学会成立后不仅编印相关书籍，还组织会员赴滇越铁路沿线采集植物标本和化石标本。另一影响较大的是云南科学研究社，由陈一得负责，经常进行学术演讲和座谈会，每年都举行年会，编辑出版了《教育与科学杂志》。

总之，近代云南的教育为科技知识的传播及科技人才培养做出了重要贡献，促进了云南科技的转型与发展。

三、科技与云南现代化

20 世纪以来，云南工业有了长足发展。20 世纪初期，云南兴建了一批工厂，所涉及的行业包括纺织、冶炼、军工、日用品和食品等。有学者认为："二十年代以前，向云南输入的商品大部分是外国的，但是到三十年代，在国内生产的商品开始占主要地位了。比如说，最重要的输入商品棉纱，主要是在上海生产后直接运入云南的。这样，原来属于华南商业圈的云南逐渐地被编入了以上海为中心的全国商业圈。"③到了抗日战争时期，云南成为我国抗战大后方，一大

---

① 夏光辅：《云南科学技术史稿》，昆明：云南人民出版社，2016 年，第 162 页。
② 夏光辅：《云南科学技术史稿》，昆明：云南人民出版社，2016 年，第 163 页。
③ 〔日〕石岛纪之：《近代云南的地域史》，《读书》2006 年第 4 期。

批工厂和企业由沿海、内地迁来云南，包括技术工人、工程师、企业家等，给云南的科技和经济发展注入了新的活力，再结合国民政府提倡的"工业立国"思想，云南的工业得到了前所未有的发展。

除由传统向近代转型的轻工业外，云南在有色金属矿冶、钢铁冶金、能源、化工等重工业技术方面，也取得了显著的进步。例如，个旧出产的成锡，之前多为中小企业用土炉炼制，成色不一，出口时须到香港改炼，经过香港方面的化验师出具证明书，才能运到欧美销售，售价比世界其他国家所产同一成分的锡低得多，经济损失很大。1933 年炼锡公司引进英国柴油炼锡反射炉一座，进行冶炼。1935—1936 年，扩建了好几座新式炼锡炉、净矿塘、净矿炉，不仅改进了公司选矿、炼锡的质量，而且收购了中小企业的土锡进行精炼。"炼出99.75%的上锡、99.5%的纯锡、99%的普通锡，取得伦敦、纽约五金交易所化验证书，可直接运销世界各国，与英国锡享有同等价值。这是云南锡业生产技术和管理水平的一大进步，获得了巨大的经济效益。"云南的铜久负盛名。1888年，东川的铜矿引进了外国机器，实行机器生产，为云南冶金工业机器生产的开端。1939 年在昆明西郊马街建立的昆明电冶厂，用电机设备、电解槽、反射炉等生产电解铜。一个月的时间便可"生产电解铜 120 吨，供电力工业和军事工业之用。同时还生产电解锌、纯铅、耐火砖、水泥等产品。该厂生产的电解铜，质量较好，含铜 99.95%，电解锌含锌 99.97%。纯铅含铅 99%，技术是先进的"[①]。

再如云南的钢铁冶金工业。在 20 世纪 30 年代以前，云南的铁都是小型手工工场采炼，只能制造铁锅和民间生产用品。钢也是采用民间的土法锻造。用近代工业技术生产钢铁是 20 世纪 40 年代才开始的。1939 年，资源委员会、兵工署、云南省政府联合筹建云南钢铁厂，1943 年建成投产，大大提升了云南的炼钢质量和钢铁产量。1941 年电力制钢厂建成，主要产品为电炉钢和钢材。上述两个工厂的建立，是云南近代钢铁工业的开端，云南从此开始自产高级钢铁材料。

能源工业方面，如云南全省的煤产量，1915 年仅产 2.5 万吨，到 1936 年已经能产 16 万吨。各地小煤窑、中型煤矿、大型煤矿也逐步增多。

---

① 夏光辅：《云南科学技术史稿》，昆明：云南人民出版社，2016 年，第 179 页。

　　化学工业也取得了显著成就。1939 年，昆明大利酸厂用铅室法生产硫酸，又用硫酸与硝石生产硝酸。20 世纪 40 年代初期，兵工署和中国火柴股份有限公司分别在昆明的马街和海口先后建成 250 千瓦的电炉各一座，生产黄磷并将其加工成赤磷。1941 年，顾敬心在马街黄磷厂将本厂生产的黄磷加工成磷酸，这是云南最早的磷酸生产装置。1942 年，云南建成中国第一座磷肥厂——裕滇磷肥厂。

　　在国民政府的支持与鼓励下，云南省政府积极发展工业。抗日战争时期，我国沿海、内地的科技力量注入云南，再加上全省人民在抗日战争烽火中万众一心、共赴国难的努力，使云南犹如发生了一场工业革命，相关领域飞速发展。云南昆明一带更是形成了以海口、马街、安宁、茨坝为代表的重要工业区，成立了一大批杰出的企业，在短短几年内，建成了一套有近代化水平的较为完整的工业技术体系，达到了把云南建设成为我国工业中心区的目标。

　　近代的云南一直是中国抗击外侮的重要阵地，在斗争的过程中，西方先进的科技或直接或间接地传入云南，促进了云南科技从传统向近现代转型，到中华人民共和国成立时，云南科技的主流已经融进了近现代科技体系之中。在近现代科技的支撑下，云南很多传统手工业领域迅速向近现代工业转化，出现了结构性的改革，如上文提及的纺织、制盐、制糖、造纸、印刷等行业。另外还有一些新行业、新产品、新技术、新工艺等也在云南有了很快的发展。

　　近代云南的教育改革紧跟内地的步伐，在新式教育体系的影响下，云南开始重视科技人才的培养，开办新式学堂、鼓励学生出国留学、重视高等教育等一系列举措培养了很多致力于科技研究和发展的人才。抗日战争时期，沿海各学校和研究机构迁入云南，特别是国立西南联合大学的创办，许多著名学者云集云南，人才荟萃，形成了思想自由和学术自由的氛围，成为繁荣云南科技的重要保证。在这一时期，云南的科技水平得到了极大的提升，在数学、物理、化学、天文、地理、生物等各个广阔的领域，出现了一批世界领先的近代科技成果。云南近现代科技的繁荣发展，促使云南的发展也步入现代化的轨道。

第二章　云南少数民族科技史总论

云南是我国少数民族最多的省份，有 25 个世居少数民族、15 个特有民族，16 个少数民族跨境而居，呈现出交错分布，大杂居、小聚居，沿山区立体分布和沿边疆分布的特点。这一分布特点是在各民族长期交往交流交融过程中形成的，中华民族共同体首先是一个历史共同体，历史时期云南本"夷多汉少"，明清时期大量外省移民的迁入，逐渐形成了今天的民族分布格局。而在这一历史进程中云南各民族科技在民族交往交流交融中呈现的"和而不同"的特点尤其值得注意。

一、多彩的民族科技

在云南省的总面积中，约 94%是高山、河谷和起伏较大的丘陵，只有约6%的面积属于山间盆地，即云贵高原各地民众通常所称的"坝子"。①许多分散的小坝子点缀在相互阻隔的群山之中，成为相对独立的文化单位。云南各族人民聚居在这些大大小小的坝子中，创造着属于他们的历史和文明。

虽然云南的经济文化发展水平自古以来就与中原和沿海地区差距较大，但总体发展水平的落后并不代表一切的落后。相反，在悠久的历史中云南各民族的不少科技成果曾领先于世界，如傣族、壮族、佤族、白族等族的祖先是云南稻谷的最早栽培者；再如在西汉、三国、唐代的历史文献中，有彝族祖先过火把节、星回节的记载，说明公元 1 世纪之前，彝族先民已发现地球绕太阳运行和季节变化的规律，逐步形成了彝族古老而科学的"十月太阳历"，是对中国古

---

① 赵敏、廖迪生主编：《云贵高原的"坝子社会"：历史人类学视野下的西南边疆》，昆明：云南大学出版社，2015 年，第 1 页。

代文明的一大贡献。

另外需要着重介绍的就是云南各族人民创造的科技成果是多样性的和独具风采的。悠久的历史发展中，云南在天文历法、建筑技术、医药保健、手工技术和农业技术等方面创造了众多的科技成就，且都具有本民族自身的特色。例如，在云南25个少数民族中，就有彝族、傣族、藏族、回族、白族、纳西族、哈尼族、傈僳族、拉祜族、佤族、基诺族、独龙族等12个民族历史上曾制定和实施具有本民族特色的历法，并有特殊的天文认识。再如具有浓厚民族色彩和地方特点的各式各样的民族建筑，傣族、白族、纳西族、藏族、回族等族的寺庙和佛塔，风格独特，颇具匠心；另外宁蒗纳西族和怒江傈僳族的木楞房，哈尼族的土掌房，傣族、景颇族的竹楼，彝族、白族的重檐瓦房等都饱含各民族智慧的技艺，引人注目。同时在农业技术、手工技术和医药等方面，云南各民族亦有自己的特色。

二、和而不同的民族科技文明

《论语》中讲："君子和而不同。"《中庸》中也讲道："万物并育而不相害，道并行而不相悖。"中华民族古代经典哲学思想阐述了不同文明互学互鉴，交往交流交融的开放格局。云南各民族创造了丰富多彩的科技成就，地位特殊、独具风采。同时我们也应该深刻认识到：云南科技是在云南所有民族合力之下形成的，一方面这些宝贵的民族科技知识和智慧内容百花齐放，地域特色鲜明；但同样不可忽视的另一方面是各民族之间文化上相互共存、相互吸收，决定了科技文化的包容性。科技文化的多层次性、多样性和包容性共同构成了云南科学技术知识的特色，这在民族历法、民族医药、民族工艺和民族建筑等多方面都有极为明显的反映。

以云南中医药与民族医药交往交流交融为例，夏光辅认为云南少数民族的医药保健发展史具有两大显著特点：一是民族医药是民族文化的组成部分，是民族社会经济的反映，受民族文化水平的制约；二是云南各民族自古就是中华民族大家庭的成员，长期进行着密切的文化交流。[①]云南各民族在医药理论和治疗方法都有自己的特点，其中藏医、傣医、彝医已形成自己民族的医学体系，并出现

---

① 夏光辅：《云南科学技术史稿》，昆明：云南人民出版社，2016年，第195—196页。

了用本民族文字撰写的医学著作。比如《玉龙本草》和《苍山本草》就分别是纳西族和白族重要的医学著述。汉代以后，伴随汉族移民的持续入滇，中药与云南民族医药的融合也逐渐开始。据统计，中国历代中医药典中记载了大量云南民族药物，中国最早的药典，秦汉时代所辑的《神农本草经》就记载了云南民族药物20多种；汉代至宋代在重要的本草著作中云南民族药物达数十种之多。[①]

发展至明代，出现了中医药与云南民族医药交流融合的巨著《滇南本草》，云南嵩明县兰茂所著的《滇南本草》，分上、中、下三卷，共收云南产药物458种。该书阐述了每种药物的名称、别名、形态、产地、性味、功效、主治、应用、用法、炮制、禁忌、配方等，搜集药方710多个，总结了云南16世纪以前的药物学成就，是云南最早的植物药学专著，比李时珍《本草纲目》早140多年。值得注意的是，《滇南本草》中有许多民族医药与汉族医药相结合的实例，其中许多药物《本草纲目》并未记载，如贝母、川草乌、川牛膝、灯盏花、仙鹤草等许多常见的中医药始载于《滇南本草》。明末清初，一批水平较高的中医师进入云南，又加速了云南民族医药与中医药的融合发展。云南各少数民族使用的传统药物有1300多种，约占全国民族药物品种的30%[②]，这些民族传统药物，有不少是特效药，目前已被收入《中国药典》，作为中药使用。

本章从"衣食住行用"的角度出发，分农业技术、手工技术、建筑技术、医药和天文历法五方面介绍云南少数民族科技的特色，并着重挖掘展现各少数民族科技发展过程中存在的交往交流交融现象，为今天铸牢中华民族共同体意识提供可借鉴的历史基础和历史经验。

第一节 农业技术

云南是世界栽培稻的起源地之一，在云南的新石器时代遗址中，7个有古稻谷遗迹。大量的考古发掘证明，在新石器时代，宾川、元谋、剑川等地的古人已经定居，形成村落，从事农业和畜牧业生产。从此稻谷种植成为云南农耕

---

① 田敬国：《云南少数民族对祖国医药人类学的贡献》，载云南省民族研究所编：《民族研究文集》，昆明：云南民族出版社，1987年，第262页。

② 夏光辅：《云南科学技术史稿》，昆明：云南人民出版社，2016年，第313页。

文化中最闪耀的部分，稻谷的栽种技术亦代表着云南农业技术的最高水平。在长期的历史发展过程中，云南培育了诸多的稻谷品种，据康熙《云南通志》载："稻，凡百余种，约以红稻、白稻、糯稻概之。"①例如，善于种稻的傣族人民就孕育了相当多的水稻品种，金平县三区金水河乡金水河地区的傣族经常播种的糯稻就有"考龙朋、考楼兰、考木坑肖、考旺兰木、考汉木、考旺嫭、考高格、考兰伯、考厚布、考毛、考猛旺、考欧和考木该等 14 种"②。这些稻谷品种深受区域自然条件和民族传统的影响，具有浓厚的民族特色，是云南稻作文化中的一抹亮色。据《云南科学技术史稿》记载，"傣族长于糯稻，白族善于粳稻，傣族的软米，白族的硬米，各具特色。德宏傣族的遮放米，文山壮族的八宝米，品质优良。阿昌族的'毫安公'良种获得'水稻之王'的称誉"③。

农牧业技术是最先发展起来的科技之一，谢本书认为，"稻作文化"是远古云南文化的重要特征。④因此通过观察绚丽多彩的云南各少数民族稻作文化，可以洞悉云南各少数民族在长期的农业生产活动中形成的各具特色的关于作物耕作技术、土壤选择、水田换种、山地轮种、生产节令安排等一套生产规律。具体可归纳为耕作技术、灌溉技术、新作物的引进三方面。

一、耕作技术

农业史研究者将中国的农业耕作技术发展过程划分为"刀耕火种""锄耕""牛耕"三个阶段。但在具体的生产实践中，因云南是一个多山的省份，据统计，全省土地面积的 88.6% 是山地，坝子（山区或者丘陵地带局部平原和台地）仅占 6.4%。⑤"全省 129 个县、区、市中，有 93 个县的坝子面积占本县土地面积

---

① （清）范承勋、王继文修，（清）吴自肃、丁炜纂：康熙《云南通志》卷 12《物产》，清康熙三十年刻本，第 1 页 b。

② 《金平县三区金水河乡金水河傣族生产和生活资料占有情况调查》，载《中国少数民族社会历史调查资料丛刊》修订编辑委员会编：《云南少数民族社会历史调查资料汇编（三）》（修订本），北京：民族出版社，2009 年，第 67 页。

③ 夏光辅：《云南科学技术史稿》，昆明：云南人民出版社，2016 年，第 341 页。

④ 夏光辅：《云南科学技术史稿》，昆明：云南人民出版社，2016 年，第 9 页。

⑤ 云南省测绘地理信息局等：《云南省第一次全国地理国情普查公报》，云南省测绘地理信息局制，2017 年，第 9 页。

的比例还不到 10%，其中 53 个县在 3%以下，全省有 18 个县 99%以上的土地全是山地"①。特殊的地理环境，对云南农业的布局、生产等产生了极大的影响，形成了特色鲜明的立体农业。因此在这种农业模式中，只有一种耕作技术是难以满足实际的生产需求的，故"刀耕火种""锄耕""牛耕"这三种方式曾长期共存在云南各少数民族的农业生产活动中。20 世纪 50 年代对云南少数民族的社会历史调查证明了这一点，如保山县潞江坝胡家寨傈僳族土地已基本固定，但轮歇地还占很大的比例。"据统计，1949 年胡家寨 40 户傈僳族共有耕地面积 507 亩，其中使用耕牛犁地的 228 亩，占耕地总面积的 44.9%；用锄挖地的有 199 亩，占耕地总面积的 39.25%；火山地 80 亩，占耕地总面积的 15.78%。除牛耕地是固定耕地、每年种植外，锄挖地是半固定的耕地，轮歇耕作，种植一次丢荒一两年，而火山地纯系轮歇地，不固定种植，耕种一次要丢荒五六年到七八年不等。"②正如夏光辅所言："由于各民族居住地区的自然条件千差万别，社会、经济、文化发展很不平衡，农业技术差异很大。到 20 世纪上半叶，农业技术的原始水平、中世纪水平、近代水平同时并存。"③这一现象在 20 世纪 50 年代的云南少数民族社会历史调查中展现得淋漓尽致，为我们探寻历史时期云南少数民族的农业生产技术变迁提供了有效路径。

（一）刀耕火种

刀耕火种是大家比较熟悉的一种原始农业生产方式和生产技术。需要明确的是，虽然刀耕火种广种薄收的方式是落后的，俗语称"种一偏坡，收一萝萝"，但是这种生产方式是各民族在长期的农业生产实践中形成的，与其社会发展阶段紧密联系，亦曾发挥重要的作用。

考古发现，早在旧石器时代的"元谋人"和"丽江人"遗址中就有打制石器；还有用火的痕迹，说明他们已能用火，这是人类最早的科技活动。新石器时代的宾川白羊村遗址中更是发现了斧、刀、锄、锛、弹丸等多种磨制石器。火和打制石器的出现，为刀耕火种奠定了基础。遗憾的是，在史籍记载中关于

---

① 《云南农业地理》编写组：《云南农业地理》，昆明：云南人民出版社，1981 年，第 2 页。

② 《保山县潞江坝胡家寨傈僳族社会历史情况调查》，载《中国少数民族社会历史调查资料丛刊》修订编辑委员会编：《云南少数民族社会历史调查资料汇编（二）》（修订本），北京：民族出版社，2009 年，第 35 页。

③ 夏光辅：《云南科学技术史稿》，昆明：云南人民出版社，2016 年，第 342 页。

这种原始生产方式和技术状况的记载少之又少，难以直接窥测其全貌。所幸的是，在20世纪五六十年代对云南少数民族的社会历史调查中留存了大量关于刀耕火种这种原始生产方式和科技在云南实践的鲜活图景。

据尹绍亭仅就西南地区《中国少数民族社会历史调查资料丛刊》的粗略统计，就有数十篇报告涉及彝族、哈尼族、拉祜族、佤族、布朗族、景颇族、怒族、傈僳族、独龙族、德昂族、普米族、纳西族、基诺族、苗族、瑶族的刀耕火种农业。[①]这些调查报告，内容涉及土地制度、生产工具、生产技术、生产过程、栽培作物、单位产量等方面，兹就这些方面对这种尚未消失"古老的生计"做一简单的概述。

1. 生产力前提：铁刀、铁斧

刀和火是刀耕火种农业开展的工具前提，即"刀耕火种农业的产生，它同每个民族已发明或引进冶铁业和铸造业分不开，同已出现铸造铁刀、铁斧的铁匠分不开，它的出现标志着农业已由原始阶段跨进文明的门槛"[②]。如对哈尼族聚居的元阳县猛弄乡峒浦寨调查显示：全寨219户，988人，其中地主3户、富农7户、中农43户，余下均为贫雇农，各阶层农具拥有情况见表2-1。

表 2-1　元阳县猛弄乡峒浦寨农具占有情况统计

阶层	犁/张	锄/把	镰刀/把	弯刀/把	砍刀/把	薅锄/把	斧子/把
地主	4	14	4	3	4	4	5
富农	3	20	6	4	7	3	4
中农	16	97	40	18	18	21	7
贫农	7	178	39	29	34	38	9
雇农		37	17		3	1	1
其他	2	10	2	1	5	4	1
合计	32	356	108	55	71	71	27

资料来源：《元阳县哈尼族调查三篇·元阳县猛弄乡峒浦寨初步调查》，载《中国少数民族社会历史调查资料丛刊》修订编辑委员会编：《云南少数民族社会历史调查资料汇编（四）》（修订本），北京：民族出版社，2009年，第90—91页

[①] 尹绍亭：《人与森林——生态人类学视野中的刀耕火种》，昆明：云南教育出版社，2000年，第5页。

[②] 宋恩常：《云南少数民族的刀耕火种农业》，《史前研究》1985年第4期。

由表 2-1 可知,除地主、富农占有较多的主要农具外,其他各阶层的生产农具是很缺乏的:中农平均每 3 户有犁 1 张,贫农每 17 户才有犁 1 张。这些生产工具主要有两种来源:一是本民族铁匠打造。如永胜县松坪乡的傈僳族生产工具主要有犁头、挖锄、薅锄、镰刀、弯刀、条锄、砍刀、斧头、钉耙、木耙。除犁头外,其他工具均能自制。二是从其他民族或地区购换。如同是傈僳族,碧江县五区色得乡傈僳族的生产工具就很少由本民族打造。在澜沧江流域兰坪白族的直接影响下,当地傈僳族很早就进入了铁器时代。先是白族将铁工具带到傈僳族地区,然后也有傈僳族去澜沧江地区购换板锄、条锄和铁犁等铁工具的。随着铁工具的传进,打制铁农具的白族铁匠也接踵而来。他们在色得、德一登两村的近邻打铸或修补铁农具,经过传授,少数傈僳族成员也掌握了打铸修补的技术。总的来说少数民族地区的铁器主要由汉族打制,虽然各少数民族也有本民族的铁匠,但数量尚少。

虽然云南少数民族拥有的铁制农具数量不一,来源也有所区别,但可以看出近代各少数民族已经基本使用铁制农具进行生产。而考古发掘则证明云南少数民族的祖先曾经使用石制和铜制农具进行过农耕,表明农业技术在逐渐进步。

2. 生产技术:生产节令的安排

刀耕火种虽是广种薄收的农业生产方式,但也要遵守生产节令的安排,而且云南少数民族在长期的生产实践中积累了丰富的生产经验,形成了刀耕火种所特有的生产技术。如傈僳族从亲身经验中知道,必须遵守生产节令,错过了节令,就会影响农作物的收成。宋恩常也观察到,从 20 世纪五六十年代云南所保存的刀耕火种农业来看,刀耕火种农业不仅要求人们严格遵守生产节令,而且还形成了刀耕火种农业所特有的生产技术。[①]例如,腾冲市古永区蔡家寨傈僳族的土地一般可分为轮歇、刀耕火种、常耕地三种。轮歇地多在半山腰或小坡上,主要种苦荞、洋芋。轮歇时间的长短视土地的肥力而定,有的隔年种,有的隔几年或十几年才轮种。刀耕火种地选择茂密的山林地带,主要种苦荞、洋芋,一般隔十三四年烧山种植一次。每年十月以长刀、斧头砍倒树木,晒干放火焚烧,把灰烬作为肥料。种时用木棒打洞点种,次年六月,合家上山收割,随

---

① 宋恩常:《云南少数民族的刀耕火种农业》,《史前研究》1985 年第 4 期。

即丢荒十余年之久，一直等到这块山地上又长起林木，再烧山耕种。刀耕火种地实际上也是轮歇地。只是耕种方式、所用生产工具及间隔时间，与轮歇地有所不同。

另外一个需引起注意的方面是刀耕火种在整个农业生产活动中的分工问题。金平县三区金水河乡金水河傣族的农业生产实践显示：处于生产力落后条件下的傣族主要是靠天吃饭，个体家庭的劳动力分配对于生产限制极大，不能同时进行整地、播种、管理；个体家庭无力彻底战胜兽害，担心作物早熟或晚熟会遭到鸟兽的破坏，就尽量使作物成熟时间与整个村寨各家相一致。通过全寨负担鸟兽危害的方式，个体家庭减轻了自己的损失。

为了适应自然条件和个体家庭生产条件的限制，傣族人民把劳动时间分成零散的几个部分。一年里正月、二月、三月间完成山地的整地和播种工作，所谓山地的整地工作包括三个部分：砍、烧、挖，整完地便播种。山地播种完，就开始打理水田。在长期的农业生产实践中形成了一套与生产节令相适应的特殊生产规律和劳动纪律。夫妇独来独往，按照作物种植生产和成熟季节，时而来到山上，时而去田间，忙忙碌碌。

3. 土地形态：从迁移到轮歇

最原始的刀耕火种，不翻松土地，砍树焚烧后直接播种，或戳穴播种，收获后再寻找另外一个地方重复上述方式，这是典型的迁移农业。后随着迁移空间的逐渐缩小，刀耕火种虽仍是云南少数民族农业生产活动中的重要部分，但也逐渐演变为轮歇地的一部分。如腾冲市古永区蔡家寨的傈僳族在种植苦荞、洋芋时，生产工序较简单，一般都实行刀耕火种，轮歇耕作，技术粗放。放火烧山后，草木灰就是天然的肥料，无须翻犁，下种后有的连看都不去看一眼，只等到成熟时上山收割。

进入轮歇阶段后，与刀耕火种相适应的土地形态多半保持氏族和村社集体所有制。腾冲市古永区蔡家寨傈僳族的刀耕火种地就是公有私用。由于当地大山绵延，刀耕火种土地的面积无法估计，但平均每年烧山面积为360亩，占总耕地面积的17%，产量则占总产量的18%。刀耕火种在当地的农业经济上占有一定的地位，但比重不大。[①]再如怒江地区的怒族土地形态，据调查，"在祖父

---

① 《腾冲县古永区蔡家寨傈僳族社会历史情况调查》，载《中国少数民族社会历史调查资料丛刊》修订编辑委员会编：《云南少数民族社会历史调查资料汇编（二）》（修订本），北京：民族出版社，2009年，第24页。

时代，土地为共同所有，无私有的情况。耕作技术为刀耕火种，用一根木棍打洞播种，玉米成熟时，各户共同采收，然后按户平均分配"①。宋恩常对孟连县、西盟地区佤族和勐海县布朗族聚居区土地形态的考察亦证明了刀耕火种的土地形态多保持氏族和村社集体所有制。②

4. 共存共生：尚未消失的古老生计

刀耕火种的生产方式曾长时期在云南少数民族社会留存并发挥作用，是一种古老的生计，至 20 世纪五六十年代调查时，刀耕火种仍在云南少数民族的农业生产活动中占有一席之地。宋恩常认为，即使刀耕火种农业已经过渡到锄耕和犁耕以后，刀耕火种农业仍以一种辅助或残余形式存在于农业生产中。③出现多种耕作方式共存共生现象的原因，一是由云南特殊的山区立体农业模式决定的。所谓立体农业，就是根据山区自然条件的差异，综合自然条件和气候资源的特点，建立起能够促使农林牧副渔全面发展，最大限度地利用当地自然资源的具有多层次经济结构的农业。④这一模式在云南少数民族地区的农业生产中得到了充分的发展，如罗平县八达河多衣寨的布依族主要从事农业生产，以种植水稻为主。多衣寨一带的水田靠近山脚，雨水把山上的自然肥料冲到田里，所以土质比较肥沃，不需要施农家肥稻谷同样长得旺。土地能犁的地方就犁，不能犁的地方就用锄挖。山地上则种植玉米、高粱、红薯、小麦、小米、油菜、豆类等作物。再如善于种稻的傣族，除悉心种稻外，也历来重视山地土壤的选择，按照不同的土壤种植不同的作物，如在粒状的黑壤中栽培棉花、沙土种玉米、红土种旱稻等。在山地上轮作的品种，第一年新开地种棉花，第二年种旱谷，第三年种玉米。之后按照土地利用的规律，经过两种作物轮种后便休耕，等地力恢复后再砍烧辟成耕地。

二是铁制农具缺乏。上文已经说过，即使到 20 世纪五六十年代，云南少数民族拥有的铁制农具仍明显不足，尤其是贫雇农占有的铁制农具更是少之又少。在这种情况下，虽然犁耕、锄耕已经是主要的耕作方式，但仍有不敷使用之虞，

---

① 《碧江县五区色得乡傈僳族社会调查》，载《中国少数民族社会历史调查资料丛刊》修订编辑委员会编：《云南少数民族社会历史调查资料汇编（二）》（修订本），北京：民族出版社，2009 年，第 4 页。

② 宋恩常：《云南少数民族的刀耕火种农业》，《史前研究》1985 年第 4 期。

③ 宋恩常：《云南少数民族的刀耕火种农业》，《史前研究》1985 年第 4 期。

④ 徐敬君：《云南山区经济》，昆明：云南人民出版社，1983 年，第 82 页。

因此在半山腰及以上的偏远山区，刀耕火种就成为农业生产的必然之选。

三是玉米、番薯、马铃薯等美洲粮食作物的引种。玉米、番薯、马铃薯等新作物因其高产和超强的环境适应性，自从引进后，在人地矛盾凸显的清代迅速成为云南少数民族人民开发山区的有力助手，拓展了人们的生存空间，也逐渐成为云南少数民族饮食中不可或缺的组成部分。玉米、番薯、马铃薯等美洲粮食作物的高产且对高寒环境的超强适应性，弥补了山区开发中铁制农具不足的缺陷，是刀耕火种农业模式中首选的种植品种，逐渐取代了原先的苦荞等传统杂粮。

（二）二牛三夫

在农业生产活动中，翻土工具对农业生产效率的提高至关重要。据考古发掘，在原始农业的早期，尚未出现典型的翻土农具，处于从粗耕到锄耕的发展阶段。江南地区新时代石犁和破土器的出土，表明在原始农业的最后阶段，犁耕已经开始出现。据研究，最初的犁耕应该是用人力牵引，不大可能使用牛耕。"令人遗憾的是，在云南新石器时代的考古发掘中，至今尚未发现有石犁。据说大理洱源西山一带，古代曾使用石犁，拉犁的不是人也不是牛，而是羊，叫做'山羊拉石犁'。"[①]根据现在已有的研究，代表传统农业耕作技术发展的最高水平的以牛牵引的犁耕，西汉以前云南地区并无史籍记载，考古发掘材料也未发现相关实物证据。云南牛耕至迟在东汉初期已经出现，汉代之后，随着中央王朝对云南统治的加强和开拓的深入，内地的犁耕技术亦被源源不断的戍边和屯垦军民携带入滇。[②]至三国时期，云南的牛耕已经比较普及。

虽然东汉至隋代云南的牛耕方法史无记载，但云南少数民族在长期的农业生产活动中仍形成了众多独具特色的耕作方法——二牛三夫耕作法，或称二牛抬杠耕作法。

唐人樊绰《蛮书》中记载："每耕田用三尺犁，格长丈余，两牛相去七八尺，一佃人前牵牛，一佃人持按犁辕，一佃人乘末。"[③]这就是云南少数民族地区形

---

① 管彦波：《云南稻作源流史》，北京：民族出版社，2005 年，第 159 页。

② 尹绍亭：《云南物质文化·农耕卷上》，昆明：云南教育出版社，1996 年，第 219 页。

③ （唐）樊绰撰，向达原校，木芹补注：《云南志补注》，昆明：云南人民出版社，1995 年，第 96 页。

成的特色牛耕方式。著名的《南诏中兴二年画卷》上牛和犁的图像正是二牛三夫的耕作图景。在之后的史籍中，二牛三夫的记载并不少见。陈文刊刻于明代景泰年间的《云南图经志书》卷一《云南府男劳女佚》载："土人多服耕稼，以田四亩为一双。犁则二牛三夫，前挽，中压，后驱。"清代桂馥著《札朴》中亦有相关记载。至 20 世纪 80 年代，李昆声在剑川县沙溪公社甸头大队白族聚居区调查时，仍说道："那里的白族世世代代都用'二牛抬杠'犁地。所用之牛，黄牛、水牛皆可。就我所见，都是水牛。"并对此耕作方式进行了调查。[①]

李朝真曾多次实地调查，仔细观察了二牛三夫耕作法的实际操作，据其描述："其犁辕长 305 厘米，犁床长（犁底）170 厘米，犁箭高 90 厘米，犁梢（犁把或犁手）长 57 厘米；犁衡，又叫格，土话叫担，长 210 厘米；用牛皮搓成的千斤（耕绳）长 40 厘米。犁具的部件，均用木质严密坚硬的栗木做成。犁具本身并不全部固定，犁辕可以上下活动，犁辕与犁把穿接处和犁箭穿出犁辕处也是活动的，在犁箭穿出犁辕处置一阶梯式木卡，犁箭穿出犁辕部分逐一叠错三个方孔，中穿横木方楔一段，方楔可以根据需要穿入任何一个方孔。在犁箭的上端系一根铁丝拉联犁把。调整深度的方法：首先调整犁辕与犁铧的夹角，要深则将木卡向后移动，使阶梯降低，犁辕上滑，再把犁箭上的横木楔按照犁辕与犁铧夹角的要求，插入第二或第三方孔；要浅则反之。另一调整深度的方法系由压辕人操纵。此人坐于二牛之间的犁衡上，他背向耕牛，两脚踩踏犁辕，手扶牛背，注视犁耕深度，深则轻踩犁辕，浅则重踩犁辕，并随时指挥两牛按一定方向行进。此人要求掌握全套耕作技术，经验丰富。扶犁者双手把住犁梢左右摇动，注意犁路的宽窄，即犁铧取土的面积，宽则向左摆，窄则向右摆。牵牛人在前面缓步导行，使牛按一定方向和速度行进。这样操作一张长辕直辕犁就需要扶犁、压犁、牵牛等三人协调进行。牵牛人牵引的多数是生牛。生牛负犁，不懂吆喝的含义，要人牵引才能听从指挥。如两牛均为熟牛，只需扶犁和压辕两人就可以耕作了。"[②]对照史籍记载，现今二牛三夫耕作方法和古代的二牛三夫的耕作方法极其相似。

① 转引自李昆声：《南诏农业雏议》，《思想战线》1983 年第 5 期。

② 李朝真：《"耦耕、二牛三人"耕作法探索》，载云南省大理白族自治州南诏史研究学会编：《南诏史论丛》（第 1 集下），云南省大理白族自治州南诏史研究学会编印，1984 年，第 234—235 页。

综合文献记载和研究者的实地调查，二牛三夫耕作法若使用生牛（不会犁地的牛），每天犁地不到4亩；若使用熟牛，一天可犁地4亩。

（三）象耕

西晋左思《吴都赋》，李善注引《越绝书》："舜死苍梧，象为之耕；禹葬会稽，鸟为之耘。"①这是关于远古舜禹时期象耕的传说。在云南地区，同样存在象耕的痕迹。唐朝樊绰的《蛮书》中记载今德宏州傣族祖先的"茫蛮"条时称："孔雀巢人家树上，象大如水牛，土俗养象以耕田，仍烧其粪"，"象，开南已南多有之。或捉得人家多养之，以代耕田也"。②

需要说明的是，象耕并不是指象拉犁耕田，而是利用象踩踏田土，使田土疏松，以便播种。即象耕是踏耕的一种。"所谓踏耕，亦称蹄耕，即驱赶牛群入田往复踩泥，从而使土壤细碎熟化的耕作方法。蹄耕是分布于南亚、东南亚和中国西南地区的一种古老的耕作方式。"③

象耕是在特定历史条件下出现的特殊生产方式和生产技术，目前关于象耕的研究尚不系统。尹绍亭指出："在西双版纳就曾听说傣族过去有使象踏田之农法，可见'象耕'是不假的。"④夏光辅认为："在近代，云南一些少数民族有以牛踩蹋水田的耕作方法，当是古代用象踩蹋田土耕作法的变异遗迹。"⑤在特定的历史时期，用象力代替人力耕田，能大大提升效率，是逐步采用牛耕和犁耕之前的过渡阶段。

二、灌溉技术

稻谷是云南全省各地皆种的主粮，"为云南极重要之主食品"⑥。云南各少数民族也均有长期栽培稻谷的历史，而在稻谷种植中最重要的就是水的利用。

---

① 转引自李光荣、杨政业主编：《古籍中的大理》，昆明：云南民族出版社，2003年，第434页。

② （唐）樊绰撰，向达校注：《蛮书校注》，北京：中华书局，1962年，第105页。

③ 尹绍亭：《云南物质文化·农耕卷上》，昆明：云南教育出版社，1996年，第144页。

④ 尹绍亭：《云南物质文化·农耕卷上》，昆明：云南教育出版社，1996年，第144页。

⑤ 夏光辅：《云南科学技术史稿》，昆明：云南人民出版社，2016年，第349页。

⑥ 李春龙、江燕点校：《新纂云南通志4》卷62《物产考五》，昆明：云南人民出版社，2007年，第96页。

因此，正如夏光辅所言："水稻的生产技术，在云南少数民族农业生产技术中占有重要地位。种植水稻，开发和利用水和土的科学技术至关重要。"[1]长期的农业生产活动使云南少数民族在兴修水利、管理用水等方面形成了独具特色的科技知识。

（一）傣族的灌溉技术

傣族种植稻谷的技术可谓"细致入微"，不仅在土壤选择、选种、节令安排等方面有一套成熟的方式，在用水、管水方面也有独到之处。

一是在秧田的选择和管理方面。选择肥沃的黑沙土做秧田，对于贫瘠的白灰土，实行种"白田"。种白田就是提前犁耙，改造瘠土，增加土壤的肥力。傣族的传统栽种规格是四方格，实行多株稀植，每穴三四株，株距10厘米左右。田间管理包括检查水沟、关闭水、除草、稻熟看守野鸟。检查水沟，降雨多一天一次，降雨少则四五天一次。另外，还需要及时修理塌陷的水沟。灌溉标准根据秧苗发育不同时期的需求，如按发青、拔节、扬花、定浆而各有所不同，以便满足不同时期的用水需求。除两遍草，第一次是发青后，第二次是秀穗后，此外还要处理田埂草。水田虽然不能像山地作物那样进行轮种，但可以换种，使产量相对稳定。换种次数看产量，产量稳定三四年才换，产量低种一次便换。总的来说，水田从播种到运输整整有17道生产工序，一堆田（约9亩）需要114个劳动日，39个牛工。[2]

二是灌溉系统的管理。西双版纳地区的傣族很早就有相当完整的灌溉管理系统。自宣慰使司署、各勐司署以至各个火西（傣语音译，意为村寨之上的一级行政单位）和村寨，关于修理沟渠和分水灌田，都设有专管人员。

宣慰使司署的内务总管"召竜帕萨"（亦称都竜帕萨，是八大卡贞之一），是理财官兼水利官。各勐的各条大沟渠都设有"板闷竜"（或称"板勐竜"）和"板闷囡"二人，即正副二职的水利总管，管理本沟渠灌溉区的水利事务。在灌

---

① 夏光辅：《云南科学技术史稿》，昆明：云南人民出版社，2016年，第349页。
② 《金平县三区金水河乡金水河傣族生产和生活资料占有情况调查》，载《中国少数民族社会历史调查资料丛刊》修订编辑委员会编：《云南少数民族社会历史调查资料汇编（三）》（修订本），北京：民族出版社，2009年，第68页。

区以内的各个村寨，也设有"板闷"，并推选二人协同正副总管管理水利。这两个人惯常是选水头寨和水尾寨的板闷来充任，以便上下照应，不使水头田占便宜，水尾田吃亏。由"召竜帕萨"起至各寨的"板闷"，是管理水利的垂直系统。

如勐景洪"闷澜永"这条大水沟，长约15千米，灌溉区域有曼火勐、曼脸、曼沙、曼依坎、曼回索、曼东老、曼拉、曼莫囡、曼莫竜、曼蚌囡、曼景兰等十一寨。水利管理人员除正副总管外，还有协理二人，一是水头寨曼火勐的板闷，一是水尾寨曼景兰的板闷，二人的地位如同各寨板闷的小组长。他们的职责是动员修沟、检查渠道、灌田时期分配水量、维持水规等。

分配水量是按各寨的田数计算，各寨再按每户的田数计算，并按距离渠道的远近，合并算出某处田应该分水几斤几两。管理人员掌握着一个特制的圆锥形木质分水器，上面刻着"斤、两"（所谓"斤、两"，是用来测定流量大小的特殊单位，并非重量单位）的度数。分、支沟渠纵横分布在各处田亩间，田埂上嵌一竹管放水，按照应得的水量在竹节上凿开与之相适应的通水孔，分水器就是用来测定穿孔大小的。

一些特殊情况也被考虑在内，如在曼景兰的"纳秀""纳档"（两块田的名称）同样是一百纳，但由于"纳档"的位置距离渠道较远，分水出来后，还要流经一条小沟才到田里，因此配得水量二斤。而"纳秀"就在渠道旁边，分水后可以直接灌田，因此只配得水量一斤五两。

灌溉系统的检查每年都要进行，如每年傣历五六月都会修理一次水沟。完工后，用猪、鸡祭水神，举行"开水"仪式。同时进行一次对各寨修理水沟的工程检查，从水头寨（曼火勐）放下一个筏子，筏上放着黄布，板闷敲着铓锣，随着筏子顺水而下。在哪一处搁浅或遇阻挡，就饬令负责该段的寨子另行修好，外加处罚。筏子到沟尾后，把黄布拿下，再去祭曼火勐的白塔。①

管理制度的完善表明灌溉系统的完备与重要性，说明傣族在用水方面的知识既科学，又具民族特色。正如夏光辅所评价的："傣族自古以来是农业民族，以种植水稻为主。水是傣族农业的基础和命脉。傣族在长期的水稻生产中创造

---

① 云南省编辑委员会编：《傣族社会历史调查（西双版纳之三）》，昆明：云南民族出版社，1983年，第78—79页。

出科学的水利管理制度和用水分水技术，具有独特的民族风格。"[①]

（二）地龙灌溉

地龙灌溉，是指截取地下浅水层水流而修建的暗涵或暗管，普遍采取埋阴式摄水、输水方式，实际上是一种"行水暗渠"的管灌方式。这种灌溉方式主要应用于今祥云县、弥渡县、宾川县等地，是明清时期居住在这里的白族、彝族、汉族等族人民在长期的农业生产过程中总结找水、蓄水、用水、抗旱、防洪等经验的基础上创建的。

地龙适用于云南地势较高、河流稀少的缺水地区。根据现有的一些地龙遗存和访谈可知：地龙一般由沟底、沟面、沟帮三部分构成，除沟面外，其余均在基槽内完成。基槽系最先开挖的明沟，其大小决定了地龙和行水的规模。在基槽两壁用大小不等的石块、石条等垒成沟帮。沟底用鹅卵石、碎石块等铺垫。基槽内部做好后，沟面上再以大石块逐一盖之，并回填土壤。沟帮围绕的中心就是行水通道，从通道左侧、右侧、上侧往外逐一填充各类过滤、消毒物质。比如祥云县的部分地龙就依次填充了毛石石脊、棕匹、青松叶、木炭和混合黏土层等。地龙的起端基本上都选择地下水丰富和山井流水之处，出口或中部可再筑池塘以蓄水。[②]

此外，弥勒也修建过地龙。地龙的建造主要用于居民饮水和农田灌溉，中华人民共和国成立后，大部分地龙被新的水利设施所取代，但一些地龙仍在发挥作用。地龙灌溉作为云南部分缺水地区独具特色的水利工程，在特定时期对合理利用水资源起到了积极作用，是云南少数民族在农业生产中创造的又一智慧结晶。

（三）梯田

云南是典型的坝子社会，坝区自然条件好，代表着云南农业发展的最高水平，但坝区仅占全省总面积的 6% 左右。上文已经提到云南的耕地以山地为主，是特色鲜明的立体农业。但在很长时期内，水利资源的分布不均和水利工程的发展差异，使得云南的山地耕作长期处于一种"靠天吃饭"的状态。"所属山

①　夏光辅：《云南科学技术史稿》，昆明：云南人民出版社，2016 年，第 353 页。
②　吴连才：《清代云南水利研究》，昆明：云南人民出版社，2017 年，第 227—230 页。

多田少……至高亢处,待雨播种,曰'雷鸣田',亦曰'靠天田'。"① "滇之田类是者,皆呼曰雷鸣田,不独广邑(按:广通)一干海子矣。""滇所在多山田,苦无水"②的记载俯拾皆是。同时这种山地、旱地居多的情况也使得云南农业生产对雨水表现出一种"怕涝不怕旱"的趋势,如乾隆六年(1741)六月,云南巡抚张允随奏:"臣查滇省田号雷鸣,形如梯磴,必得雨水充盈,始获丰收,但雨多之年,低下之区不无淹浸,然以通省高田所获,计之前项被淹田亩,实不及百分之一。"③所以,水成为影响云南山区农业的重要因素。

在长期的农业生产活动中,云南少数民族对山地的开垦形成了独特的模式,进行着与坝区不同的农业生产活动,其中最具特色和科学价值的就是梯田。云南多数的山居民族都能开垦梯田,但所垦台数之多、技术之精,则当首推红河南岸的哈尼族。20世纪五六十年代的调查显示:红河南岸的元阳、红河、绿春、金平四县及江城等地,是哈尼族最大的聚居区,人口占哈尼族总数的一半,而且村落相望,居住十分集中。哈尼族在农业生产上突出的特点是耕种梯田,旱地数量甚少。连绵起伏的群山,被整座整座地开发成梯田,山泉广泛用于灌溉。为适应梯田狭窄的特点,铁质犁、耙等农具体型均较小。耕作技术较精细,水田亩产量高的达600—700斤,最低也不少于300斤。④

哈尼族在长期的梯田开垦中形成了一整套从土地选择到开沟砌埂的经验。首先土地的选择是严格的,只有土质好、水源充沛而又向阳的斜坡地带才宜于开田。开田的一般步骤是"在冬季砍伐林木,晒干后放火焚烧,挖出树根后经过一番平整即成旱地。先播种旱地作物若干季,视土质、水利等条件确实不差,才开挖沟渠,搭埂筑梯,将旱地改造为丰产的水田"⑤。开沟砌埂则是从最下

① (清)刘慰三撰:《滇南志略》,载方国瑜主编,徐文德、木芹、郑志惠纂录校订:《云南史料丛刊》第13卷,昆明:云南大学出版社,2001年,第104页。

② 《张允随〈福山泉碑记〉》,载王文成辑,江燕等点校:《〈滇系〉云南经济史料辑校》,北京:中国书籍出版社,2004年,第304页。

③ 《张允随奏稿》,载方国瑜主编,徐文德、木芹、郑志惠纂录校订:《云南史料丛刊》第8卷,昆明:云南大学出版社,2001年,第612页。

④ 《哈尼族简介》,载《中国少数民族社会历史调查资料丛刊》修订编辑委员会编:《哈尼族社会历史调查》(修订本),北京:民族出版社,2009年,第2—3页。

⑤ 《红河县哈尼族社会历史调查》,载《中国少数民族社会历史调查资料丛刊》修订编辑委员会编:《哈尼族社会历史调查》(修订本),北京:民族出版社,2009年,第67页。

层开始，一般用黏土掺和石块填筑，再经过精心的抿捶，才能整齐牢固，不漏水不溃决。灌溉的水源多在山巅，充分利用"山有多高，水有多高"的自然条件，沟渠自山顶往下修，顺序灌溉。哈尼族在长期的梯田实践中，根据土地的习性，培育了适于当地生产的优良品种。如元阳县麻栗寨的哈尼族知道用草木灰和蒿枝叶可以把锈水田改造为肥田。同时认识到多犁多耙多薅草与丰产有关，且获得了良好的效果。①

梯田，谓梯山为田也。从文献记载来看，哈尼族垦种梯田的历史是悠久的。唐人樊绰《蛮书》卷七《云南管内物产》载："从曲靖州已南，滇池已西，土俗唯业水田"，并特别指出"蛮治山田，殊为精好"。②这里的山田指的就是梯田，在唐代时哈尼族的山田就达到了"殊为精好"的程度，这需要累积世代"治山田"的实践经验，说明哈尼族梯田历史之悠久。

清代嘉庆《临安府志·土司志》描绘了哀牢山哈尼族的耕作情景："依山麓平旷处，开凿园圃，层层相间，远望如画。至山势极峻，蹑坎尔登，有石梯蹬，名曰梯田。水源高者，通以略杓（涧槽），数里不绝。"③

我国明末科学家徐光启在其名著《农政全书》中将中国历史上的耕田技术概括为区田、圃田、围田、架田、柜田、梯田、涂田等七种，梯田名列其中。这种"世外梯田"凝聚着云南少数民族的智慧结晶，代表着中国农业生产技术的科学水平。

三、新作物的引进

明清时期，玉米、番薯、马铃薯等美洲高产粮食作物的传入对我国社会各方面都产生了重要的影响。云南山多田少，独特的自然环境加快了这些作物在山区的传播。正如李中清所指出的："确实，荞麦和黍在西南人民生活中的地位是如此重要，以致它们的一次歉收便会影响到稻谷的价格。然而，在清代更为重要的是新的粮食作物逐渐取代了这些传统的山区作物。在这些作物中，诸如油菜籽是自于中国内地，而大多数作物诸如花生、玉米、番茄和马铃薯则来自美洲。"④

---

① 《哈尼族简史》编写组：《哈尼族简史》，昆明：云南人民出版社，1985 年，第 111—113 页。

② （唐）樊绰《蛮书》卷七《云南管内物产》，转引自夏光辅：《云南科学技术史稿》，昆明：云南人民出版社，2016 年，第 63 页。

③ 转引自云南省红河县县志编纂委员会编纂：《红河县志》，昆明：云南人民出版社，1991 年，第 91 页。

④ 〔美〕李中清：《清代中国西南的粮食生产》，秦树才、林文勋译，《史学集刊》2010 年第 4 期。

新作物的引进推广，势必会冲击在原有作物基础上形成的社会结构。美洲粮食作物因其高产和超强的环境适应性，自从引进后，在人地矛盾凸显的清代迅速成为云南少数民族人民开发山区的有力助手。方国瑜认为这两种农作物（玉米和马铃薯）促进了清代云南各民族劳动人民对山区的开发，是山区的两件宝。①木芹亦认为明末清初，玉米和马铃薯传至云南，迅速成为山区的主要农作物，使云南农业经济提高到一个前所未有的水平，这是云南农业经济史上的一次飞跃。②

云南各族人民对作物选择的趋同性，形成了相同的种植制度、饮食文化以及应对山区环境问题治理经验等，为各民族交往交流交融奠定了基础。

玉米，又称苞谷（亦写作包谷）、玉麦、苞麦。马铃薯，通称洋芋、阳芋，均是云南山区的重要粮食作物，自传入后，在云南的传播主要经历了两个阶段。

由于清代云南地方志中有关玉米记载的特殊性，嘉道以前的地方志中几乎只记其名，而无进一步的解释，这无疑给研究清前中期云南玉米种植带来了很大的困扰。诚然清前中期云南全省的地方志中都记载了"玉麦"，但这只能说明这一时期云南各地都有玉米这一品种，种植概况如何却不能轻下结论，如果以其为全省地方志皆载之物就得出玉米已普遍且大量种植的结论，是值得商榷的。如康熙年间范承勋等修纂的《云南通志》已将玉麦列为通省谷属，随后其主持修纂的《云南府志》中同样列有玉麦。③以此来看似乎康熙年间云南玉米的种植已较为可观，但需注意的是同一时期云南府所辖的康熙《晋宁州志》和《富民县志》，雍正《安宁州志》等却未见玉米的相关记载。④

"一个地区的农民没有选择在其它地区业已得到利用的某种技术或者某个

---

①　《清代云南各族劳动人民对山区的开发》，载方国瑜：《方国瑜文集》第3辑，昆明：云南教育出版社，2003年，第581—590页。

②　木芹编写：《云南地方史讲义》第四章"云南农业经济的一次飞跃·玉米和马铃薯"，昆明：云南广播电视大学，1983年，第171—176页。

③　（清）范承勋、王继文修，（清）吴自肃、丁炜纂：康熙《云南通志》卷12《物产·通省·谷属》，清康熙三十年刻本，第1页b；（清）范承勋、张毓碧修，（清）谢俨纂：康熙《云南府志》卷2《地理志·物产·谷属》，清康熙三十五年刊本，第1页a。

④　（清）杜绍先纂修：康熙《晋宁州志》卷2《物产》，清康熙五十五年抄本，第14页；（清）彭光逯等纂修：康熙《富民县志·物产志》，《中国地方志集成·云南府县志辑3》，南京：凤凰出版社，2009年，第491页；（清）杨若椿修，（清）段昕纂：雍正《安宁州志》卷10《物产》，清乾隆四年刻本，第47页。

作物品种，在很多情况下不一定是由于这种技术不够先进或这种品种的产量不高，而可能是因为这种技术或品种不能和谐地纳入该地区的技术组合。"①在云南的大部分地区玉米就处于这样一个尴尬的地位，在外省移民大量进入云南之前，云南夷多汉少，而且汉人多居住于腹里地区，即种植条件好的平坝地区，即使种植玉米，数量也微乎其微，所以才会出现"玉麦，城中园圃种之"的记载。②而多居山区的少数民族，由于生活受外力压迫不大，加之自身性格的影响，其不喜种稻，多食传统山地作物荞麦。这一情况在雍正年间的大规模改土归流后开始发生变化，武力改流区，少数民族或死或逃，田地荒芜，清政府实行招垦政策，大量移民开始进入云南，带来了玉米的第二次传播。可以说移民是促进玉米融入云南农业技术组合③的重要因素，但需注意的是，这一过程并不是在全省范围进行的，而是分地区逐渐发展的，最先发展的是滇东北即昭通、东川地区。

1. 滇东北地区玉米种植的兴起

昭通地区雍正初年才划归云南所属，因此地方志的修纂工作起步较晚，除乾隆《镇雄州志》外，其余地方志大都是清后期和民国年间修纂，这给探讨清前期滇东北地区的玉米种植概况造成了很大的阻碍，但清前中期滇东北地区的玉米种植已经较成规模却是肯定的。滇东北地区是改土归流后移民大规模进入的第一个地区，而以移民为主的人口流动是推动玉米在中国境内传播的主要动力。④改土归流结束后，移民活动即展开。⑤但须注意的是，这些移民并非都是来自外省。乾隆《东川府志》载："汉人本省多曲靖，外省多江广。"⑥民国《昭通县志稿》亦载："但稽现时所有大族，又皆雍正间平定后，迁徙云南、曲靖二

---

①　萧正洪：《论清代西部农业技术的区域不平衡性》，《中国历史地理论丛》1998 年第 2 期。

②　（清）方桂修，（清）胡蔚纂：乾隆《东川府志》卷 18《物产志》，清乾隆二十六年刻本，第 1 页 b。

③　萧正洪说："技术组合是一个地区既有农业技术的综合，是一个历史过程的产物，而地区适宜性是作为一个内在前提而存在的。"见萧正洪：《论清代西部农业技术的区域不平衡性》，《中国历史地理论丛》1998 年第 2 期。

④　韩茂莉：《近五百年来玉米在中国境内的传播》，《中国文化研究》2007 年第 1 期。

⑤　曹树基：《中国移民史》第 5 卷《明时期》，福州：福建人民出版社，1997 年，第 184 页。

⑥　（清）方桂修，（清）胡蔚纂：乾隆《东川府志》卷 8《户口·夷人方音》，清乾隆二十六年刻本，第 20 页 a。

府之民，至昭填籍。"①而外省移民则川、黔、江右、闽粤之人皆有。大量移民的进入势必会造成滇东北地区土地利用的紧张，而从记载来看本省云南、曲靖迁入者多成为当地大族，其应是多居于平坝地区。此时地方志中多称呼玉米为苞谷（包谷），乾隆《镇雄州志》载："包谷，汉夷贫民率其妇子垦开荒山，广种济食，一名玉秫。"②而这一时期，云南其他地区称呼玉米为苞谷的情况还未开始，虽然后来的记载中也有苞谷与玉麦互释的情况，如民国《昭通志稿》载："苞谷之属，一名玉麦，陆地、山坡均产之。"③总体上看苞谷是滇东北地区玉米的主要称呼，现在仍然如此，这明显是贵州移民产生的影响。"乾隆三十八年（1773），戴玉安至会泽县属小河寨地方，与黔民王士如同租王明刚山地，搭房栽种苞谷。"④发展到清末民初时，玉米已经成为昭通等地区粮食之最大宗，农家之主要粮食。

2. 嘉道以降的云南玉米种植

嘉道以后随着外省移民的再次进入，因平坝河谷地区几被开垦完毕，新迁入的移民大量进入山区，掀起了云南山区开垦的高潮，玉米的种植也随之进一步扩大。最初，玉米一般是作为农家粮食在青黄不接时的佐食之物，道光《大姚县志》载："（苞谷）农家于青黄不接之际，此物先出，采而食之，俟新谷登场，无虑腹之枵也。"⑤民国《镇康县志初稿》亦载："至于杂粮，首推玉蜀黍（俗称玉麦）……惟玉蜀黍一种，出产颇多，四时稀（按：原记载较为模糊，笔者补为稀字）少，谷米供应不足，贫苦小民，多以为饭而食之。"⑥后来山区开垦进一步发展，加之玉米食用不异于谷麦，产量又高，成为山区农家的主要粮食作物。据民国《广南县志》中《历年玉蜀黍产额统计表》得知从光绪二十六

---

① 卢金锡修，杨履乾等纂：民国《昭通县志稿》卷6《氏族·种族·汉族》，民国二十七年铝印本，第4页b。

② （清）屠述濂纂修：乾隆《镇雄州志》卷5《物产》，清乾隆四十九年刻本，第55页b。

③ 符廷铨等修，杨履乾纂：民国《昭通志稿》卷9《物产·苞谷之属》，民国十三年刊本，第8页a。

④ 中国第一历史档案馆：《刑科题本》，乾隆三十九年五月十四日大学士管理刑部等事务舒赫德题，转引自中国社会科学院历史研究所清史研究室编：《清史资料》第七辑《有关玉米、番薯在我国传播的资料·云南》，北京：中华书局，1989年，第95页。

⑤ （清）黎恂修，（清）刘荣黼纂：道光《大姚县志》卷6《物产志·谷之属》，清光绪三十年刻本，第2页a。

⑥ 纳汝珍修，蒋世芳纂：民国《镇康县志初稿》卷11《农政·辨谷（附杂粮）》，民国间抄本，第10页a。

年（1900）至民国二十三年（1934）其产额基本都维持在 12 万石以上。而据民国二十四年云南省建设厅调查，玉米种植面积达 388.8 万亩，产量达 58 257.1 万斤。[①]在这一时期内云南玉米称呼的变化也显示着玉米在全省范围内的传播。

　　清嘉道以后，云南地方志中玉米别称并载的情况越来越多，别称互释的情况也增多，但许多地方志中由于修纂者的疏忽，对玉米别称并载的情况并未予以说明，故有必要对这些地区的别称并载情况做进一步的分析。嘉道以降，大量外省流民进入云南不仅加快了云南玉米普遍而大量种植的进程，同时因为地域的不同，每一地都对玉米有特定的称呼，因此各省流民的进入也势必会造成云南对玉米称呼的多元化。此处还需特别指出的是，在康雍乾时期也曾有大量移民进入云南，但这一次移民并未引起云南玉米种植业的大规模发展（昭通地区除外）。因为汉人的迁入和垦殖存在一个由河谷至山地，由肥沃至贫瘠的过程，康雍乾时期的外省移民大多停留在了河谷地区，少有对山区的开发，因而对玉米种植的扩大并无显著影响，但到嘉道时期情况却大为不同了。民国《广南县志》对汉人的迁入有详细的描述：

　　清康雍以后，川、楚、粤、赣之汉人，则散于山岭间，新垦地以自殖。伐木开径，渐成村落。汉人垦山为地，初只选择肥沃之区，日久人口繁滋，由沃以及于瘠。迨至嘉道以降，黔省农民大量移入，于是垦殖之地，数以渐增。所遗者，只地瘠水枯之区，尚可容纳多数人口，黔农无安身之所，分向干瘠之区。[②]

　　嘉道以后的移民促进了山区的开发，云南玉米种植开始兴盛，同时带来了玉米称呼增多的问题。这一时期来滇的外省流民以川、楚、黔、粤为主[③]，而这些地区对玉米的主要称呼都是苞谷，这与笔者所查嘉道以后云南地方志大

---

　　① 云南省志编纂委员会办公室：《续云南通志长编》卷 69《农业一·农产》，1986 年，第 253 页。

　　② 佚名：民国《广南县志》卷 5《农政志·垦殖》，《中国地方志集成·云南府县志辑 44》，南京：凤凰出版社，2009 年，第 414 页。

　　③ 道光《广南府志》载："广南向止夷户，不过蛮僚沙依耳。今国家承平日久，直省生齿尤繁，楚、蜀、黔、粤之民携挈妻孥，风餐露宿而来，视瘴乡如乐土。"见（清）林则徐修，（清）李熙龄纂修：道光《广南府志》卷 2《民户》，清光绪三十一年抄本，第 1 页 a。道光十六年（1836）云南督抚所奏《稽查流民折》一文中指出："开化所辖安平、文山，广南所辖宝宁等属，因多旷地，川、楚、黔、粤男妇流民迁居垦种，以资生计，其来已久。"又乾隆五十九年（1794）任临安知府的江濬源上《条陈稽查所属夷地事宜议》，曰："历年内地民人贸易往来，纷如梭织，而楚、粤、蜀、黔之携眷世居其地，租垦营生者，几十之三四。"详见方国瑜：《云南史料目录概说》第 2 册，北京：中华书局，1984 年，第 544 页。

部分记载相符，但也有一些地方志由于修纂者的疏忽，易给后人造成一些误解，需仔细辨别。如道光《大姚县志》谷之属的记载中玉麦、苞谷、玉米、玉蜀黍这四个玉米的别称都并列而载①，虽然可以从修纂者在后文对苞谷和玉米做出的解释中得出此处的玉米是另一品种稷。但作者并未对"玉麦"做任何解释，而且将玉麦归于麦属，如果是一位对云南玉米情况不了解的读者看到这条记载，很可能造成玉麦是麦类的一个品种的误解。而在距大姚县不远的姚安县的记载中修纂者就注意了这一问题，"夷人多种之包麦，亦曰乌麦，通志又谓之玉麦。类甘蔗而矮，节间生包，有絮有衣，实如黄豆大，其色黄黑红不一，每株二三包不等，可饲彘，亦可酿酒"②。之所以会造成这样的不同，笔者认为是修纂者的关注点不同，道光《大姚县志》的修纂者明显过于关注"近数十年来黔楚西蜀之人充斥境内"③的情况及其对玉米的称呼，而忽略了本地原来对玉米的称呼。

　　总体来说，嘉道以后随着川、黔、楚等省移民的进入，这一时期云南对玉米的称呼，渐渐以苞谷为主，这一趋势全省皆有，只是各地区的程度不同而已。而以楚雄、滇南等为主要演变地区，如民国《景东县志稿》载"玉谷、包谷、玉米、包麦"④，记载如此之混乱，堪称笔者所查阅文献之最。这无疑都是由移民的影响和修纂者的疏忽造成的，时至今日影响仍在延续。云南各地对玉米的称呼仍是多元的，这是在研究云南玉米别称及其传播、种植过程中，必须引起重视的一个问题。还需特别关注的另一个问题是玉米在少数民族地区的传播概况，据笔者查阅云南少数民族社会历史调查资料得出，在几乎所有的少数民族生活中，玉米都是其主要的粮食作物。嘉道后期进入云南的移民不仅促进了山区的开发，同时也将玉米传入少数民族社会，改变了少数民族的社会生活。

---

　　① （清）黎恂修，（清）刘荣黼纂：道光《大姚县志》卷6《物产志·谷之属》，清光绪三十年刻本，第1—2页。

　　② （清）陆宗郑等修，（清）甘雨纂：光绪《姚州志》卷3《食货志·物产》，清光绪十一年刻本，第42页b—43页a。

　　③ （清）黎恂修，（清）刘荣黼纂：道光《大姚县志》卷7《种人志》，清光绪三十年刻本，第3页b。

　　④ 周汝剑修，侯应中纂：民国《景东县志稿》卷6《赋役志·附物产》，民国十二年石印本，第29页b。

3. 玉米在少数民族地区的传播

李中清指出在西南地区，玉米等作物具有明显的阶级性，即一般来说，只有穷民、山里人、少数民族才吃美洲传入的粮食作物，而富人是拒绝这种作物的。[①]云南少数民族的传统作物是甜苦荞、燕麦等，虽然产量较低，但移民进入之前，土地并不紧张，少数民族多处于刀耕火种、广种薄收的耕作阶段，因而早已存在的高产作物玉米也未真正进入其作物轮作结构内。移民的不断进入，使得土地利用越来越紧张，粮食的短缺不仅促进人们不断开发山区，也开始放弃传统而低产的荞麦、燕麦等作物，种植苞谷，这一趋势是全省性的。以滇东南为例，据民国《新编麻栗坡特别区地志资料》载：

> 猫人，其类多由贵州而来，喜居高山，以种玉蜀黍为业；汉㑩猡……专种山而食苞谷；土獠（僚）人，系本地土著，多住于热带地，性极怯弱，以农耕为主，业除种稻、豆、玉蜀黍等属外……[②]

"广南除汉人而外，凡属夷人无不以农业为本业，世代相传。"而此时广南"杂粮之种植以包谷为最多，其收获量驾禾谷而上"。[③]由此可见玉米已经在云南山区人民的生活中发挥着至关重要的作用，成为少数民族生活中重要的制糖与酿酒之物。发展到清末民初，玉米已经是山区人民的主要食粮。

第二节 手 工 技 术

夏光辅说："云南少数民族的手工技术具有悠久的历史、优良的传统、独特的工艺、鲜明的民族色彩，许多产品为其他地方、其他民族所没有，是我国手工技术大花园中的奇丽鲜花。"[④]在距今 170 万年左右的元谋人遗址中就已有打制石器和用火的痕迹，说明他们已能用火，这是人类最早的科技活动；在距今

---

① 〔美〕李中清：《中国西南边疆的社会经济：1250—1850》，林文勋、秦树才译，北京：人民出版社，2012 年，第 197—198 页。

② 陈钟书等修，邓昌麒纂：民国《新编麻栗坡特别区地志资料》卷中《民族种类》，年代不详，传抄本，无页码。

③ 佚名：民国《广南县志》卷 5《农政志·辨谷（附杂粮）》，《中国地方志集成·云南府县志辑 44》，南京：凤凰出版社，2009 年，第 333 页。

④ 夏光辅：《云南科学技术史稿》，昆明：云南人民出版社，2016 年，第 318 页。

15万—5万年的丽江人遗址中，不仅有打制石器的痕迹，还发现了骨器工具。之后在长期的生产实践中，云南少数民族的手工业均是其生活中重要的生产部门，形成了不少独具特色的手工技术和产品。

一、石器、骨器

人类使用石器进行农耕、采集、渔猎等生产活动，是一个非常漫长的历史过程。打制石器是旧石器时代人类日常生活中使用最多的工具，但这一时期的打制石器较为粗糙，大量旧石器时代遗址的考古发掘和研究证明了这一点。元谋人、丽江人和西畴人等旧石器时代的遗址中均发现大量打制石器，据考古研究，"云南旧石器共同特点是以石片石器为主，打下石片一般不经加工即予使用，经过第二次加工的石器很少，打片用锤击法"[①]。丽江人遗址出土的骨器为一件角器，以鹿角制成，两边钻有孔，但并未穿通，这应是丽江人制造的某种工具。需引起注意的是，这一时期云南各地发现的打制石器与周边省份及内地有不少共同性，如打制石器的第二次加工均较少，砾石的表皮仍然存在等。这一现象说明至旧石器晚期，云南和周边及内地人类在文化上既有独特的地方，亦有一定的联系。

后为适应原始农业的发展，人类开始改进制作工艺，磨制石器开始出现，人类进入到新石器时代。宾川白羊村发现的遗址中，有斧、刀、锄、锛、弹丸等多种磨制石器，经碳-14测定的年代为距今 3770±85 年，说明在公元前 18 世纪，云南已经进入新石器时代。云南的新石器与我国内地相比，共性多于个性，是我国新石器文化的一部分，新石器时代遗址的分布几乎遍及全省。磨制石器代替打制石器，提高了效率，为人类社会进入下一个时期奠定了基础。

二、陶器、青铜器、铁器

在云南古代各民族的手工技术中，陶器、青铜器、铁器的演变不仅代表了其手工技术的发展，更涌现出了诸多经典的技术代表作。

（一）陶器

制陶是新石器时代重要的科技成就，在云南30多个县100多处新石器时代

[①] 汪宁生：《云南考古》，昆明：云南人民出版社，1992年，第7页。

遗址中均出土了陶器，范围遍布洱海地区、金沙江中游地区、滇池地区、澜沧江中上游地区和滇东北地区。以洱海地区遗址为例："出土的陶器都是夹沙陶，大部分呈棕红色或橙黄色，颜色驳杂不纯，手制，口缘有转盘修整痕迹。器形有碗钵类、盆类、罐类、带流器、纺轮、网坠等。"[①]而滇池地区出土的陶器则更为丰富，有泥制红陶、夹沙红陶和夹沙灰陶三种，形状有碗、盘、钵、釜、罐、网坠、弹丸等多种。这一时期的陶器也出现了纹饰，多为刻画或压印而成，常见的纹饰有横线、斜线、断线、圆圈、方格和波浪等，以断线最为常见。出土于元谋大墩子遗址的"鸡形陶壶"可视为新石器时代云南制陶技术的巅峰之作。鸡形陶壶，长 12.6 厘米、宽 9 厘米、高 12 厘米，夹砂灰陶。整体形状似鸡，尾部与背部饰乳钉纹三行，通体饰点线纹，作羽毛状，口部两侧各有泥钉一个，颇似眼睛。制作精巧，造型新颖。

陶器在云南各民族生活中扮演着重要角色，在长期生产实践过程中，云南各民族创造了诸多独具特色的制陶技术，如建水紫陶、傣族的黑陶与红陶、西双版纳的土陶都是现今大家耳熟能详的泥土工艺品。

（二）青铜器

汪宁生说："青铜是一种铜锡合金，它较红铜质地坚硬，能制造出各种合用的工具和武器。只有青铜器才能完全取代石器。从人们掌握冶铸青铜的技术以后，历史进入了一个新的时代——青铜时代。"[②]据中国科学技术大学自然科学史研究室对河南安阳殷墟五号墓的部分青铜器进行科学测定，发现其铜料是云南出产，而不是中原产品，说明当时云南已能采矿炼铜。剑川海门口发现的石、铜并用文化遗址说明远在公元前 12 世纪的商朝晚期，居住在剑川一带的人就会冶铜和制造青铜质地的刀、斧、钺等。而江川李家山出土的大量青铜器更是解释了云南历史上一个辉煌的青铜时代，出土的青铜浮雕祭祀扣饰采用失蜡法铸造；出土的马衔，是用链环套接的活动器件，并已采用陶范分铸工艺。

说到云南的青铜器，就不得不提铜鼓和牛虎铜案。铜鼓是云南青铜文化的重要代表之一，时至今日，仍有佤族、苗族、瑶族等民族在使用和珍藏铜鼓，

---

① 汪宁生：《云南考古》，昆明：云南人民出版社，1992 年，第 12—13 页。

② 汪宁生：《云南考古》，昆明：云南人民出版社，1992 年，第 32 页。

将其作为一种财富和权威的象征。据研究铜鼓有 8 种类型:"万家坝型、石寨山型、冷水冲型、遵义型、麻江型、北流型、灵山型和西盟型。"[①]其中万家坝型和石寨山型铜鼓是云南青铜时代的重器。战国牛虎铜案,高 43 厘米、长 76 厘米、宽 36 厘米。器物主体为一头大牛,站立状,牛角飞翘,背部自然下落成案,尾部饰一只缩小了比例的猛虎,虎做攀爬状,张口咬住牛尾;大牛腹下中空,横向套饰一只站立状小牛。大牛与小虎用模铸造,一次成型,小牛则另铸再焊接于大牛腹下。作为古滇国的一件祭器,牛虎铜案在力学和美学上都达到了极高水平,几近完美,既有中原地区四足案的特征,又具有浓郁的地方特点和民族风格。此铜案达到了极高的艺术境界,极具艺术观赏价值,是中国青铜艺术品的杰作,更为中国古代文化之稀世珍品。

(三)铁器

云南是使用铁器比较早的地区之一。从现有发掘资料来看,云南制作和使用铁器的历史可上溯到战国晚期。李昆声通过对云南出土铁器墓葬的分析,将云南出土的早期铁器分别归入以下三个时期:"战国晚期至西汉初期的云南青铜时代晚期、西汉中期至东汉初期的云南铁器时代早期、东汉初期以后云南进入繁荣的铁器时代。"[②]云南冶铁业于东汉时期开始发展,这一时期云南农业开始实行牛耕,使用铁质农具,极大地促进了农业的发展。至唐朝时云南的冶铁技术已较为成熟,唐咸通十三年(872),距今弥渡县城西南 6000 米的铁柱庙内铸有铁柱,柱高 3.3 米,圆周 1.05 米,标志着云南铸铁工艺已具有相当水平。之后南诏剑、大理刀等铁制工艺品的持续出现,代表云南各民族铸铁工艺的发展。

三、纺织技术

(一)独具民族特色的纺织技术

1. 纺织原料加工技术

"男耕女织"是中华民族 5000 年历史长河中自给自足小农经济的典型图景。

---

① 李昆声主编:《云南考古学通论》,昆明:云南大学出版社,2019 年,第 369 页。

② 李昆声主编:《云南考古学通论》,昆明:云南大学出版社,2019 年,第 426 页。

就地处祖国西南边疆的云南省而言，纺织是云南各少数民族的一项传统工艺，可以说在长期的生产实践活动中，云南每一个民族都形成了独具本民族特色的一整套涉及原料选择、种植、加工和纺具制造的纺织技术。

关于纺织原料，"云南民族对纤维植物的种植、采集、粗加工都有各自的特点，在长期的独立发展中形成了自己的传统习惯"[①]。云南少数民族的纺织原材料来源较多，主要依靠种植和采集野生的植物获取。种植的植物有火麻、苎麻和棉花等，采集的植物有野生麻类（荨麻、树麻）、火草及葛等。

在长期的经验累积中，云南少数民族形成了众多独具特色的纺织原料加工方式与方法。如彝族纺织的原材料之一"火草"，每年夏天七月间，彝族妇女便成群地上山采集火草叶片，采回后将其叶背一层乳白色的具有一定韧性的纤维撕下并连接成线（这一工序必须在火草叶片采回三天内完成），然后将线绕成团，等到冬天农闲时再纺织成火草布，缝制成衣服。另外洗衣服需经过酸、白泥、漂洗等几道工序。火草布具有不生虫、抗腐蚀、冬暖夏凉、防雨耐磨等特点，是彝族生活中不可或缺且独具特色的手工业精品。再如苗族纺织的原料主要是麻，首先对麻进行收割和剥皮，之后进行绩接，在绩出很多圈后，开始纺线。纺好麻线后，需对麻线进行煮洗，一半使用较白的柴灰进行伴煮，通常煮三道，直至麻线变白，成为可用的软纱。

2. 纺纱技术

众所周知，如果只将植物纤维略加梳理排比，并不能保证纤维的强度，稍加用力，便会扯断。而要增加纤维的强度，就必须把一束或几束纤维撮合、绞紧。在纺纱技术的发展历史中，主要经历了手工撮合和纺轮两个阶段。即使到20世纪50年代进行少数民族社会历史调查时，西盟地区的佤族在纺纱时仍是手工撮合。纺纱没有纺车，妇女用手捻线，一天可捻一两左右。织布机是一套竹、木制的工具，由十六七个零件组成。"这种工具制造简单，每家都有一两套。织时在屋檐下席地而坐，每人每天约可织 2 尺宽的布 3 尺。"[②]

纺轮的发明是对植物纤维撮合技术的一次革命，纺轮也称纺转、纺坠、纺

① 罗钰、钟秋：《云南物质文化·纺织卷》，昆明：云南教育出版社，1999 年，第 47 页。

② 《西盟佤族社会经济调查报告》，载《中国少数民族社会历史调查资料丛刊》修订编辑委员会编：《佤族社会历史调查（一）》（修订本），北京：民族出版社，2009 年，第 35 页。

锤等。在云南少数民族纺纱技术的发展过程中，纺轮很早就已被使用。据调查，若按质地分，云南少数民族使用的纺轮主要分为以下四类。

陶制类：用黏土捏成圆饼形、算珠形，干燥后投入火塘中烧制而成。彝族、景颇族地区经常见，适宜纺麻、棉纱。

金属类：一般将 3—5 枚清代钱币叠放起来，穿入捻杆而成。常见于彝族、佤族、景颇族、拉祜族群众之中。由于其轮径小，纺时比较费力，适合纺棉。偶见铜质圆饼形的，捻纺效果很佳。

木质类：截一段树木，直径为 5—8 厘米，厚 3—4 厘米，中心钻孔，插入捻杆而成。在许多民族中均可见到这种木质纺轮，适合纺棉。大理地区的傈僳族，以木板为纺轮，其厚约 0.8 厘米、长 14 厘米、宽 8 厘米，削为翼状，中心钻孔，插入捻杆，此类直径之大为纺轮之最，适于纺火草。

植物果实类：在景颇族地区，生长着一种豆科植物，它的果荚很大，长 80—100 厘米、宽 14—15 厘米，种子直径达 5—6 厘米、厚 1.5 厘米，由坚硬的果皮包裹，呈板栗色。当地各民族称其为"辣合"。景颇族妇女在"辣合"中间钻孔，钉入捻杆，作为纺轮用来纺棉纱。[①]

现在云南少数民族仍大量使用纺轮，纺轮的种类众多、形状各异。除纺轮外，纺车的出现代表着纺纱技术的进步，而梭、打纬刀、筘、综、蹑等纺织工具的出现向我们展现了云南少数民族纺织的发展史。

3. 染布技术[②]

云南少数民族大多在农闲季节进行染色工作，染料则以植物染料为主。据调查，生活在怒江峡谷和滇西南的怒族、独龙族、傈僳族和景颇族，在 20 世纪五六十年代以前，还停留在相当原始的阶段，需要什么颜色，便到山上找来相应颜色的花、果、叶，采用揉汁入染、榨汁入染、煮汁入染的方法，将植物的色汁涂抹于织物之上，达到染色的目的。染色工作主要由妇女承担，一般以家庭为单位，规模小，设备简陋，也有部分地区呈产业式发展。

以染布技术较发达的大理白族地区为例。染布是大理的主要手工行业之一，约在光绪年间，已有 20 余家染布作坊，一般雇有染布手工工人 5—10 人，少的

---

① 罗钰、钟秋：《云南物质文化·纺织卷》，昆明：云南教育出版社，1999 年，第 104—105 页。

② 罗钰、钟秋：《云南物质文化·纺织卷》，昆明：云南教育出版社，1999 年，第 264 页。

也有 1—5 人。20 世纪 20 年代，发展到 30 余家，都雇有染布手工工人 5 人以上。当时以李旺开的染布坊较大，雇有染布手工工人 15 人左右。1929 年以后，由于洋布大批进口，本地染的土布滞销，加之有些染布老板赚钱后，改营获利更厚的行业，因此染布手工业逐渐衰落，到中华人民共和国成立前夕，只剩 20 余家。

就工序而言，大理白族地区的染布一般分为调染料、浸布、洗晒和压布（用踩布石碾压）4 道程序。染布一般用木制的大圆桶（俗称缸），在染布的前一天，在缸内加入染料（土靛）调匀。然后把加染的布浸入缸内，约浸 15 分钟，将布取出揉干，再放入缸内浸 15 分钟左右，即染成浅蓝色布。如染深蓝色则要继续加工，要把浅蓝色布第三次放入缸内，再浸 15 分钟左右，拿出来揉干（植物原料染色，色泽较淡，必须多次浸染才能达到理想的色度）。第二天按上述办法，继续在缸内反复浸 3 次，就染成深蓝。不论染浅蓝还是深蓝，都要把布放到清水中冲洗晒干，最后把洗晒好的布卷在一个圆木头上，用踩布石滚压两次，产品就成了。在滚压时一般要加入少许牛皮胶水等药物，使压出来的布性韧光滑。

除染蓝外，染青、染绿的程序也大体如此，只是所加植物染料不同而已。染红布就比较简单，只需将植物苏木放到水中煮，然后把加染的布放到苏木水中，约浸 10 分钟，就成红布。然后洗晒滚压，即可染成。

另外漂白布的方式也独具特色。先把布放到蒸笼内蒸四五个小时，第二天在阳光下暴晒，晒干后又放到清凉水中浸湿，反复晒 3—5 次，然后把晒干的布在咸水中浸一会，再蒸 5 个小时左右。第三天继续在清凉水中浸湿晒干，反复 3—5 次，就成了漂白布。

总的来说，云南少数民族的染布技术呈现"就地取材"的特点，因而各具民族和地域特色。而就规模而言，多以家庭为单位，以自给自足为主，属于家庭副业，在农忙时往往就停止生产，因此生产时间不系统，规模也就不大了。

四、绚丽多彩的民族服饰

在悠久的历史岁月中，各少数民族都形成了独具本民族特色的传统服饰，有的民族不同支系之间服饰亦不相同，共同构成了云南绚丽多彩的民族服饰文化。正如夏光辅所言："这些多姿多彩的民族服装服饰，过去全用手工制作。从技术观点看，是手工技术的精华；从艺术观点看，是工艺美术的奇葩。云南少数民族的服装服饰融实用性、技术性、艺术性、科学性于一体。"[①]

云南少数民族的服饰千姿百态，各具风采，难以全面概括，在此仅以白族、傣族等民族为例，对云南少数民族绚丽多彩的民族服饰做一些介绍。

白族的纺织技术在云南少数民族中是比较先进的，故其服饰较为复杂，美观朴素，具有显著的民族特色。白族人民的服饰，各地存在一些差异，尤其是妇女的服饰差异更为突出，同时青年和老年的穿搭也有所不同。

白族男子服饰，大理海东地区的白族青年男子，头戴尖尖的瓜皮小帽，或打白布、蓝布、黑布包头，身穿短大襟外衣，外套麂皮领褂，领褂上还要穿几件布或绸的领褂，形成"三滴水"。腰间系麂皮或绣花肚兜，扎绿丝裤带。年老的男子则戴平头小帽，身着长衫、马褂，长衫外面系蓝色腰带，足穿白布袜和鱼头红鞋。洱源西山的男子，头戴瓜皮小帽或线帽，上穿右襟、长及臀部的麻衣布，外套羊皮褂；腰间系绣花腰带，肩上常常斜挂一小口袋，下着短麻布裤，足穿草鞋。丽江九河一带的男子，装束除与海东、西山等地相似外，人人都有披羊皮的习惯。

白族妇女服饰，大理海东地区的青年妇女，头梳一独辫，绕在凉帽上，手戴银质扭丝镯或空心锡质、银质链子，耳戴金、银或玉石的耳环。上穿短袖白色衣裳，外套黑领褂，有的会再在两手上绑有袖边的大袖小袖。腰系绣花围裙，裤多为浅绿色或白色、蓝色，绲裤边。足穿绣花尖鞋，裹脚。老年妇女多用黑纱或黑布包头，穿白内衣，外套草蓝色外衣或夹棉领褂，套大小袖。裤多为蓝色、黑色，脚穿绣花鞋。洱源西山和保山一带的妇女，一般头发束顶，插上银簪，再打黑布包头；上衣前幅短及腰后幅长盖臀部，右襟、圆领，镶以各种颜色、宽窄不同的花边数条。腰系下边绣花、两边镶有颜色布条、两角镶有图案的围腰，外束两端绣有花纹图案的腰带。下装较短，仅及胫上，足胫则裹护腿，穿草鞋。丽江九河的白族妇女，由于受纳西族的影响，也有披羊皮的习惯。

总体而言，"白族人民的服饰美观大方，有着明显的民族特色。而白族妇女

---

① 夏光辅：《云南科学技术史稿》，昆明：云南人民出版社，2016 年，第 319 页。

穿戴的刺绣和精巧的首饰，反映了白族地区手工艺品的较高发展水平"①。

　　傣族妇女能纺善织早见于史书，有悠久的历史。直到20世纪50年代开展少数民族社会历史调查时，几乎每个傣族家庭都有纺车和织布机，能织出各种提花、暗花和几何图案不同的布匹，供自己缝制衣服、被、褥，也做背包，花纹图案复杂美观，而且缜密厚实，结实耐用。有的复杂图案，一条纬线就要换几次不同花色的线，一个灵巧善织的妇女一天也只能织出一两尺。傣族人民穿用的衣物，都是妇女亲手缝制而成的，所用棉花或棉线，有的自产，有的买自内地或缅甸。所以傣族经常把一个姑娘的织布水平如何，作为找对象的重要条件。

　　傣族男子服饰，德宏地区的男子过去都穿无领大襟或对襟白布短褂，长及腰下臀上，袖口较窄。下身穿黑色或白色长管裤，长至脚腕，裤裆较肥大。天冷时披棉毯或毛毯，由背部连两肩、双臂一起裹住，有时连头包住，只露两只眼睛和鼻嘴。

　　傣族妇女的服饰随着年龄的大小和结婚与否而有所变化。从小姑娘到成年，未婚前，下身都穿黑色长管裤，上身穿大襟（盈江地区姑娘穿对襟），无领或小矮领褂，农村多为青色、蓝色、白色，城镇及其附近所穿衣服颜色较淡而艳，有白色、水红色、水绿色等。在腰前系一黑色绣花围腰，常用黑绿色绦带扎系，将绦带两端垂在腰间，并用方布披肩。从20世纪60年代开始，潞西地区很多姑娘也开始穿裙子，多系粉色、绿色等，但里边仍穿长裤。到结婚年龄的姑娘也可以改穿裙子。结婚以后，从婚礼典礼的当天晚上开始，即婚礼结束前，便改穿裙子，上衣改穿对襟。已婚妇女多穿自织的暗花色、蓝色、青色、黑色、雨白色、月蓝色等色上衣，无领或小矮领，均为四个扣子。老年妇女都穿黑色，从头至腿很少有其他颜色，黑色包头、黑色上衣、黑色披肩、黑裙子和黑鞋。披肩除用黑布外，也有用毯子的，天冷时将头、肩、臀围起。

　　此外妇女的头饰和其他装饰，也随着年龄和结婚与否而改变。其他装饰有耳坠、项链、手镯和扣饰。耳坠、项链主要用于少女，多用红绿玛瑙、翡翠、玉、银珠或代用品穿起，小巧玲珑。

　　另外值得注意的是，傣族及其先民均有染牙和文身的习俗。墨齿，即漆齿，专用于妇女，是妇女的特殊装饰，也是一种古老的风俗。盈江地区妇女墨齿，

---

　　①《白族简史》编写组：《白族简史》，昆明：云南人民出版社，1988年，第238页。

是在姑娘出嫁前一天的晚上完成的。墨齿的方法是：用刚砍下的梨柴树（傣语叫作"迈稿"）或玛底夏树的树干，把它点燃，便会流出黏性很强的浆液，用铲刀接住，往牙齿上抹。一边抹，嘴里要一边咀嚼槟榔、草烟、石灰等。因为槟榔、草烟都是涩的，有消毒并使浆液牢固的作用，也能保护牙齿。这样将树浆抹在牙齿上，便能使牙齿变黑，而且发亮，不易脱落。墨齿是过去傣族姑娘婚前必须做的一项风俗，她们认为牙齿越黑越美，越能讨得男子喜欢。现在这种风俗已经看不到了。

文身主要是男子为之，也是傣族一种古老的风俗。文身内容有文字、龙蛇、虎豹等，部位主要在臂部、腿部，也有的在胸部、背部。个别妇女也有的文在手腕处，其花纹图案有树叶、花朵等。文身是为了美观，对男人来说也是一种勇敢的象征。据说男子文身是为了讨姑娘的喜欢，不文身的男子，姑娘会认为其不勇敢，也就不喜欢他了。

云南少数民族独特的服装服饰，是一个丰富的手工技术宝库，不仅千姿百态，而且各有其妙，共同构成了云南少数民族绚丽多彩的服饰文化体系。

五、其他手工技术

除上述提到的石器、骨器、陶器、青铜器、铁器、纺织和民族服饰等手工技术外，云南少数民族在石刻、木刻、剪纸、编制竹器等方面，也具有浓厚的民族地方特色。

苗族酷爱银器，特别是银饰品。"苗族银饰具有以大为美、以重为美、以多为美的艺术特征。"[1]苗族银器制作工艺流程大体上分为吹烧、锻打、镶嵌、擦洗、抛光5道工序。工艺方法主要有铸炼、捶打、编结、刻花、雕纹等。制造银器的工具也具有自己的特色。苗族银器主要有手镯、项圈、项链、围腰链、银衣服、银冠、银梳等，同时镶嵌精美图案，多为龙凤花鸟等动植物，造型生动、玲珑精美。

阿昌族的阿昌刀，又称户撒刀（因主要产于阿昌族聚居的陇川县户撒、腊撒地区而得名），是其手工业的典型代表。阿昌刀锋刃坚韧，不仅耐用而且美观，

---

① 闫永军编著：《云南少数民族科学技术》，昆明：云南大学出版社，2014年，第60页。

深受阿昌族本族人民及周边傣族、傈僳族等民族的喜爱。阿昌刀锻造工艺复杂，有下料、打样、修磨、饰叶、淬火、抛光、做柄、制带、组装等工序，其中淬火技艺最具特色。2006 年 5 月，阿昌族户撒刀锻制技艺经国务院批准列入第一批国家级非物质文化遗产名录。

总的来说，云南少数民族手工业技术各具特色，是一座丰富的技术宝库。但我们也要看到，很多民族的手工业并未完全脱离农业而独立存在，只是作为家庭副业存在，在农闲时进行。所以这也就造成了很多民族手工业规模普遍不大，仅仅是以家庭为单位，自给自足而已。

第三节　建　筑　技　术

历史时期，云南各少数民族由于处于不同的地理环境和文化，居住形式不同，形成了各具特色的建筑文化风格。正如夏光辅所指出的："云南各民族的住宅建筑丰富多彩，一般说来，宁蒗纳西族和怒江傈僳族的木楞房，哈尼族的土掌房，傣族、景颇族的竹楼，彝族、白族的重檐瓦房，以及由重檐瓦房发展成型的彝族'一颗印'，白族、纳西族'三坊一照壁'，在造型、结构、布局、装饰、工艺等方面，形成了典型化和规范化的风格，具有浓厚的民族色彩和地方特点。"[①]

关于云南少数民族建筑的研究已相当丰富，以下笔者在前人的研究基础上，从住房的环境适应性与各民族交往交流交融视域下的云南少数民族住房变迁两方面对云南少数民族的建筑技术做一概括。

一、云南少数民族住房的环境适应性

从脱离穴居或巢居以后，住房便成为人们固定居住在某一地的重要依托。在 2000 多年前的新石器时代，云南各族人民的祖先就建造了木楞房、土掌房和竹楼，这是云南各族人民具有悠久历史的传统住房，无一例外，它们都具有绝佳的环境适应性。

---

① 夏光辅：《云南科学技术史稿》，昆明：云南人民出版社，2016 年，第 254 页。

独龙族的房屋结构和用料各地不一。独龙江上江地区都是木垒房，下江、江尾和江心坡一带以竹篾房为多。独龙族的房子大都建在山坡或山腰台地上，由于独龙江地区很少平坝，几乎都是峡谷陡峻等地形，所以无论是木垒房还是竹篾房，都是一边两角凌空高悬，另一边两角靠近斜坡地面，且上下门梯也设于此。

木垒房大者 30 多平方米，约 6 米见方，设 2—3 个火塘；中者约 20 平方米，设 2 个火塘；小者 10 平方米，设 1 个火塘。上覆茅草，下铺圆木为地板，均为一家夫妇和亲生子女的小家庭。竹篾房与木垒房大同小异，由数间连在一起，上覆茅草，下铺藤篾席为地板。无论是木垒房还是竹篾房均不见钉子，用木隼咬合或竹藤捆绑而成，耐雨耐潮，一般寿命 5—7 年。进屋沿着独木梯上下，即一根独木砍成锯齿状，攀缘上下。背柴、提水、上下自加，没有任何一家用双木梯子逐级上下的。

镇雄地区的彝族人民居住在一个扇形的高寒山区里。当地的住房与镇雄的汉族住房基本上没有什么大的区别。中华人民共和国成立前的房屋大都是竹木结构，木质柱梁，竹编篱笆糊上泥巴、牛粪为墙，屋顶覆盖茅草，既简便又实用，而且冬暖夏凉。中华人民共和国成立后由于人口增长较快，森林遭到毁坏，草地大部分被开垦，茅草也少了，于是当地人民改用麦秆覆盖屋顶。但麦子收成很低，远远满足不了盖房子的需求，彝族人民又改用苞谷秆叶盖房。之后房屋由竹木结构变成石木结构，这样的房屋更美观、大方、耐久，也更实用。

镇雄地区房屋大体高 1.68 丈（1 丈≈3.33 米）、1.78 丈或 1.98 丈，最高的为 2.18 丈。群众总结为："要得发，不离八。"房屋的结构一般是三间，也有两间的。房屋正面用两块弯木板支撑屋檐，上覆茅草以防水，同时有个小走廊。房屋的进深一般是 1.6 丈，可大可小；开间一般是 1.3 丈，视地基、家庭情况也可增大。

为适应镇雄"雾结烟霏终古在"的多雨、日照短的气候特点，当地房屋结构一般中间建打豆、打谷的院场，以便雨天照样能在家劳动。苞谷、豆子及其他作物收获后，也不怕老天"关山处处含烟雾"，阴雨天照样能收回家中放在竹楼上，用煤火炕干后收藏。

当地的房屋一般有正房（大房子）、耳房、猪牛马厩。耳房中设火炉一个或两个，炉间一般长 60—70 厘米，高 120—130 厘米，两个炉子都用来煮饭、煮猪食及烤酒等。正房的左右两侧一般用来住人，中间用来做神台或放家具。

澜沧地区拉祜族的村寨多建于山区或半山区，四周栽插着荆棘、刺槐，并以竹篱笆围成栏栅，以防牲畜随便出入。每年全村都要修理一次，全村开有三座寨门，除无后门外，开有左门、右门和前门。

拉祜族的房屋亦有两种形式，属拉祜纳支系住宅者多为土木结构落地房屋，以木为梁柱，屋顶铺以茅草，四壁筑以土墙，或用芦苇编织的篱笆泥墙。室内隔有三间，中间为客厅，设有神龛和火塘，左间为卧室，右间堆放粮食和工具，屋侧盖有牲畜厩。属拉祜西支系住宅者多为干栏竹楼，拉祜语称"掌楼房"。楼上住人，楼下关牲畜，或堆放柴草和安置脚碓。此外，在糯福区原有大家庭的竹楼，随着大家庭逐步分裂为个体家庭，竹楼亦随之改变为单家独户的竹楼。

白族人民的住房，平坝地区以瓦房和茅草房为主。瓦房多系一坊三开间，一般是两层楼房，用土石砌墙，以筒板瓦覆盖，前面有重檐。草房的间数不等，有的筑土楼，有的无土楼。无论何种建筑，普遍都留有一块场院，畜厩与人居分开，厕所设在露天。主房楼上一半储存粮食等物，楼下住人，正中一间设有火塘。正房多立有格子门或双合门，两边是板壁，瓦房的梁头、挂枋和格子门都有雕刻。

山区住垛木房，房子四壁用木料垒成，上盖以细木片（盖瓦者不多）。由于木料长度有限，故房子多为单间。如果一家有两对夫妇，则要修建两间，再加上猪圈牛栏，每家一般有三四间房子。住房大都有一层楼，用以存放粮食等物，或在房子旁边用木板修仓库存放什物。个别地区也有上楼下圈的。为了御寒，火塘终年生火不灭，睡铺即设在火塘周围。

少数有钱人家住房比较讲究，有"三坊一照壁""四合五天井"等形式，大门饰有复杂的门头，门窗雕刻细致，庭院中彩画满墙。

二、交往交流交融视域下的云南少数民族住房变迁

文山地区壮族依傍山水而居，村寨相望，鸡犬相闻。村落大小不一，每寨四五十户到一百六七十户不等，多为聚居，很少与其他民族杂居。依地区的不同和受汉族影响的深浅，房屋构造大致分为以下几类。

在文山、砚山、西畴、马关、麻栗坡等地，壮族住房与汉族农民住房无甚

差别。土墙房屋分楼上楼下两层，人住楼下两旁厢房，楼上堆放谷物家具，屋顶多为瓦盖，亦有茅草盖的。畜厩建于房屋外侧。

在广南、富宁一带，壮族住房形式大都保存原来的民族特点，即大多数仍住楼房。楼房又称"吊脚房"，系用瓦覆盖的二层楼房，上层住人，下层拴牲畜。楼梯在楼房中央或两侧，楼上再以木板隔成二三间，中为客厅，设有神龛，左右两厢为寝室。近楼梯处有晒台，房屋周围围上篱笆，自成院落。

曲靖罗平地区布依族的住房一般也是两层的楼房，但在多衣一带还保存有过去三层式的楼房，底层关猪、鸡、牛、马及堆放柴火，中层住人，顶层贮放东西。楼下安装一木梯上楼至中层，一进门的正中为堂屋，两边为耳房，耳房内设置供烤火用的火塘和做饭用的灶台。中华人民共和国成立前多数人家用茅草盖屋顶，只有少数富裕人家盖瓦房，中华人民共和国成立后这里的布依族几乎都住上了新瓦房。有的楼房侧边还保留过去古老的仿西双版纳傣族样式的用竹铺造的晒台。

第四节 医 药

云南的医药科技具有鲜明的民族特色。一是历史上除了白族、傣族、藏族等几个民族外，大部分少数民族医药尚处于医药经验的积累阶段，没有形成系统的本民族医药体系；二是各民族医药的形成过程中都吸纳了其他民族的医药知识，许多药物、治疗方法是通用的；三是除了有自己本民族文字的少数民族形成了关于医药知识的文字记载外，口传身教是大部分少数民族传承、发展医药知识的主要手段；四是中华人民共和国成立后，基本上都对各少数民族医药进行了搜集、整理、研究，但也存在许多药方尚未进行系统规范的收集整理，其疗效难以确定的问题。

一、阿昌族医药

阿昌族居住地区炎热潮湿，病菌容易滋生和传染。在长期的历史进程中，阿昌族积累了许多医疗方法和药物炮制使用经验。由于没有自己的民族文字，故而阿昌族医药知识只能通过世代口传身教得以延续、发展，且以汉文为主的历代文献对其医药相关的记载甚少。历史上，阿昌族治病都以草医为主，在少数民族聚居的偏远山区，草医几乎成了治病、疗伤、保障人民群众健康的主要手段。

在最初"万物有灵"的宗教观念影响下，阿昌族逐步形成了对人的疾病和病因的认识。清人董善庆撰《云龙记往》是目前所见最早记录阿昌族历史的史书。据该书记载，明初段保因投沐英破大理，得封云龙土知州。段保访鸡足山时，土人言该山有鸡足皇帝之神，段保诣祭并绘其像为云龙土主神。从此云龙人有疾，祷则愈。（雍正本）《云龙州志》卷五载："凡病者，酬神必宰猪羊，备烧酒纸锭，延巫曰香童者数人，歌舞以乐神，熟铁链于火，口衔之，出入踢跳，缚数十刀于木端似梯，赤足升降，曰'上刀山'……相传三崇为汉将，于漕涧中彝毒，故祭如此。然灵应甚著，祷赛者无虚日。"①（雍正本）《云龙州志》卷七载，药之属十四：大黄、黄芩、黄檗、小黄连、茯苓、黄精、柴胡、何首乌、蓬术、金银花、葛根、香附、枸杞、伍倍子。香之属五：木檀香、降真香、桂皮香、青香、甘檀香。②到清代，阿昌族仍然保留病时进行祭祀活动的习俗，同时用药材治疗疾病。在近代，尤其是中华人民共和国成立后，随着党和政府对少数民族地区的医药卫生和少数民族医药的重视，阿昌族的医药事业得到了极大的发展。

《云南民族药志》《云南省志·医药志》《中国民族药志》收录了124种阿昌族民族用药。③阿昌族医生结合当地药物及长期积累的经验进行治疗，除使用各种单方、验方、秘方治病外，还有刮痧、放血、药浴等疗法。例如，"放血疗法"，就是用缝衣针刺穿手指节中的细血管，让少量血渗出来，用以治疗内热外感或浑身不适；"揪或刮疗法"，即找对穴位，用手指在双肩、颈部、额头揪刮，甚至眉间揪出紫红的圆点，用以治疗头痛和各种关节痛；"刮疗"是用刀背或其他金属片，蘸上热香油在胸部、手腕或动脉血管处自上而下地刮摩，直到皮肤

---

① （清）陈希芳纂修，周祜校点：（雍正本）《云龙州志》卷五《风俗》，政协云龙县文史资料研究委员会、云龙县志编纂委员会，1987年，第44页。

② （清）陈希芳纂修，周祜校点：（雍正本）《云龙州志》卷七《物产》，政协云龙县文史资料研究委员会、云龙县志编纂委员会，1987年，第55—56页。

③ 陆宇惠、赵景云主编：《阿昌族医药简介》，北京：中医古籍出版社，2014年，第55页。

变成紫红，所以也叫"揪痧"或"刮痧"。①

二、白族医药

白族的医药历史悠久，源远流长。洱海周围的白族先民，古代有尚巫的风俗。当时人类的知识还不足以理解疾病的科学成因，当遭遇疾病时，他们只能求助于鬼神。在白语中，"朵兮薄"意指巫师，巫师代代相传，拥有连通人神的能力。在这样的原始信仰之下，巫医得以发展起来。到南诏国、大理国时期，白族的医药科学快速发展，一些文献典籍中出现了关于医药方面的记载，如《蛮书》零散记载有："其次有雄黄，蒙舍川所出。""濩歌诺木，丽水山谷出，大者如臂，小者如三指，割之色如黄檗。土人及赕蛮皆寸截之，丈夫妇女久患腰脚者，浸酒服之，立见效验。""郁刀次于铎鞘。造法用毒药虫鱼之类，又淬以白马血，经十数年乃用。中人肌即死。"《蛮书》还载，唐德宗贞元十年（794），唐使袁滋入南诏册封异牟寻后，异牟寻遣清平官尹辅酋等入唐谢恩，进献"牛黄、琥珀……象牙、犀角"。②大理出土的古碑《故溪氏谥曰襄行宜德履戒大师墓志并叙》碑文载："溪其姓，智其名。厥先出自长和之世，安国之时，撰□百药，为医疗济成□，洞究仙丹神术，名显德归，述著脉决要书，布行后代，时安国遭公主之疾，命疗应愈，勤立功，大赍，襄财物之□焉。"③该碑文所载内容是大理地区古代医药卫生史的一项重要文物资料，碑刻的记载说明郑氏大长和国医药事业上承南诏国，下启大理国。此外，1956年，考古学家在凤仪北汤天发现了一批南诏国、大理国的经卷，其中一卷写经上有一幅人体解剖图，周围写有佛教用语。据考，这一经卷为段氏大理国时期的写经残卷。从该解剖图可以看出，大理国时已对人体的心、胆、肝、肾、胃、膀胱等部位有所认知，对心形状的描述准确度也很高。④

---

① 闫永军编著：《云南少数民族科学技术》，昆明：云南大学出版社，2015年，第146页。

② （唐）樊绰撰，向达校注：《蛮书校注》，北京：中华书局，2018年，第196、205、252页。

③ 方龄贵、王云选录，方龄贵考释：《大理五华楼新出元碑选录并考释》，昆明：云南大学出版社，2000年，第6页。

④ 姜北、段宝忠主编：《白族惯用植物药》，北京：中国中医药出版社，2014年，第16页。

　　元代，在各路总管府设置"医学教授一员""惠民药局，提领一员"①，大理总管府亦属其范畴，这些设置进一步促进了白族医药的发展。到了明清时期，地方开始有更多官方医疗机构的设置。明代医疗机构设置，"府，正科一人。州，典科一人。县，训科一人。洪武十七年置，设官不给禄"②。清代医疗机构设置，"府，正科；州，典科；县，训科，各一人。俱未入流。由所辖有司遴谙医理者，咨部给札"③。此外，明清以来，白族医药亦有了专业的分科，并且涌现了一些名医，如董赐、赵良弼、马廷纶、周鸿雪、李允开、王廷槐、李德麟、陈洞天、张辅高、居素、全祯、李星炜、李仲鼎、蓝成彩、杨成初、段思忠、赵琳等。④有些医生还结合自己的医疗实践著书立说，对白族医药的发展和传播起到了重要的作用，如明代鹤庆中医陈洞天的《洞天秘典注》、李星炜的《奇验方书》等。成化八年《大师陈公寿藏铭碑》（今存海东镇名庄），碑文撰者题为"大理府儒医杨聪"。李元阳撰《嘉靖大理府志》中，对大理府的药名名目做了较为详尽的记录，称"药之属百七十七"⑤。

　　近代以来，西医诊所、医院、药物逐步进入白族地区。该地区医疗卫生事业得到了迅速发展，并形成了一个中西医结合、各显其长的州—县—乡—村四级医疗网。同时，许多白族老医生和民间草医仍比较活跃，尤其在白族农村地区。例如，著名中医药学家鹤庆彭子益在药理研究方面颇有造诣，著有《圆运动的古中医学》等；洱源杨辅廷，出师后创办"永寿堂"，服务乡里，对中医学有较深造诣，在中医基础理论、中医四大经典等方面颇有研究，是云南伤寒学派的代表，曾著有《伤寒论表解》等，被省卫生厅核定为云南省40名著名老中医之一；白族民间老中医范秉钧，40多年坚持用中草药治疗骨伤，并有接骨治跌打的白族药"乌生禄"。

　　此外，白族在医药知识收集、整理方面也颇有成果，如《大理州医药志》

　　① 《元史》卷91，北京：中华书局，1976年，第2316—2317页。

　　② 《明史》卷75，北京：中华书局，1974年，第1853页。

　　③ 《清史稿》卷116，北京：中华书局，1976年，第3360页。

　　④ 张秀芬、王珏、李春龙，等点校：《新纂云南通志9》卷236《艺术传一》，昆明：云南人民出版社，2007年，第355—356页；张秀芬、王珏、李春龙，等点校：《新纂云南通志9》卷237《艺术传二》，昆明：云南人民出版社，2007年，第363—365页。

　　⑤ （明）李元阳纂：《嘉靖大理府志》卷二《物产》，嘉靖刻本，第24页。

《白族民间单方验方精萃》《大理州老中医经验汇编》等，汇集了白族人民普遍使用的药物和药方等。

三、傣族医药

傣族医药具有鲜明的民族特色和地方特点，是中国四大民族传统医药之一。由于傣族居住地区多潮湿、炎热、多雾多雨的环境，因此傣族医学形成了独特的医疗方法、配方和用药方法。

在原始社会，生产力水平低下，人类对自然还不能科学地理解，认为天地万物都是有灵的，风、雨、雷、电等自然现象都是由神灵控制的。在这样的思维影响下，傣族先民形成了朴素的医学思想——疾病的产生被视为"鬼魂"的作祟，而"神"是可以治疗疾病的。因此，借助神的力量祛除鬼魂的巫术活动，就成为傣族先民治疗疾病的路径。随着时间的推移，傣族先民在生活劳作的过程中积累了丰富的经验，逐渐对医药有了科学的认知，加之在与汉族和其他少数民族的交流过程中吸收了其医药知识，同时还随着南传佛教传入而受到其中医学的影响，在长期的历史进程中形成了本民族的医药学。

傣族先民对医药的初步认识与他们生活在雨林的环境中有很大的关系。雨林的环境下有着天然丰富的植被和动物资源。傣族先民在长期的生活实践中，在对动植物的观察基础上掌握了不同植物的特征及药物属性，于是当他们身患疾病的困扰时，首先想到了向大自然寻求药物。因此，在傣文药典中记录的药物多为当地的植物根茎叶，部分动物的胆、骨、血、角也可入药，用于治疗的病症多为疟疾、抽风、痔疮等，以及刀伤、枪伤、断骨等外科病症。傣族主要居住的西双版纳地区,药用植物多达 2000 种,占全国 5000 种药用植物的 40%，是我国热带天然的"药用植物基因库"。仅德宏地区的傣族常用的民间药用植物、动物、矿物就有 600 多种。[①]傣族家庭的老人大都掌握一定的草药知识，用以治疗日常生活中常见的跌打损伤、外伤出血、感冒发热、咳嗽、痢疾、肿痛、骨折、风湿疼痛等，因为很多常见草药都具有消炎、解毒、清火、利尿等功效。民间傣医还有很多秘门偏方，在治疗某一种疾病上有特效。例如，

---

① 闫永军编著：《云南少数民族科学技术》，昆明：云南大学出版社，2015 年，第 41—42 页。

景洪市大勐龙曼海曼栋一带，傣族掌握的偏方对治疗蛇咬中毒、肝炎、肿泡、妇科病等皆有奇效。

傣文的医学书籍称为"档哈雅"（或译为"胆拉雅"），意思是药典，记录傣族先民对于药物、疾病的认识。如《贝叶经》里有名的药书《旦兰约雅当当》记载着上千种药方，常用药剂有自然界各种动物的皮、骨、毛、筋、脑、血；植物的花、茎及其树皮、根、须、汁；植物果实的肉、汁、核；以及生长在森林里的菌子、白蚂蚁卵、土屎蜂的壳等。这些都是治病的好药，可有效治疗骨折、风湿、瘫痪、痢疾、吐血、抽风及各种炎症等。《腕纳巴微特》中不仅有丰富的处方，而且有关于病理的阐述。《贝叶经》原作年代已不可考，现存本为傣历 1289 年（即 1927 年）抄刻，是一部珍贵的傣文医学文献。[①]

傣族医药解释病理变化的基本理论是"四塔五蕴"。"四塔五蕴"是佛教用语，"四塔"是指用风、火、水、土四种元素解释人体组织结构、生理功能、病理变化，并根据风、火、水、土各自不同的致病因素，确定治疗疾病的总方和方子。调平四塔的原则，是傣医阐释人体健康与疾病的基础理论；"五蕴"是对人体的色、受、想、行、识五种生理现象的分类认识方法，阐述物质和精神方面的活动对人体健康的影响。"四塔五蕴"结合"望、闻、问、切"的诊断方法，搭配"方剂"和熏蒸疗法、睡药疗法、药洗疗法、坐药疗法、刺酒疗法、擦药疗法、包药疗法、推拿疗法、按摩疗法、药膳茶酒疗法等，对各种疾病进行治疗。

傣族医药的发掘、发展工作也从未中断，古籍文献的整理翻译、民间名老傣医的传承、古方和验方的搜集整理与研究开发、药材标准的制定等都在持续开展中。[②]如收录了傣药 405 个品种、225 个科、377 个属的《西双版纳傣药志》，汇集了 200 余个古傣医药验方的《西双版纳古傣医药验方注释》《傣医传统方药志》等，都是对傣医药文献的收集整理和研究成果。[③]

---

① 赵世林、伍琼华：《傣族文化志》，昆明：云南民族出版社，1997 年，第 75 页。

② 张荣平、贺震旦、孟庆红，等主编：《云南省生物医药发展研究》，昆明：云南大学出版社，2020 年，第 21 页。

③ 李培春：《西南民族地区高等医学教育发展研究》，南宁：广西科学技术出版社，2006 年，第 62 页。

四、哈尼族医药

哈尼族在日常的生产生活实践中，形成了本民族的医药观念、治疗疾病的方法和途径。在很长一段时间内，哈尼族的原始宗教观深刻地影响着哈尼族人对疾病的认识——认为人生病是神、鬼作怪，人之所以生病是因为人、神和自然不能和谐相处。后来，随着对人本身和自然认识的不断增加，哈尼族逐渐形成了科学的医药知识。哈尼族群众或民间医生治疗疾病的方法总体上可以概括为两大类：一是进行宗教活动，希冀达到治病救人、消灾除难的目的。二是进行医药诊治。哈尼族用药以植物药材为主，且多用新鲜药材，讲究用药时间，哈尼族也有部分动物类药物，但基本上不用矿物。《中国哈尼族医药》收集的387 种药物中植物药达 349 种，占所收集药物总数的 90.2%；《西双版纳哈尼族医药》汇集药物 200 种，其中植物药 192 种；《元江哈尼族药》收录的 100 种药物都是植物药。[1]哈尼族民间医生主要依靠当地丰富的野生动植物资源作为药材来治疗疾病。

哈尼族医药的另一个特点是药食并用。在哈尼族中，食用的紫米和甘蔗可作为药物使用，用来配制治疗骨折损伤等伤病的医方。另外，食用的甘蔗还可作为药物用来治疗其他疾病。药膳是哈尼族医药的重要组成部分。除了日常食用味美亦有药用价值的野生蔬菜外，还有既清香可口又可消炎解毒的鱼腥草，既芳香爽口又理气止痛、消食健胃的木姜子，等等。此外，哈尼族人民还创造了药物与饮食相结合的膳食法，如用香薷汁制成的具有消炎、补肾功能的哈尼族药豆豉，健胃行气、消食导滞的草果猪肉糯米饭，消肿止痛、祛风湿的小草乌炖猪血，明目、利喉、消炎的四方蒿炖肉，等等。[2]

五、回族医药

回族医药是在生产实践探索的基础上，融合古代阿拉伯等医学知识与中国传统医药文化而成。回族医学理论基础源于"真一流溢说"，依此提出真一、元

---

① 杨久云、诸锡斌编著：《哈尼族传统药物探究》，北京：中国科学技术出版社，2015 年，第 46—47 页。

② 张蕊玲：《哈尼族医药文化》，载李子贤、李期博主编：《首届哈尼族文化国际学术讨论会论文集》，昆明：云南民族出版社，1996 年，第 878 页。

气、阴（静）阳（动）、四元（水、火、气、土）、三子（木、金、活）和四性（冷、热、干、湿）、四液（白液质、黄液质、红液质、黑液质）、心脑、脏腑、五官、经络的医学理论，认为"四元"与"四性""四液"相互协调，其微显程度及质量、形色的变化失调是致病和病理变化的主要内外成因，也决定着治疗手段和药物方剂疗法的相互配合。[①]

崇尚自然疗法是回族医学最突出的特色，如动植物疗法、食物疗法、体能功修疗法、净心养性疗法、音声色彩疗法及各种丰富多彩的内外治法。其药物使用形式有丸、散、膏、丹、滴剂，治疗方法有口服、外贴、滴鼻、喷散、烙灸、药浴、熏蒸。在用药方面，与传统中医相比，回族医药中一部分是中药里没有的品种，一部分是中药里有但是不常用的品种，还有一部分是中药常用但是功效或药用部位与中药不同的品种。

此外，回族医药中很多药物的名称为阿拉伯语、波斯语的音译，如大型综合性回族医学著作《回回药方》。该书包含数量众多的经典回族医药及其方剂，书中除混杂大量的阿拉伯语和波斯语的药物名、人物名、方剂名外，还有千余个阿拉伯语和波斯语等药名、地名、人物名的汉字音译。

元代以来，与医药学相结合的制药业始终是云南回族人的传统行业之一。如明代昆明开办的"万松草堂"药铺即由回族孙氏经营，并一直延续到近代，以秘制丸散膏丹而著称于世；鲁甸回族马永和为中草药名医，自清乾隆时其祖秘传"跌打膏药"，传至马永和已十余代，专治跌打损伤、骨折、刀枪伤等，产品远销各地。[②]

关于回族医药的研究众多，如《回药本草》汇集了回族常用动植物药物371味，对回族医药的基原、形态、性状、功效、主治等进行了较为详尽的描述；《中国回族志》收录了常用回族药物320种，其中植物药256种、动物药45种、矿物药19种，并介绍了这些药材的性能、分布、加工、栽培（饲养）。[③]

---

① 刘圆、张浩：《中国民族药物学概论》，成都：四川民族出版社，2007年，第84页。
② 闫永军编著：《云南少数民族科学技术》，昆明：云南大学出版社，2015年，第67页。
③ 转引自张荣平、贺震旦、孟庆红，等主编：《云南省生物医药发展研究》，昆明：云南大学出版社，2020年，第28页。

六、基诺族医药

基诺族医药有独特的诊断、辨病方法，积累了丰富的组方、用药经验，并形成了对病因、病理的解释，但由于没有本民族的文字，所以其医药知识只能通过口传心授，世代沿袭。基诺族认为疾病的产生是"内因"和"外因"共同作用的结果。受到原始宗教影响，基诺族认为鬼神是生病的"内因"。因此，用祭神送鬼、念咒作法的方式来使患者的内心得到安慰和满足，弥补心灵的空虚，达到治病的目的。气候反常、饮食不洁、劳累过度、外伤感染等是疾病产生的外因。

基诺族诊断疾病有"三诊法"，即眼望（看面色、看指甲、看二便）、手摸、口问。其中，手摸细分为手摸三部：腕动脉、肘动脉、腋下动脉；头摸三部：额动脉、耳后动脉、颈动脉；躯干摸三部：心尖搏动区、髂动脉、足背动脉。基诺族医生根据"坐诊"得到的资料，进行分析诊断、立法、组方，辨明疾病的性质是属于寒、热或虚，而采取对应的法则，即寒病用热药，热病用寒药，虚病用补药。例如，因风寒引起的关节痛、腰腿痛，选用祛寒祛风的方剂。[1]基诺族对疾病的治疗方法主要有三类：一是通过祭神送鬼、念咒作法，巫医根据不同疾病和部位使用不同的口供词，使患者从心理上得到安慰与解脱的精神疗法；二是药物疗法；三是拔火罐疗法、刮痧疗法、放血疗法、叩击疗法等的非药物疗法。

基诺族药物有 700 多种，常用的有 400—500 种，如用于治疗咳嗽、腹痛、跌打损伤、骨折等的药物就多达十余种；再如《基诺族医药》一书收录了基诺族常用药 319 种，单验方 251 个。[2]

七、景颇族医药

景颇族在长期与疾病做斗争的过程中，积累了丰富的医药知识，并世代相传，不断发展。景颇族在原始宗教观的影响下，有"巫医结合"的传统，人们常用祭祀祈祷的方法祛除病魔。景颇族许多民间医生都通晓巫、医知识，董萨（祭司）也大都懂医药，他们在行医过程中，通常祷医并用，在念咒施法的同时，也采用药物治疗。

① 杨世林、郭绍荣、郑品昌主编：《基诺族医药》，昆明：云南科技出版社，2001 年，第 15 页。
② 转引自闫永军编著：《云南少数民族科学技术》，昆明：云南大学出版社，2014 年，第 158 页。

景颇族没有形成自己的民族医药理论，医生诊断主要用眼看、耳听、口问、手摸的方法，用药有内服、外包、外洗、外搽等方式。其常用药材中植物药多于动物药，也有少量的矿物药。由于生产生活环境的影响，景颇族传统医生擅长治疗跌打损伤、风湿等病症，不太擅长治疗妇科、儿科的病症。

与景颇族相关的医药搜集整理不多，相对常见的有 1980 年出版的《景颇族药专辑》，书中收录了景颇族民间草药 45 种；1992 年出版的《中国民族民间秘方大全》，书中收录了 52 种景颇族医药秘方。①

八、拉祜族医药

拉祜族医药的一大特点是广采博纳，除本民族的医药知识外，还融合了汉族、傣族、景颇族、藏族、羌族等多个民族的传统医疗知识经验。拉祜族医药内容丰富，但却尚未形成完整的理论体系，加之没有文字记载，因此仅靠口传心授。

拉祜族认为，人与天地相应，人之所以会生病，在外是根源于气候变化，在内是因为气血壅滞。因此，疾病的预防首要应该把握好口（饮食）、肛门（排泄）、鼻（呼吸）三关。

拉祜族医生诊断疾病有望、闻、问、摸和药诊等五种方法。拉祜族医药在诊断、治疗乃至预防上与中医、傣医等其他民族医学有着很多相似的地方，但又有其自身特色。火攻疗法是拉祜族自身所独有的，此疗法对治疗风湿类疾病起效。具体方法是将有治疗作用的药物放入高浓度酒或者酒精中，点燃，然后将燃烧的药混着酒拿出，搓揉患处，如此重复 10 次左右。

拉祜族民间使用药材品种丰富，且多是就地取材，多用新鲜植物药，少用陈年药物，配方简单，一般内服与外洗相互配合治疗。用药方法有内服外洗法、内服外包法、垫坐法、熨疗法、热敷法、药食法、酒泡法、嚼含法、饮料法、点眼法、外包法、研粉法等，并重视药引的应用。其中，内服外洗法和内服外包法最为常用。在药物制剂方面，拉祜族讲究简单快捷，虽然有酒、香熏、粉、丸、醋、油等制剂，但最常用和最具特色的还是鲜品咀嚼外敷或者含漱。②

① 转引自何开仁：《景颇族医药的历史现状与发展》，《中国民族医药杂志》2009 年第 10 期。
② 闫永军编著：《云南少数民族科学技术》，昆明：云南大学出版社，2014 年，第 82—84 页。

国内关于拉祜族医药比较有代表性的著作为普洱市民族传统医药研究所编著的《拉祜族常用药》（拉祜文、汉文对照），书中记载了100种常用的有效药物；此外还有《中国拉祜族医药》，书中详细记述了拉祜族医药的渊源与发展，医药特点，传统的用药经验，拔罐疗法、药物疗法，内科用药原则和治疗，以及285种单方、验方、秘方和民间常用药物，等等。[①]

九、傈僳族医药

傈僳族在生产生活中逐渐认识到植物、动物和矿物对人身体的各种作用，在长期的实践中逐步积累经验，形成了关于疾病的医药知识。但傈僳族人民对生命运动的规律、疾病和健康的认识都还较为粗浅，很多傈僳族的医药知识并不成系统，其医学思想和医疗经验没能形成系统的医学理论和完整的诊疗体系。历史上傈僳族虽有自己的语言，但直到20世纪才创立文字，其行医经验都是靠口传身教。

傈僳族民间医生诊断疾病多用视、触、叩、听、嗅等方法，常用捏、按、压、挤，以及刮痧、针刺、割治、拔火罐等手法减缓病情，治疗疾病。用药多为草本和木本植物的根、茎、叶、花、果或全草，以及熊胆、鹿角、岩羊乳等动物药。药物一般就地取材，新鲜入药，多为单方。一般有内服和外用两种用药方法。内服药用单味、多味或配成方剂煎汤服，或研磨成粉状，用酒或水吞服；外用法主要有洗、熏、泡、敷患处等。[②]

傈僳族有药食同源的医药文化习俗，如核桃仁煮稀饭润肺化痰、竹鼠焖酒追风除湿、青刺果油清凉消炎、明子火烧肉可以泻火等。此外，傈僳族地区有丰富的可食用植物，如野百合、竹叶菜、牛舌菜、树头草、黄连、野竹笋、野芹菜、野山药、蕨菜、野蒜等，这些植物都具有药用价值。每年的采集月，傈僳族大都到山箐采集以补充食粮。同时，傈僳族还非常喜欢饮茶。而茶具有降血压、降血脂、降血糖、利尿、明目、防治便秘等多种功效。[③]

关于傈僳族医药的文献，《云南省志·医药志》中载有傈僳族用药经验的药

① 转引自雷波、刘劲荣主编：《拉祜族文化大观》（第2版），昆明：云南民族出版社，2013年，第259页。
② 杨玉琪、贺铮铮主编：《傈僳族医药简介》，北京：中医古籍出版社，2014年，第52页。
③ 龙鳞：《傈僳族医药文化》，《中国民族民间医药》2010年第1期。

物 16 种；《中国民族药志》标注有傈僳族药名或傈僳族用药经验的药材 30 种；《云南民族药志》标注有傈僳族药名或傈僳族用药经验的药材 538 种。①

十、蒙古族医药

蒙古族有完整的医药理论体系，以五元和寒热学说为基础，以三根、七素、三秽学说为核心，在临床上注重整体观和六因辨证论治。蒙古族医学自 13 世纪时传入云南发展至今，②融合了汉族、藏族医学知识。其看病采用望、闻、问、切四诊法，与藏医一样双手切脉。蒙医对治疗创伤和接骨尤有独到之处。

蒙古族医药种类繁多。药材包括植物、动物、矿物，以植物药为主，不少种药材是只有蒙医习惯使用的"蒙药专用品种"，如用于治疗心悸、心绞痛、心脏病的广枣，用于止咳去痰、活血化瘀的沙棘，用于清肺热和治疗肝热病的蓝盆花，用于清热燥湿、风湿、痹症的文冠木。③

此外，蒙医还有多种特色疗法。例如蒙医正骨术，是一种治疗各类骨折与关节脱位、软组织损伤等一系列病症的疗法，分整复、固定、按摩、药浴治疗、护理和功能锻炼等六个步骤；放血疗法，应用专用放血器具"哈努尔"，在特定的部位放血，借以引出病血，此法适用于由恶血、"希拉"引起的热性疾病，如伤热扩散、燥热、疫热等热症；拔罐穿刺法，是拔罐与放血相结合的外治法；酸马奶疗法，是蒙古民族传统的饮食疗法，对伤后休克、胸闷、心前区疼痛疗效显著；蒙医"震脑术"是民间流传颇广的专治脑震荡的奇特疗法，即先用布带将患者的头部紧紧围裹一圈，然后将装满沙子或米的碗用布蒙住，倒置在患者头顶，让患者将一只筷子横咬在嘴里，医生用另一只筷子敲打所咬筷子露出的两端，作为预备性（或诊断性）治疗，再用小锤隔着布带在患者脑后枕部震敲 3—9 次即可。此外，还有罨敷法、涂擦疗法、油脂疗法等。④

---

① 转引自杨玉琪主编：《傈僳族医药调查实录》，昆明：云南民族出版社，2016 年，第 18 页。

② 张荣平、贺震旦、孟庆红，等主编：《云南省生物医药发展研究》，昆明：云南大学出版社，2020 年，第 31 页。

③ 闫永军编著：《云南少数民族科学技术》，昆明：云南大学出版社，2015 年，第 163 页。

④ 闫永军编著：《云南少数民族科学技术》，昆明：云南大学出版社，2015 年，第 164 页。

十一、苗族医药

苗族医药历史悠久，自西汉时就有了古代苗族的巫医。苗医把病因分为内因和外因，即"两因"。疾病归为冷病、热病，称"两病"，一般疾病在发生过程中，表现为慢性、寒冷、虚弱、安静、功能低下等的多属冷病，表现为急性、灼热、躁动、机能亢进的多属热病；发病机制、临床表现归纳为冷经、热经、快经、半快经、哑经，即"五经"；药物分为冷药、热药，即"药物两性"。此外，按药物的功效，还将苗药分为清、消、汗、吐、下、补六大类，在补药中又有热补、温补、清补的区别。在治疗疾病时便冷病用热药，热病用冷药，即"两纲"。同时，要注意疾病在发生、发展不同阶段的冷热相互转化。苗医根据其辨证理论通过望、号、问、触等方法进行诊断，判断疾病的各种症状，结合天时、地域综合分析，辨清冷热和所属病症，制定治疗原则和具体治法。[①]

苗医治疗方法可以分为内治法和外治法。内治法即通过服用药物进行治疗，用药以植物药和动物药两大类为主，植物药一般现采现用。外治法则尤为丰富，放血疗法、刮治法、爆灯火疗法一般用于突发急症，此外还有生姜吸穴法、气角疗法、滚蛋疗法、发泡疗法、佩戴疗法、熏蒸疗法、火针疗法、抹酒火疗法、外敷疗法、刮脊抽腿疗法、拍击疗法、针挑疗法、热熨疗法等。[②]

有关苗族医药研究的代表性著作是《苗族医药学》。此外，《中国民族药志》《苗医病方集》等收载了常见的苗药药方。

十二、纳西族医药

纳西族医药学有明显的医巫结合的特点。其医药知识主要掌握在部分东巴的手中，东巴占卜、打卦，根据卦象确定治疗方式。纳西族能治病的东巴一般掌握纳西族民族药，以及施行扎针、拔火罐、药物熏鼻、火草点穴、草药外治等技能，东巴经中记载着众多的纳西族医药知识。

东巴经中关于疾病的记载初步显现了古代先民的医学知识。例如，《点龙王药经》记载了人乳可为补益用；《神将药品经》记载了用酒泡药；《崇搬图》记

---

① 陆科闵、王福荣主编：《苗医病方集》，贵阳：贵州科技出版社，2016年，第11页。
② 闫永军编著：《云南少数民族科学技术》，昆明：云南大学出版社，2015年，第59—60页。

载了可用针灸、按摩治疗疾病，对血肿进行放血，对刀伤进行缝合等方法；《崇仁潘迪找药》通过观察记载动物寻食和吃水时的动态，分析出了药花、毒花、药水和毒水；《布扎》(祭中风瘫痪鬼经)、《儿扎普米》(驱瘟疫鬼经)、《送毒鬼经》等则完全是对病魔、恶神、自然灾害的咒语。①同时，纳西族医药在发展过程中还受到汉族、藏族等医药学的影响。《玉龙本草》是将纳西族本民族医学实践和汉族医学知识融汇而编成的药物典籍。

纳西族医学理论"精威五行"(木、水、铁、火、土五行)说认为，木代表东，水代表南，铁代表西，火代表北，土代表中，"精"指人类，"威"指聚合。水为人的躯体，木为毛发，铁为骨，气为火，肌肉为土。人的生存是五样物质聚合、平衡而成，人生病是五样物质抵撞、偏斜产生的；人的死亡是五样物质严重碰撞、冲犯、崩裂的结果。所以，治疗疾病便要"驱除体内浊瘀邪，调理人体五元质素平衡"，使之"不抵撞、不冲犯、不偏斜、不崩解"，形成相互交感、共生共存的整体。东巴祭司治病，根据患者生辰、属相、得病时间，从占卜经里查出患者五行发生了怎样的偏斜，然后驱鬼或给药。纳西族民间医生认为人体脏腑的属性与精威五行有密切关系：气与皮属木，血属火，胆属水，骨属铁，肉属土。民间医生诊病基本使用看、闻、问、切的方法，突出看诊。②

在纳西族民间，有自挖、自制、自用药物的传统历史。如"寿元堂"自制虎潜丸，主治风湿病；健脑参茸丸，补益气血；坤顺养心丸，补心安神；滋阴明目丸，补肾明目；雪水紫金锭，主治小儿惊风症及小儿高热抽搐。"长春堂"自制大五香丸，主治虚劳症；小五香丸，清热解毒，主治小儿惊风等症；巴豆丸，主治下泻；炼制三仙丹，主治梅毒疮疡；熬制膏药，治风湿、跌打、劳伤。③

十三、佤族医药

佤族人民在长期生产生活实践中积累了丰富的医药知识。佤族有自己的医

---

① 丽江纳西族自治县志编纂委员会编纂：《丽江纳西族自治县志》，昆明：云南人民出版社，2001 年，第 877 页；刘圆、张浩：《中国民族药物学概论》，成都：四川民族出版社，2007 年，第 102—103 页。

② 闫永军编著：《云南少数民族科学技术》，昆明：云南大学出版社，2015 年，第 97—98 页。

③ 刘圆、张浩：《中国民族药物学概论》，成都：四川民族出版社，2007 年，第 103 页。

生——"召差"（先知）和草医，"召差"通常使用法术和精神治疗，也兼使用草医。草医则几乎每个佤族寨子都有，且有男有女，一般在亲属间传承。

佤族治疗主张里外并重，方法除了内服法外，民间还广泛使用食疗法和熏蒸法。此外，佤医有三种特色疗法：一是顺法，"天地之病"用顺法，以调理天地规律与人体的相互关系，达到康复目的；二是散法，"风致之病用散法"，风无形又常变化不断，故用散发的方法治疗；三是润法，选用带有水分较多的药物治疗，认为病因多由火引起，如烫伤、烧伤等。①

在用药上，使用的药物以当地动植物药为主。植物药一般随采随用；动物药多为配方，肉类以食疗滋补为主，骨类以祛风除湿、消炎平喘为主，皮毛类以消炎止血为主。矿物药以单方、复方入药主治各种皮肤病和感冒咳嗽等症。配制外敷药时多生熟各半混合，注重具有芳香理气、舒筋活血和镇痛功效的引药的使用。此外，还重视解药，即患者在换药方后，于服用新药方前，须服用解药把前一个药方的药性解掉。同时讲究禁忌，强调服药期间禁食如酸、冷等食物，忌触冷水、吹风和赤脚踩湿土等。②

对于佤族医药的整理，《云南民族医药文化浅探》收载了近 40 种佤医药方③；《中国佤族医药》收集了 301 种佤族药物，其中植物药 218 种，动物药 76种，矿物及其他药 7 种，收录佤族民间单验方和秘方 270 种④。

十四、瑶族医药

瑶族在长期与疾病做斗争的过程中积累了利用动植物药防病治病的丰富经验，瑶族医药历史上没有专门典籍，但在地方志等中有零星记载。

瑶医把引起疾病的病因归为自然环境影响、创伤、饮食不调、劳累过度、先天异常等，并用盈亏平衡论指导具体的医药实践。瑶医认为盈则满，满则溢，溢则病，如脑出血、血山崩等；亏则虚，虚则损，损则病，如贫血、眩晕、腰痛、哮喘、心悸等。故而审症以明机体不平衡之所在，再采用药物或非药物的

---

① 闫永军编著：《云南少数民族科学技术》，昆明：云南大学出版社，2015 年，第 92 页。

② 陈国庆编著：《中国佤族》，银川：宁夏人民出版社，2012 年，第 105 页。

③ 转引自闫永军编著：《云南少数民族科学技术》，昆明：云南大学出版社，2015 年，第 92 页。

④ 转引自孟庆云主编：《中国中医药发展五十年》，郑州：河南医科大学出版社，1999 年，第 653 页。

治疗方法，盈则消之，亏则补之，调整、促进机体与周围环境及机体各脏腑之间盈亏达到平衡，从而使病体恢复正常。瑶医药将药物分为风药及打药两大类，打药主治盈症，风药主治亏症。具体治疗时根据不同的盈亏，选用不同的打药及风药合理配伍，使药力更专、更宏。①

瑶医除了使用望、闻、问、触的诊疗手段外，还常用甲诊、掌诊、舌诊、耳诊、面诊等。根据疾病发生的原因和临床症状的表现特征，总结出了风、锁、痘、痧等病症的名称。瑶药以草木为主。治疗方式除了草药内服、外洗、外敷和熏、熨、佩带之外，还有放血、点刺、艾灸、骨灸、席灸、药物灸、药棍灸，以及拔罐、针挑、捶击、搔抓、滚蛋、推拿和指刮、骨弓刮、碗刮、匙刮、青蒜刮、秆草刮、苎麻刮等方法，治疗的疾病包括内科、外科、妇科、儿科、皮肤科、五官科及神经科等各科。在长期的医疗实践中，瑶医根据药物的性味功能及其临床治疗疾病的特点，把传统常用药物归类为"五虎""九牛""十八钻""七十二风"。②

十五、彝族医药

彝族人民通过生产活动和医疗实践，较早就有了植物药、动物药的认识。在南诏彝族奴隶制建立之前，彝族医药与汉族医药已经有了交流，历经南诏国、大理国长期的积累，在明清时期形成了本民族的医药。彝族人民积累的医药经验，有的靠家传口授世代相传，有的则用彝族文字记载得以流传。

彝族医药具有五个主要特点：一是药重于医，药早于医；二是重视衰年（生命节律中人体表现衰弱的年龄）的推算；三是临床治疗，注重疗效；四是诊疗方法多样；五是提倡保健和对疾病的预防。③

彝族医药尚未形成完整的理论体系，散见于各种彝医书籍中，有清、浊二气六路学说，天人相应，以八卦、五行论说脏腑的属性和经络等。对于病因，彝医认为是多样的，包括机体内部的平衡失调；人体与自然平衡失调导致的抽

---

① 孟庆云主编：《中国中医药发展五十年》，郑州：河南医科大学出版社，1999 年，第 652—653 页。

② 崔箭、唐丽主编：《中国少数民族传统医学概论》，北京：中央民族大学出版社，2007 年，第 218—219 页。

③ 白兴发：《彝族文化史》（第 2 版），昆明：云南民族出版社，2014 年，第 296—297 页。

风、湿疹、风疹、风湿、呼吸道感染等的"风邪染疾"；来自外界的风寒暑湿、疫疠瘴气和内部脏腑失调产生的邪浊和邪毒；外伤；传染病；先天禀赋不足；酒食所伤，如腹痛、腹泻、营养不良等。[①]

彝医采用望诊、问诊、触诊的诊断方法，以内治法和外治法进行治疗，具体有内服法、外敷法、烧火法、熏蒸法、洗浴法、割治法、拔火罐法、放血法、推拿按摩法、刮痧、针刺等。在治疗过程中尤其重视酒的使用，往往以酒或甜米酒为引，加强药效。在药物的配方上根据患者的具体情况，一病多方、一药多用，以发挥药物的多种作用。在医疗器械使用上，主要有砭针、罐、唔角、药刀等。[②]

彝族药物种类繁多，包括植物药、动物药、矿物药三类，彝药没有系统的分类，主要采用以病症统药的方式将药物列于各种病症的治疗方法中。在治疗疾病中大量采用植物药、动物药，通过煨、煎、煮、蒸、烤、泡等，使患者以服用、灌注、滴入、冲洗、涂搽、包敷等方式用药。

彝族医药同中医、藏医、蒙医、傣医一样，作为一种有文字记载的医药，给后世留下了大量的相关文献。楚雄彝族自治州从 1978 年先后发掘出内科、外科、妇科、儿科、生理科、针灸科等方面的彝文医药书籍共 28 本，其中，在双柏县发现的《彝药志》，据称比李时珍《本草纲目》还早 12 年。玉溪市新平县收集到的 5 本彝文医书之一《聂苏诺期》，收录了 134 种常见病的常用药方，273 种彝药。此外，较为有名的彝文医书有《元阳彝医书》《哀牢山彝族彝药》《彝医书》《彝族治病药书》《造药治病书》《医病书》《彝族药物志》《齐书苏》《彝族动、植物药志》《彝药志》《彝族医药学》《献药经》等。[③]同时，彝族还有专门教授人们如何编写医书的典籍，如《彝族诗文论》中《医书的写法》。

十六、藏族医药

藏族医药是中国四大民族医药之一，其在总结本民族的医药实践经验的

---

① 中国彝族通史编纂委员会编纂：《中国彝族通史》第 3 卷，昆明：云南人民出版社，2012 年，第533—534 页。

② 白兴发：《彝族文化史》（第 2 版），昆明：云南民族出版社，2014 年，第 297 页。

③ 闫永军编著：《云南少数民族科学技术》，昆明：云南大学出版社，2015 年，第 8—9 页。

同时，吸收了中医和天竺、大食的医药理论。藏医学已有 2000 多年的历史，早在吐蕃时期便已形成体系。8 世纪，藏医宇妥·元丹贡布在古代藏医的基础上，吸收了四方医学精华，编著了《四部医典》，标志着藏医从经验医学发展为具有理论体系和医疗实践的医药科学。云南省的藏族集中居住在迪庆藏族自治州，其医药也秉承了传统藏医药理论体系，又因其所处环境，有其自身的地域特色。

藏医把人体视作统一的整体，把脏腑和五官相联系，注意人体的生理、病理活动与自然界的季节、气候、环境的关系。其理论体系由五源学说、三因学说、人体解剖学、胚胎学等组成。五源学说是藏族古代朴素的唯物主义哲学思想，它认为宇宙间一切事物都由土、水、火、风、空五种物质所源生，简称五源。一切事物的发展变化、形成、存灭，都是这五种物质不断运动和相互作用的结果。五源学说是藏医学理论体系之根基，《四部医典》记载："疾病产生于五源，治疗药物亦由五源生；三因（隆、赤巴、培根）以五源为根基。"[1]

三因学说相当于藏医学的生理和病理理论，"三因"指"隆"（汉语意思为风或气）、"赤巴"（汉语意思为胆或火）、"培根"（汉语意思为涎、黏液），是藏经的音译。藏医学认为三因素是构成人体的物质基础，也是进行生命活动不可缺少的物质及能量的基础，对人体的生理功能和病理机制的认识，均以此三大因素的生成变化为理论依据。在正常的健康状态下，三因之间是平衡协调的，当三者中的任一因素或几个因素出现异常时，即出现病理性的隆、赤巴、培根，这也即是藏医中的三大类疾病。治疗需要对三者进行调整，使其恢复到协调状态。此外，藏医认为人体由七种基本物质构成，即饮食精微、血、肉、脂肪、骨、髓、精液（红白两种）七基质，七基质在赤巴产生的热能作用下变化生成精华，散布全身，维持人体正常生理功能。七基质中饮食精微最重要，其他六种基质均由其转变而成。伴随着七基质生成全过程而产生的即是三秽物——汗液、尿液、粪便，这是人体生理活动的产物。三因素、七基质、三秽物之间保持着平衡，失衡则会导致疾病的发生。[2]

---

① 转引自董竞成主编：《中国传统医学比较研究》，上海：上海科学技术出版社，2019 年，第 241 页。

② 董竞成主编：《中国传统医学比较研究》，上海：上海科学技术出版社，2019 年，第 242 页。

藏医诊断方法主要为问诊、望诊和触诊等，治疗方法除了药物治疗外，还有针灸、放血、火灸、冷热敷、油涂、药物浴等外部疗法。藏医认为药物具有重、润、凉、热、轻、糙、锐、钝八种性能，重、钝两者能医治隆病和赤巴病；轻、糙、热、锐能医治培根病；重、润、凉、钝能诱发培根病。同时还把药物和疾病归为寒、热两大类，热性病以寒性药物医治，寒性病以热性药物医治，寒热并存之病则寒热药兼用。藏药在具体应用中多为复方，少用单味药。在组方中讲究君、臣、佐、使的配伍。①

藏族医药的代表品种中主治心脑血管、循环系统的药有"七十味珍珠""二十五味珍珠丸""七十味珊瑚""二十五味珊瑚""如意珍宝丸""二十味沉香丸"等；主治胃肠道疾病的药有"仁青常觉""仁青芒觉""坐珠达西""五味石榴丸""洁白丸"等；主治肝病的药有"二十五味松石丸""九味牛黄丸""七味红药殊胜丸""乙肝健"等；主治骨骼疾病的药有"五味甘露大散""奇正消痛贴膏"等。其中"七十味珍珠""二十五味松石丸"等传统的四种藏成药品还获得了美国食品药品监督管理局的认可。奇正藏药集团采用现代真空技术而研制成功的奇正牌"消痛贴膏"在第二十六届日内瓦世界发明博览会上获得金奖。2006年5月20日，藏族医药经国务院批准列入第一批国家级非物质文化遗产名录。②

十七、壮族医药

壮族医药是壮族适应本民族生活地区的自然环境并在与汉族等周边民族交流交往过程中生成的。壮族医药理论主要包括"阴阳为本，三气同步""三道二路"和毒虚致病。"阴阳为本，三气同步"是壮医的天人自然观，"阴阳为本"即万物皆可分阴阳，万变皆由阴阳起，强调阴阳的均衡；"三气同步"则是壮医认为人体可分为三部：上部天，下部地，中部人，人体生理的天、地、人三部与自然界的天、地同步运行，相互协调，则气血调和，阴阳平衡，并能适应大自然的变化，是人体健康常态；反之，则致百病生。"三道"即谷道、水道、气道，"二路"为龙路、火路，三道通畅则人体可与天地保持协调同步，反之则生

① 董竞成主编：《中国传统医学比较研究》，上海：上海科学技术出版社，2019年，第244页。
② 闫永军编著：《云南少数民族科学技术》，昆明：云南大学出版社，2015年，第113页。

病。因此，壮医治疗上以调气、疏通为总则。[1]

壮医认为毒和虚是导致疾病发生的主要原因，即毒虚致病理论。毒虚致病，一是因为毒性本身与人体正气势不两立，正气可以祛邪毒，邪毒也可损正气，两者争斗，影响三气同步而致病；二是某些邪毒在人体内阻滞"三道""两路"，使三气不能同步而致病；三是由于虚，身体的运化能力及其防卫能力相应减弱，易受外界邪毒侵袭，出现毒虚并存的复杂临床症状。[2]所以其治疗强调调气、解毒、补虚，偏重祛毒，分为内治法和外治法。内治法即通过服用药物进行治疗，外治法则主要包括针灸疗法、刮痧法、药物熏蒸疗法、热熨疗法、药捶疗法等。壮医多用新鲜药材，善用毒药和解毒药。对以虚为主要症状的疾病，用药主张多用动物药。[3]

壮医诊断方法有目诊、脉诊、问诊、控病诊等，尤其重视目诊。壮族认为眼睛是天地赋予人体的窗口，是三气精华所在，人体三道、二路功能都可以通过目诊获得信息，目诊可以诊断疾病，可以推测预后等。

第五节　天 文 历 法

历史上，云南的少数民族大都形成了自己的历法，但是发展情况不一。佤族、独龙族、哈尼族、怒族等使用的是较为简单粗疏的物候历；基诺族处于物候历向阴阳历过渡的发展阶段，有自己的纪日制度；傣族、彝族等则形成了本民族的完整的历法体系。

一、白族历法

白族是最早使用中原历法的少数民族之一。早在唐代，中原历法便已传入大理，在宋朝时得到了大范围的推广和应用，古白历被逐渐废弃。但是由于交通阻碍、信息阻塞，生活在怒江地区的白族人则一直沿用古白历。

古白历中一年分为 13 个月，为了和物候相符，二月不固定，平年无二月，

---

① 董竞成主编：《中国传统医学比较研究》，上海：上海科学技术出版社，2019 年，第 310—311 页。

② 孟庆云主编：《中国中医药发展五十年》，郑州：河南医科大学出版社，1999 年，第 630 页。

③ 闫永军编著：《云南少数民族科学技术》，昆明：云南大学出版社，2015 年，第 51 页。

闰年才有二月。白人置闰，主要看三月，而定三月是以桃花开为准。如果桃花开了，即使是过年后才一个月，应该是二月，也不算二月，而定为三月，这一年就没有二月，只有 12 个月；如果二月过后三月桃花才开，那这年有二月，是闰年，则有 13 个月。因此，白人虽然说一年 13 个月，其实闰年才是 13 个月，平年都是 12 个月。①白族称第一个月为"香旺"，"香"是闲的意思，"旺"是"月"的意思，即闲月之意；二月叫"省旺"，即"多余之月"的意思。以后则是用三月、四月等序数称之。最后一个月称"牙特旺"，为腊月之意。

古白历有大月、小月之分，月大月小，看的是月初有无初二这一天，初二是虚日，大月才有，小月则无。白族先民以天上开始有月钩定初三，月圆是十五。初一过了是初二，但如果初二便看见天上出现了月钩，则这天便不是初二，而是初三，所以无初二便是小月，为 29 天。初二过了，初三才有月钩，则这个月有初二，是大月，为 30 天。白人虽说，一月 30 天，但实际上大月才有 30 日，小月只有 29 日。②

古白历用十二属相纪年、纪日，如鼠年、牛年，鼠日、牛日。年龄的计算，也使用十二属相，以十二属相一轮为一个"阿陋奔"③，两轮为一个"工陋奔"。鼠年到鼠年为一轮、十三岁，再到下一个鼠年是两轮、二十五岁，各属相依此类推，不足轮的小孩子，则说几个属相。④

此外，在天文历算研究方面，著名的有明代杨士云的《天文历志》，涉及日月运行、恒星和行星的观测、历法知识等多方面。清代，周思濂著有《太和更漏中星表》，何中立著有《星象考》，可惜均未见其书；李滮著有《筹算法》《太阴行度迟疾限损益捷分表》等，通过筹算法计算出月亮的不均匀运动在不同时刻、不同时期的一系列理论值，并编出完整的月离表。⑤

---

① 张旭：《白族的古历法》，《大理白族史探索》，昆明：云南人民出版社，1990 年，第 170 页。

② 张旭：《白族的古历法》，《大理白族史探索》，昆明：云南人民出版社，1990 年，第 171 页。

③ 据说，"陋奔"是一种生物，十三年一死，死后又有新子出生，再十三年又死，以十三年为一个循环延续下去，故称"陋奔"。所以"陋奔"即十三年一转轮之意。

④ 张旭：《白族的古历法》，《大理白族史探索》，昆明：云南人民出版社，1990 年，第 172 页。

⑤ 杨镇圭：《白族文化史》，昆明：云南民族出版社，2002 年，第 177—178 页。

二、傣族历法

傣族文化在发展过程中除受汉族文化的影响外，还融合了其他周边文化，尤其是在6—8世纪，南传佛教开始传入傣族地区后，影响颇广。傣族历法体现了两种文化的影响，即傣族历法既有汉族历法的内容，又有印度佛教历法的成分，显然是傣族人民吸取汉族历法和佛教历法进行再创造形成的民族历法。

傣族历法，傣语称"萨哈拉乍"或"祖腊萨哈"，俗称"祖腊历"或"小历"。所谓"小历"，是与中南半岛使用的被称为"大历"的"赛迦历"相对而言的，汉语简称"傣历"。傣历的基本历谱与缅甸的缅历、泰国的泰历大体一致，其建元时间为638年3月22日星期日（唐贞观十二年闰二月初二），傣历7月1日，为首年之元旦。由于傣历首年在累计纪年中称为傣历零年，满一周年才称傣历1年，故傣历1年为639年。傣历与汉历一样，用干支纪年，每六十年为一甲子；也用干支纪日，并用十二属相。傣语对干支的读音与古代汉语的读音多半相同。

傣历是阴阳历。傣历的年是阳历年。它以地球绕太阳运行一周的时间纪年，平年12个月，354天或355天；有闰月则一年13个月，384天或385天，平均每年365.258 75天。每19年置7个闰月，闰月必在九月，因此闰年又称"双九月年"，傣语中称这样的年为"登双搞"。

傣历的月则是阴历月。它以月亮的一个圆缺周期纪月，一年12个月，单月为大月，30天；双月为小月，29天，但每隔4—5年，八月会多加一日，称为"八月满月"；闰月都是九月，所以也是30天。傣历年历表的顺序为六月、七月、八月、九月（后九月）、十月、十一月、十二月、一月、二月、三月、四月、五月。第二年又从六月开始。

纪日上，每月根据月亮的圆缺划分为上、下两个半月，上半月15天，第一天称为"月出一日"，直到"月出十四日"；之后是"月中十五日"，傣语称"登柄"，意为月圆之日，仍归上半月。下半月第一天称"月下一日"，直至"月下十四日"或"月下十五日"，下半月最末一天，傣语称"登达普"，意为"月黑之日"。除此之外，傣历还有根据日、月、火、水、木、金、土7个星辰命名的七日一周的纪日法，每日名称都有傣语称呼和傣文数字表示。在傣文历书上，每月的第一天和各种节日，都要写上周日名称。傣历一周与公历一周都是7天，不过傣历周一是公历星期日。

　　傣历中对每日的纪时方法有"时段"和"时度"两种。"时段"在把一日定为"丁"（正午）、"酣"（日入）、"丁恨"（夜半）、"烘"（日出）四个时点的基础上，又在每两个时点之间划分为"督""光""特列"三段，共为十二时段十六时点。十六时点分别是"督早""光亮""特列丁""丁""督仔""光艾""特列酣""酣""督酣""光泡""特列丁恨""丁恨""督烘""光烘""特列烘""烘"。但每个时段的时间长度并不相等，一般以"光"最长，"督"次之，"特列"最短。"时度"则把一昼夜等分为 60 时度，每时度的实际时间值相当于 24 分钟。不过，每个月的昼夜长度不等，因此傣历又规定了每个月的昼夜时度。但这种纪时方法通常只见于历法书中。时段的纪时方法相较而言更为实用。黎明之后的"光亮"是人们吃早饭后出工的时间，中午之后的"光艾"是人们吃午饭的时间，黄昏（酣）是人们收工的时间，吃晚饭时就是"光泡"，"丁恨"是夜深人静之时。①

　　傣历元旦，即新年第一天。由于傣历的阳历年与阴历月的矛盾，因此其是不固定的，多半在六月，有时在七月，但从来不在元月一日，而是在六月六日至七月六日之间移动。②由于傣历元旦日期不固定，所以年历表不以每年按元旦之日为起点来安排，而是人为地采取不管元旦在六月或七月，都以六月排在第一格，五月排在最末一格，平年十二格，有闰月之年十三格，元旦具体日期则在表格下面注明，使年历表看起来整齐美观。元旦日傣语称"腕叭腕玛"，意译为"日子之王到来之日"。年度的划分以元旦为准。从本年的元旦日至次年元旦日的前一天为一周年。傣语称一年的最后一日为"腕多桑刊"，这也就是泼水节的第一天，算作除夕。傣历头一年的除夕与下一年的元旦之间有一天或两天的"空日"，傣语称"腕脑"。空日名义上不归属哪一年，实际上是归入旧年的。除夕日、空日、元旦日相加的 3 天或 4 天便是整个泼水节的时间，这是傣族辞旧迎新的盛大节日。

　　与傣历有关的还有两个节日：一是傣历九月的"月中十五日"为关门节，

---

　　① 张公瑾：《中国少数民族文库·傣族文化》，长春：吉林教育出版社，1986 年，第 115—116 页。
　　② 哪一天为元旦，要由傣历阳历年的长度 365.258 75 天来推定。每一年的元旦日在阴历月的日序中要比前一年后推 11 天左右，由于每三年有一个闰九月来调整，不至于无限期地往后推。

傣语叫"考洼沙";二是傣历十二月的"月中十五日"为开门节,傣语叫"沃洼沙"。在"关门节"至"开门节"期间,正值雨季,人们忙于农业生产,这期间要停止探视、访友、婚聚活动,和尚和佛爷不能在寺庙外过夜。虽然带有宗教色彩,但从科学意义上看,它与天象和农事有关。

此外,傣族的天文知识除了有颇具代表的傣历外,还有对星辰的各种认识。他们很重视对太阳、月亮、火星、水星、木星、金星、土星的观察,发现其运动的规律,推算其运行周期,并认为它们沿着一条路径行走,即"黄道";把太阳所经过的天空划分为十二段,称为"黄道十二宫",其傣语名称为梅特、帕所普、梅贪、戛拉戛特、薪、甘、敦、帕吉克、塔双、芒光、谷姆、冥。这与国际天文学界的黄道十二宫一致,只是名称不同。①又把黄道上的星星划分为二十七个星座,即"二十七宿",来观测星辰。太阳、月亮、火星、水星、木星、金星、土星加两个假想的星体"罗睺"(黄白升交点)和"格德"(恒星时)合称为"哈戌",汉语意为"九曜"。傣族地区重要历史时间便用九曜图记录。

与此对应的,历史上便有许多用傣文书写的天文历法著作。如《胡腊》《多底桑》综述算术、天文、历法知识;《拉马痕》讲述二十七星宿;《瓦哈基达板哈》《蒙腊》《舒沓洼》三书讲日食月食的道理和计算方法;《些哈拉》《左底沙拉》是星象占卜书,也包含一些天文气象知识;《苏定》《苏力牙》《西坦》是讲述傣历计算方法的。而一年、几十年、几百年的傣历历书则更多,几乎年年印行。②

三、独龙族历法

独龙族把一年称为"极友",从当年大雪封山起到次年大雪封山止为一年,分冷、热两季,开始下雪为冷季,此外为热季。一年又分 12 个长短不一的月份,每月称为"数郎",从月亮最圆的那天起至下一次月亮最圆时算为一月。每个月也没有 30 天的概念,月大月小相对而言。一般"过雪月"很长,有时超过 2 个月。粮食歉收时,5 月份即开始过"饥饿月"。各月名称及事务大致为:

一月"得则卡龙",山上积雪,男子狩猎,妇女织麻布。

① 夏光辅:《云南科学技术史稿》,昆明:云南人民出版社,2016 年,第 231 页。

② 夏光辅:《云南科学技术史稿》,昆明:云南人民出版社,2016 年,第 231 页。

二月"阿蒙龙",山顶有雪,在江边可种土豆、青稞等。

三月"阿薄龙",出草月,烧山地,普遍种土豆。

四月"奢久龙",播种月,继续烧山地,种小麦、南瓜、芋头等。

五月"昌木蒋龙",花开月,种苞谷、稗子等。

六月"阿石龙",停止播种,薅草、捕鱼、挖贝母。

七月"布安龙",饥饿无粮食。

八月"阿茸龙",小米熟,种苦荞。

九月"阿长木龙",收苞谷、瓜类。

十月"早洛龙",全面收获粮食。

十一月"总木甲龙",降雪月,砍柴,收荞子。

十二月"勒更龙",大雪封山,男子狩猎、捕鱼,妇女织麻布,作过新年的准备。[1]

有的地区也把一年分为花开月、鸟叫月、烧火山月、播种月、收获月等十个节令。在日常的生产中,以物候指导农耕活动,较注意当桃花盛开、"告克拉"鸟叫时,必须全面播种;当听到"省得鲁都"鸟叫时播种结束。

中华人民共和国成立后,独龙族群众开始逐步放弃这种原始的自然历算法,采用与汉民族相同的历法,但民间习惯上仍有"播种月""收获月""过年月"等说法,不大习惯用阴历的老年人,仍以自然现象的变化作为进行生产的标志。[2]

四、哈尼族历法

哈尼族历法一年分三季,每季为四个月。三季分别是造它,为冷季;渥都,为暖季;热渥,为雨季。[3]季节间的交替,没有非常准确的时间界限,更多是根据物候现象来判定。

每年 12 个月,每月恒定 30 天,一年 360 天,年终加 5 天,哈尼族称其为

① 李维宝、李海樱:《云南少数民族天文历法研究》,昆明:云南科技出版社,2000 年,第 54 页。

② 闫永军编著:《云南少数民族科学技术》,昆明:云南大学出版社,2015 年,第 183 页。

③ 《哈尼族》,2018 年 6 月 29 日,https://www.neac.gov.cn/seac/ztzl/201806/1067466.shtml,2023 年 7 月 16 日。

多余的日子。红河地区 12 个月名的哈尼语音译及物候、农事安排大致如下：

正月"杯约"，即昆虫冬眠萌动。

二月"阿玛拖"（昂玛突），即祭献寨神。阳光温暖，准备春播，到象征着保护全寨子人、畜、籽种的"龙树"下，举行集体性的祭祀活动。

三月"扫腊卡窝朋"，即水稻秧苗开始栽插，俗称开秧门或春插。过"黄饭"节，每户杀鸡、染彩蛋和染黄色糯米饭，举行送秧苗出门的仪式。

四月"元腊登安大乌里所"，即五谷种下地里以后，祭祀水源神。

五月"阿腊苗昂南"，即庄稼栽种结束后，耕牛劳累得"魂不附体"，要做粑粑为牛叫魂。

六月"热南矻札札"，即六月节或六月年，又称矻札札节。太阳回归，一年过半，各村寨根据稻谷秧苗返青、农事活动的空隙来安排，节期不尽统一。

七月"施腊阿保捏，嘎玛独"，即捉蚂蚱，修道路，为迎接新庄稼的收获做准备。这个时节是烟雨茫茫的天气。

八月"希腊车施札"，即尝新米饭。这时阴雨天气基本过去，阴霾散开。

九月"为腊和威然汗俄"，即旧年（末）月，做糯米粑粑送长工回家。

十月"车腊禾实"，即十月新年。谚语说："车腊矣尼起半"，即野樱桃花开一半（含苞待放）时节过新年。过完十月年，还要进行一次"矣尼札来来"，即野樱桃花红、做汤圆吃，这时对应的是冬至节气，有些地域就在冬至日这天。

十一月"岩腊"，即腊梅花开月，也称新年月。

十二月"哈俄仲腊"，即哈尼族过新年月，也称多余的月份。[①]

哈尼族纪月制度并不严格，农耕生产活动更注重按照物候特征进行安排，月份更多是为了祭祀活动的需要而设置，并且与纪日的属相相联系。哈尼族以十二生肖纪日，以虎开始，依次是虎、兔、龙、蛇、马、羊、猴、鸡、狗、猪、鼠、牛，12 天为一轮。

多数人往往依据某种树木的发芽、某种花儿的开放和候鸟的到来判断季节的变化。"布谷鸟"被视为季节的讯号，在布谷鸟快要到来的季节，人们唱起传统的民歌，传说歌声可以上达天穹，为布谷鸟带路，把它迎到人间。民间还广

---

① 李维宝、李海樱：《云南少数民族天文历法研究》，昆明：云南科技出版社，2000 年，第 122—123 页。

泛流传着它是勇敢的哈尼族青年阿罗专门从天上找布谷鸟来报季节的说法。[①]

哈尼族新年在农历十月，按照哈尼族的传统习俗，每年农历十月第一轮属兔日为旧年最后一天，相当于汉族的大年三十。紧接着的第二天为属龙日，是新年的第一天，相当于汉族的正月初一。一般过年 5 天，至属猴日结束。

五、回族历法

回族历法即"回历"，一般指伊斯兰教历法，主要在新疆、甘肃、宁夏、青海及其他穆斯林聚居的地方使用。回族历法出现于宋元之际，元代已传入云南，并设立了测景所，实际上就是较早的地方性天文台，由回族天文学家掌管，观测气象为地方服务。明代继承了元代的天文观测机构，并翻译《回回历书》，与大统历互相参用颁行全国。清代，云南伊斯兰教经学大师马德新在天文学方面颇有成就，他是近代去阿拉伯研究天文科学的第一个中国人，《寰宇述要》《天方历源》是其天文学与历法著述的代表作，在云南乃至中国回族中都有重要的影响。[②]

回历所用的年有太阴年和太阳年两种。太阴年又称月分年，供历史纪年和宗教祭祀使用；太阳年又称宫分年，供耕种、收获、征税之用，它以春分日为岁首，以太阳在黄道十二宫上运行 1 周为 12 个月。[③]通常所称回历是指太阴年，它是目前国际使用的唯一纯阴历。

回历太阴年，以月亮圆缺 1 次为 1 月，12 次为 1 年。单月，即 1 月、3 月、5 月、7 月、9 月、11 月为大尽，30 天；双月，即 2 月、4 月、6 月、8 月、10 月为小尽，29 天。其中，12 月比较特殊，由于月亮圆缺 12 次历时 354 日 8 时 48 分 34.092 秒，比 354 日多，积 30 年多出 11 日 17 分 2.78 秒，因此又从教历元年（622）起每 30 年置 11 个闰年，闰年的 12 月为 30 天，其余各月的日数与平年相同。所以，12 月在平年为小尽，29 天，闰年为大尽，30 天，合计为平年 354 天，闰年 355 天。

回历采用七日一周的纪日制度。对昼夜的计算以日落为一天之始，到次日

---

① 闫永军编著：《云南少数民族科学技术》，昆明：云南大学出版社，2015 年，第 19—20 页。

② 纳文汇、马兴东：《回族文化史》，昆明：云南民族出版社，2000 年，第 266 页。

③ 陈遵妫：《中国天文学史》下，上海：上海人民出版社，2016 年，第 1077 页。

日落为一日，通常称为夜行前，即黑夜在前，白昼在后构成一天。开斋节是回族最大、最隆重的节日。

六、基诺族历法

基诺族历法与其农事生产相适应,是处于物候历向阴阳历过渡的发展阶段,主要反映为半定量观测恒星等定季节；以物候变化为主指导生产和生活安排；没有严格的纪月制度和年的时间长度。[①]

基诺族历法对纪月的概念较模糊,大致还是以物候纪月安排农事生产活动,如"树上知了叫，砍地时节到""竹叶发青旱季到"等。习惯上说 1 年分 12 个月，每月 30 天，从正月起，而后二月、三月、四月、五月、六月、七月、八月、九月、十月、十一月、过年月。既无大小月之分，也无闰月，只以常见的物候变化特征对应于某月，因而月份的天数其实也是不确切的，所谓 1 个月 30 天，1 年有 360 天更多是口头上的说法，实际中并不具体运用。

随着基诺族发现只以物候指导农耕活动，有时难以把握播种的最佳时机，因此便开始选择观测恒星位置作为播种时节的标志。如在一个固定的地点，以西边的山头作参照物，直接用肉眼目测选定的星星位置。目测的对象是"布吉少舍"（指参三星）、"布吉少朵"（指猎户座 δ 、η 、ζ ）、"布吉吉初"（指昴星团）。基诺族在农耕活动中，尤其重视播种节令。在山坡南面村子，于春末夏初天刚黑时，到固定的地点，先找到天狼星，往西看，若"布吉吉初"已接近山顶，则种棉花的季节到了；待"布吉少朵"接近山顶，是开始种旱谷的节令；如"布吉少舍"已在山顶，种旱谷必须结束了。山坡北面目测到这种状况则农时还要稍推后。[②]

基诺族纪年、纪日是根据本民族创世神话中，创世神阿嫫杳孛创世造物的顺序确定 12 个日名，分别为第一天叫"伊搓"，意为"水日"；第二天叫"尼嫫"，意为"（造物）主日"；第三天叫"扎欧"，意为"太阳日"；第四天叫"布洛"，意为"月亮日"；第五天叫"尼"，意为"星星日"；第六天叫"冒"，天地合拢之意，可称为"合日"；第七天叫"西"，可译作"草日"；第八天叫"萨厄"，意为"风日"；第九天叫"色额"，意为"树日"；第十天叫"布霍"，意为"雨

---

① 李维宝、李海樱：《云南少数民族天文历法研究》，昆明：云南科技出版社，2000 年，第 44 页。

② 李维宝、李海樱：《云南少数民族天文历法研究》，昆明：云南科技出版社，2000 年，第 45 页。

日"；第十一天叫"西夺"，意为"七个太阳的生日"，可译为"七日"；第十二天叫"米刍"，意为"火日"。每 12 个日为一轮纪日，纪年亦如此。基诺族常说13 年为 1 轮，是因为把周而复始的那一年也计算进去的缘故，是一种"虚算"，"实算"应为 12 年。①

除了 12 日一"轮"纪日法，还有一种六十"轮干"的纪日、纪年法，即以"轮十二"和"干十"两两相配，"轮"排在前，"干"排在后，组成更长的 60天（或 60 年）的周期纪法，相当于汉族的六十干支。"十干"的名称依次为木戛木、木朗木、木来、木么、木布累、采尼、木考、木如、木岛、木戛如。"十干"的语意不明，按通常的说法，它们仅是一个记数符号。对"轮"和"干"的汉语音译有些差异。这种"轮干"纪日、纪年法多用于基诺族"白蜡泡"（大祭师）和"末不"（巫师）择日子的吉凶，选定举行祭祀活动或其他集体性活动的日期。②

七、景颇族历法

景颇族对年、月、日的计算方法与汉族的地支算法是一样的，但是有自己的民族称谓。比如月的称谓：一种是从 1 月至 12 月用阿拉伯数字表示，另一种则是每个月有各自的名称。景颇族对 12 个月的称呼分别为枯达（正月）、日阿达（二月）、巫达（三月）、时拉达（四月）、知通达（五月）、西安达（六月）、时木日达（七月）、贡时达（八月）、贡冬达（九月）、格拉达（十月）、木芝达（十一月）、木戛达（十二月）。③

关于季节的划分则因地区和标准不同，有多样的划分方法。有的地区将一年分为六季，一般是现行历法的两个月为一季，分别称为一季度——枯日阿达，二季度——巫时拉达，三季度——知通西安达，四季度——时木日贡时达，五季度——贡冬格拉达，六季度——木芝木戛达。④泸水市"浪速人"则把一年分为冷、热两季，大约从公历 4 月至 9 月为"怒育"（热季），10 月至次年 3 月为

---

① 《基诺族》，2018 年 6 月 29 日，https://www.neal.gov.cn/seac/ztzl/jnz/fsxg.shtml，2023 年 7 月 16 日。

② 李维宝、李海樱：《云南少数民族天文历法研究》，昆明：云南科技出版社，2000 年，第 46 页。

③ 刘刚、石锐、王皎：《景颇族文化史》，昆明：云南民族出版社，2002 年，第 216 页。

④ 刘刚、石锐、王皎：《景颇族文化史》，昆明：云南民族出版社，2002 年，第 216—217 页。

"局育"（冷季），区分的方法是在日出方位有个选定的标志点，以月亮从标志点右边升起为热季，从标志点左边升起为冷季。[1]有的地区则按作物的生长情况分三季——播种之季、管理成熟之季和收获之季。[2]

八、拉祜族历法

拉祜族在长期的生产生活中，形成了依据物候变化规律和月亮绕地球运转的一定周期运动区分日、月、年的岁时历法观。拉祜族民间称这种历法为"月亮历"。

从月亮出到月亮落再到月亮出的周期称为"呢"，古语为"牡呢"，即一天。分别以 12 属相纪日，第一天为属狗日，往后的顺序依次是猪、鼠、牛、虎、兔、龙、蛇、马、羊、猴、鸡，一轮为一个"带交"，以两个半"带交"为一个月。其中，一天又依生活习惯划分为 8 个时辰：天亮前鸡叫为一个时辰，拉祜语称为"阿卜布嗒"；吃早饭前后为一个时辰（上午 10 时左右），拉祜语称为"牡梭嗒"；太阳当顶前后为一个时辰，拉祜语称为"撒午塔"；太阳偏西前后为一个时辰，拉祜语称为"撒午塔"；傍晚时分为一个时辰，拉祜语称为"牡迫哈塔"；半夜鸡叫前后为一个时辰，拉祜语称为"撒克塔"。[3]

月亮圆缺的一个周期称为"哈巴"，即一个月。"哈巴"是以月亮由月牙到月圆，再到月缺、月消失的周期确定的。一个周期为 30 天，12 个周期即是一年，称为"扩"。12 个月在拉祜语中的称为"哈巴底"（1 月）、"哈巴你"（2 月）、"哈巴洗"（3 月）、"哈巴俄"（4 月）、"哈巴阿"（5 月）、"哈巴扩"（6 月）、"哈巴拾"（7 月）、"哈巴咳"（8 月）、"哈巴果"（9 月）、"底期哈巴"（10 月）、"底期底哈巴"（11 月）、"底期你哈巴"（12 月）。12 个哈巴周期的最后一天就是新年。由于拉祜族没有大小月之分，也无闰月，所以几年就会出现岁时历法与自然物象不相符的情况，此时，依习俗就往后或提前一个月过年，使年节与自然景观相一致。[4]

---

[1] 李维宝、李海樱：《云南少数民族天文历法研究》，昆明：云南科技出版社，2000 年，第 130 页。
[2] 闫永军编著：《云南少数民族科学技术》，昆明：云南大学出版社，2015 年，第 120 页。
[3] 《拉祜族简史》编写组编写：《拉祜族简史》（修订本），北京：民族出版社，2008 年，第 212 页。
[4] 云南省编辑组：《拉祜族社会历史调查》（二），昆明：云南人民出版社，1981 年，第 93 页。

随着汉族进入拉祜族地区后，拉祜族学习汉族历法，过三年，闰一个月。拉祜族闰月不同节，所以碰上闰月年，就会出现过两次节的情况，有的地方过前一个月的节，不过后一个月的节。[①]

九、傈僳族历法

历史上，傈僳族使用的历法有两种——自然历法和"月亮历"。傈僳族根据生活区域山花开放、山鸟鸣叫、大雪纷飞等自然现象及变化规律，判断生产节令，总结出一套自然历法。它把一年分为十个月：

桃花月：三月桃花开，给人以一种万物苏醒蒸蒸日上、充满希望的感觉，故称"桃花月"。

鸟叫月：候鸟回归，日啼夜鸣，不绝于耳，使人振奋，"鸟叫枝头定有喜，人勤定会粮满仓"，所以称为"鸟叫月"。

放火烧山月：五月栽种季节，放火烧山，刀耕火种，木棍下种，故曰"火烧山地月"。

饥饿月：六月青黄不接，常遇饥荒，故称六月为"饥饿月"。

采集月：七八两月雨水足，山菜叶肥枝嫩。野果缀枝头。故曰"采集月"。

秋收月：九黄十收金秋节，腰带放长，肚皮鼓，故称"秋收月"。

煮酒月：秋后农闲悠悠哉，酿酒会友赛神仙，因此称为"煮酒月"。

狩猎月：十二月，晴空万里无雷雨，叶黄荆枯钻山易，撵山能获得更多的猎物，是猎人最喜欢的狩猎季节，所以叫"狩猎月"。

过年月：一月上山可打猎，下河可捕鱼，粮满仓，畜满圈，耳坠环，胸挂珠，穿红戴绿过新年，迎接来年吉祥日，故称"过年月"。

盖房月：鼠有穴，兔有窟，人有房屋。这是成家立业的标志，翻盖旧房、重择地基，傈僳族认为避灾解难，人畜两旺。故在二月起房盖屋，敬请七旬老人在新房生火，求天地保佑，人畜平安，故称"盖房月"。[②]

随着天文知识的不断增加，傈僳族又根据月球绕地球运行的规律，创制了

---

① 闫永军编著：《云南少数民族科学技术》，昆明：云南大学出版社，2015年，第82页。

② 斯陆益主编：《傈僳族文化大观》，昆明：云南民族出版社，1999年，第124—125页。

一种叫"哈巴"的新历法，意即"月亮历"。它以月球绕地球一周的时间作为一个月，又根据月亮的圆缺，将一个月划分为上中下三旬。一个月为30天，十二个月为一年，即360天，不分月大月小、闰月闰年。[①]此历法一直被沿用，直到中华人民共和国成立后才改用公历。

十、苗族历法

苗族很早就开始了对宇宙的探索，据考证，苗族有古历体系且苗族古历体系属阴阳历。

苗历有纪时、日、斗、月、季、年等历法单位，12时为1日，12日为1斗日，12月为1年。苗族历法在纪年、纪月、纪日、纪时中普遍运用十二生肖，平时直称生肖名。此外，苗族还把十二生肖与二十八星宿联系起来，每一宿固定与三个生肖组合，组成八十四计，用之纪年，终而复始，循环使用，这即是苗历独特的"嘎进"，其历法功能类似干支，民间也称之为"苗甲子"。"嘎进"在苗族影响颇广，生产、生活、节庆、祭祀等各方面都有相关使用与讲究。

苗族的历法年是回归年，平年12个月，闰年13个月。一年分暖季、热季、凉季、冷季四个季节，季节间的时间界线并不明确。苗族的历法月是朔望月，苗族称月为"腊"，朔月为"居腊"，意为"已完之月"，望月为"对腊"，意为"饱满之月"。月有大小，大月30天，小月29天。苗历十九年置七闰，来调整与历年之间的关系，而且固定为闰五月，苗族称闰月为"代腊"。[②]苗族有很多关于月相变化的词语，如新月、上弦月、下弦月、朔、望、明月、晦月、月晕、月食等都有专称，说明苗族对月相观察的重视和细致。

苗族先民最早把一个白昼当作一日，后来才将昼夜连起来称一昼夜为一日。每日和一定的属相配合，一日之内又区分为不同的时辰。苗族把一日分为12个时辰：鸡叫时、天亮时、太阳出来时、下地时、早饭时、太阳当顶时、太阳

---

① 斯陆益主编：《傈僳族文化大观》，昆明：云南民族出版社，1999年，第125页。
② 李国章：《中国古代苗族历法》，载王肇庆主编：《中国新时期人文科学优秀成果精选》下，北京：光明日报出版社，2002年，第812—813页。

偏西时、太阳落山时、晚饭时、入睡时、半夜时、夜深时。[①]

十一、纳西族历法

纳西族先民很早就学会了以日月星辰的运行作为掌握时令、判断季节的标准。纳西族古代天文历法知识散布于《崇搬图》《东埃术埃》等东巴经之中，包括用象形文字书写的宇宙观、星座知识、历法、观测手段等。

纳西族先民认为宇宙本原是物质，其物质本原说不是认定在某一具体的物质形态上，而是归结为具有善与恶对立性质的两种基础物质形态，它们被命名为"真和实"及"不真和不实"。纳西族先民认为宇宙就是这两种对立的本原物质演化的结果。[②]

不少东巴经中记载了对日、月、彗星、行星、二十八星宿等的认识。在"祭星"或"星占"类东巴古籍中，记载着现知的纳西族二十八星宿资料，不过记载的星宿数虽然都是 28，但星宿名有所出入，其记载的目的也只具有宗教的意义。为了消解人因不慎冲犯了星官而造成的灾难，纳西族会进行祭星仪式，被祭祀对象就是二十八星宿。在纳西族人心中，二十八星宿是与福星有别，与煞星有异，能赐福人类，同时能惩戒人类的星。[③]

纳西族先民很早便注意到了北极星，并由于观测到的北极星总是位于北方不动，周围星辰则围绕它运转，所以纳西东巴古籍中将其称为"星之王"，也因此以北方为尊。

纳西族把一年分为 12 个月，纳西语称为达哇（腊月）、油北（正月）、恒久（二月）、哨哇（三月）、鹿美（四月）、袜美（五月）、厝美（六月）、珊美（七月）、货美（八月）、沽美（九月）、辰美（十月）、辰氏（十一月），并按此顺序每三个月分为冬、春、夏、秋四个季节。每个季节的农活，冬季主要是上山砍柴、收集松毛，在田间割绿肥、烧火土以及翻犁秧田，修房盖屋、探访亲友以及操办喜事等。春季则下地耕耘并播撒小春作物，开始把家里的大牲畜赶到高

---

①　李国章：《中国古代苗族历法》，载王肇庆主编：《中国新时期人文科学优秀成果精选》下，北京：光明日报出版社，2002 年，第 813 页。

②　李例芬：《李例芬纳西学论集》，北京：民族出版社，2013 年，第 123 页。

③　李例芬：《李例芬纳西学论集》，北京：民族出版社，2013 年，第 137—138 页。

山牧场放养，中青年男子也外出找副业挣钱。夏季和秋季均属农忙时节，收了小麦和蚕豆等小春作物，要紧接上撒秧、栽秧和点种苞谷等大春作物的农活，刚将小春作物打完场收拾进仓，又要忙于薅秧和薅苞谷。①

每月月大为 30 天，月小为 29 天，每 4 年有 1 个闰年。每天划分为 12 个时段：鸡鸣为虎时，天明为兔时，日出为龙时，早餐毕为蛇时，日当午为马时，午饭后小憩时为羊时，日落前为猴时，日落时分为鸡时，天黑后为狗时，上床睡觉前为猪时，子夜时分为鼠时，深更半夜则为牛时。上述计时方法与历法观念不仅反映在古老的东巴经中，而且许多山村至今仍在沿用着。②

同时，纳西族民间还从对天象及生物活动的观察中摸索出一套关于风、雨、花、雪，以及布谷鸟、野鸭、大雁、白鹤等生长与活动规律，来分辨季节的特征，安排农事活动。③

十二、怒族历法

怒族传统的历法是根据怒江峡谷地区的气候和环境产生的。怒族人民在长期的实践中，通过对物候变化的观察，形成了指导生产生活的自然历法。

怒族把一年划分为干、湿两个大季和十个节令。干季一般从头年公历 11 月雨季结束时起，到次年 2 月雨季来临前结束，是农闲时节，主要进行织布、打猎、建造等活动；湿季则从公历 3 月到 10 月，是农忙时。十个节令为：花开月（3 月）、鸟叫月（4 月）、烧火山月（5 月）、饥饿月（6 月）、采集月（7、8 月）、收获月（9、10 月）、煮酒月（11 月）、狩猎月（12 月）、过年月（1 月）、盖房月（2 月）。因地区差异，各地的节令划分也有差异，如原碧江和福贡地区的怒族则是分为"夏尺哈"，即织布月；"比实哈"，即新生月；"木骨昌那哈"，即雷雨月；"瓜布美哈"，即布谷鸟叫月；"杀迪切哈"，即砍山月；"杀迪处哈"，即烧火山月；"利自登哈"，即栽秧月；"很以哈"，即盖房月；"拾登哈"，即撒荞月；"咱刷哈"，即收割月；"酒加哈"，即煮酒月；"喝实哈"，即过年月。④

---

① 和少英：《纳西族文化史》，昆明：云南民族出版社，2000 年，第 158—159 页。
② 和少英：《纳西族文化史》，昆明：云南民族出版社，2000 年，第 158—159 页。
③ 闫永军编著：《云南少数民族科学技术》，昆明：云南大学出版社，2015 年，第 96 页。
④ 刘达成主编：《怒族文化大观》，昆明：云南民族出版社，1999 年，第 110—112 页。

怒族借助草木枯荣等自然景象，判断节令，安排农事。如"鸟叫月"内听到布谷鸟啼鸣，开始播种；"烧火山月"中听到"瓜卷双卷"鸟鸣叫，必须抓紧节令，结束栽种；到"饥饿月"里"哦嘟嘟"鸟叫，表示节令已过，不能再下种。在桃花、樱花开放时，撒播苦荞、种洋芋；麻栎树发芽时，开始种玉米，并可至核桃树、漆树发芽时；山花花开时，则节令已过。[①]

云南解放以后，由于科学文化知识的普及和怒江各族人民文化生活水平的提高，自然历法已逐渐为公历和阴历所取代。[②]

十三、普米族历法

远古时期的普米族先民通过观测日月星辰运行的规律来确定年节、方位。普米族非常重视"萨根达瓦"观测。这里的"萨根"，原意为地球，引申为"当地"；"达瓦"原意为月亮，引申为"日子"，二者合起来意思是"当地的日子"。观测实践和他们从与相邻民族如藏族和纳西族的密切交流中学到的知识，形成了普米族人有关二十八星宿的知识。

普米族用黄道、赤道附近的二十八星宿作为"坐标"推算一年的时令和吉时，但一般是以观测"处紫"星宿（即昂宿）为主，这个星辰与月亮相遇之日作为岁首，一般在农历腊月初六、初七或初八之间，由这一天算起往后连续 9 天为"吾昔"（即新年）。普米族把每年分春、夏、秋、冬四季。正月至三月为春，普米语称"拈桑里"，意为春三月；四月至六月为夏，称"机桑里"，意为夏三月；七月至九月为秋，称"杂桑里"，意为秋三月；十月至十二月为冬，称"宗桑里"，意冬三月。一年分为 12 个月，一月为 30 日，一日分为 12 时辰，半夜称"七比乌"，意为鼠时；鸡鸣时称"笼乌"，意为牛时；天亮时称"冬乌"，意为虎时；日出时称"衣比乌"，意为兔时；早饭前时称"不逮乌"，意为龙时；早饭后称"不打乌"，意为蛇时；日当中时称"逮乌"，意为马时；日偏西称"日乌"，意为羊时；日西斜称"扑里乌"，意为猴时；日落称"卷乌"，意为鸡时；黄昏称"尺乌"，意为狗时；人静时称"怕乌"，意为猪时。

---

① 刘达成主编：《怒族文化大观》，昆明：云南民族出版社，1999 年，第 111 页。

② 闫永军编著：《云南少数民族科学技术》，昆明：云南大学出版社，2015 年，第 151 页。

普米族称十二属相为"乌苦古你",称阴阳五行为"比昔比满呷点",十二属相与阴阳五行相推相衍,形成六十花甲子,普米语称"龙炯",即普米族历法岁时推算的大纲。月份名称则根据物候、农事命名,如山花开放时,叫"花开月";上山砍木,开始耕种,叫"烧山月";收获之后,酿酒庆贺的季节是"醉酒月";等等。①

十四、水族历法

水族历法产生于何时没有确切的历史记载,但水族很早就有了自己的历法——水历。水族先民把在长期的生产生活实践中总结出来的天文、地理、宗教、哲学、伦理等文化信息汇集在一起,形成了水书。历法是水书中的重要内容,占整个水书的大部分,运用于水族民间的各种习俗和节日等环节。

水书中,把一个完整的纪元分为上、中、下三个大元,每个大元中包含第一至第七小元,每一小元为六十年(即六十一甲子),如上纪元有七个小元,按每元六十年,则上纪元共有四百二十年。中纪元和下纪元依此类推,则三个大元合计是一千二百六十年。水书中还有纪元配九星、纪元配二十八星宿、纪元配六宫、纪元配八宫以及七个纪元日吉凶定局等知识。②

水历一年分为四季,春为"盛"(水历五月、六月、七月);夏为"鸦"(水历八月、九月、十月);秋为"熟"(水历十一月、十二月、正月);冬为"挪"(水历二月、三月、四月)。每季有 3 个月,共 12 个月,大月 30 天,小月 29 天,共 354 天,比回归年少 11 天,因而每 19 年置 7 闰,闰月一般置于水历九月之后,十月之前。

水历以庄稼农事季节来划分月份,以谷物成熟收割的季节(汉族农历八月)为岁末,以农历九月小季开始种植的月份为岁首。在此期间是水族庆祝大季丰收的"端节"。水书说,从端月算起,第一个亥日下雨,则(汉族春季)不缺撒秧水;第二个亥日有雨,则预兆(汉族阴历夏季)不缺栽秧水;第三个亥日下雨,则标志来年雨量充沛;第四个亥日有雨,则来年虫害频仍;第七个亥日有

---

① 闫永军编著:《云南少数民族科学技术》,昆明:云南大学出版社,2015 年,第 138—139 页。

② 陆春:《水书历法在水族民间的运用》,载张公瑾主编:《民族古籍研究》第 3 辑,北京:中国社会科学出版社,2016 年,第 258 页。

雨，则预示秋冬阴雨连绵，将发生烂冬现象。[①]

十五、佤族历法

佤族各支系总结出了不同的天文历法知识，且每支系中不同的氏族所掌握知识的侧重点也有所不同。其中，比较系统成熟的是"星月历"。由于佤族没有文字，"星月历"是通过代代口口相传在佤族群众中传播和继承的。

佤族称呼月亮为"凯"，木星为"星木温"。佤族人以木星与月亮的距离远近、方位来定日子，当木星运行到与月亮最近时称"阿麻星木温"，意为星星与月亮发生冲突，把这一天定为是最不吉利的日子，并作为忌日，也是新年的第一天。"星月历"把木星与月亮的这种运行现象变化1次定为1个月，即30天。变化12次为1年，即12个月，360天。每个月分为3轮，每轮10天，每轮用9个或者10个名称来记，名称循环三次为一个月（30天）。[②]

佤历有闰月，当一个月过完后若发现与季节物候变化不符合时，就要加"怪"月（即闰月），然后才到下个月，即佤族在居住地的物候与月份有显著差别时，才知晓应设闰月，但没有形成固定的置闰规则。

佤族一至十二月的名称以物候、农事、重要的祭祀活动来命名，各地不同。如西盟县莫窝区马散大寨：一月——"凯格瑞"，收割冬荞，祭水鬼；二月——"凯耐"，盖新房子；三月——"凯皆"，撒谷种，收小春；四月——"凯赛"，撒谷种，种苞谷；五月——"凯阿木"，撒谷种；六月——"凯倍"，薅第一道旱谷，收洋芋；七月——"凯扫"，薅第二道旱谷，修木鼓房；八月——"凯格拉"，收苞谷，摘南瓜；九月——"凯阿布勒"，撒小豆，打扫寨子，修路；十月——"凯阿等"，撒荞，修掌子；十一月——"凯阿朵克"，收割稻谷，盖新房，结婚；十二月——"凯格来"，薅荞，盖新房。[③]

十六、彝族历法

彝族先民根据地球绕太阳运行和季节变化的规律，逐步形成了自己的历法，

---

① 闫永军编著：《云南少数民族科学技术》，昆明：云南大学出版社，2015年，第177—178页。

② 闫永军编著：《云南少数民族科学技术》，昆明：云南大学出版社，2015年，第91页。

③ 李维宝、李海樱：《云南少数民族天文历法研究》，昆明：云南科技出版社，2000年，第30页。

其中最著名的是"十月太阳历"。

彝族"十月太阳历",将一年分为 10 个月,每月 36 天,一年共 360 天,无大小月之分。纪日上,它以十二属相虎、兔、龙、蛇、马、羊、猴、鸡、狗、猪、鼠、牛轮回纪日,三个属相周为一个月,30 个属相周为一年。10 个月过完之后还有 5 天"过年日",全年共计 365 天。另外,每隔三年多加 1 天"过年日",即是闰年,为 366 天。每年平均则为 365.25 天,这和回归年①的时间极为接近,达到相当科学的程度。"十月太阳历"的五月末为火把节,相当于农历六月二十四日前后;"过年日"为春节,在农历除夕前后。这两个节日与北斗星指向正南和正北的两个时间相当,一为大暑,一为大寒。

十月太阳历一年分 5 季,每季分为雌雄两个月,双月为雌,单月为雄,并以土、铜、水、木、火五种元素来表示。一月为土公月,二月为土母月,三月为铜公月,四月为铜母月,五月为水公月,六月为水母月,七月为木公月,八月为木母月,九月为火公月,十月为火母月。

彝族十月太阳历法以固定一点来观测太阳运行位置,以山头或山顶大树为坐标,看太阳升起时南北移动的位置,太阳到达最南点为冬至,太阳到达最北点为夏至。彝族向天坟就是这种固定的观测点。在三台乡、昙华乡至今还保留着向天坟的遗迹。彝族向天坟的形状大体有圆台、圆锥、方锥、大小三圆台垒垒成金字塔形等几种。定时观察天象就是彝族毕摩的主要职责之一。

云南小凉山和云南南部、东部都有彝族十月太阳历的文献。如红河州民族研究所师有福从弥勒市杨家福处收集到一份记载彝族十月太阳历的文献,翻译成汉文后定名为《滇彝天文》。

1989 年,在云南省楚雄州发现彝族先民还使用过"十八月太阳历"。该历法一年为 18 个月,每月 20 天,另加 5 天为祭祀日。18 个月的名称依次为风吹月、鸟鸣月、萌芽月、开花月、结果月、天乾月、虫出月、雨水月、生草月、鸟窝月、河涨月、虫鸣月、天晴月、无虫月、草枯月、叶落月、霜临月、过节月。每个月 20 天的名称依次为开天日、辟地日、男子开天日、女子辟地日、天黑日、天红日、天紫日、火烧天日、水冷日、洪水日、葫芦日、伏羲

---

① 回归年是指太阳连续两次通过春分点的时间间隔,即太阳中心自西向东沿黄道从春分点再回到春分点所经历的时间,又称为太阳年。一回归年为 365.2422199174 日,即 365 天 5 小时 48 分 46 秒。

皇帝日、伏羲姐妹日、寻觅人日、野蜂日、蜜蜂日、出人日、天窄日、地宽日、地缩日。彝族十八月太阳历没有明确的季节性，是对自然的物候现象的观察与总结。①

十七、藏族历法

藏族历法以其历史悠久、文献丰富、独具特色而著称，直到现在，仍独立地逐年编制自己的历书。藏历中包括藏族的物候历、印度的时轮历及由汉人带来的时宪历。

史料记载，公元前 100 年以前，藏族就有了自己的历法，根据月亮的圆缺来推算日、月、年。藏族还用水测法、测日影法、石串计数法测定时日。7 世纪，唐朝文成、金城两位公主先后入藏，带来内地的历法知识，藏族也派人到中原学习历算。9 世纪的唐蕃会盟碑已使用干支纪年和四季分孟、仲、叔、季的纪月法。11 世纪从印度引进了时轮经，保存在藏文大藏经里；13 世纪藏族开始有了自己关于时轮历的著作，流传渐广，并在藏族历法中一直占有很重要的地位。18 世纪，藏族从内地系统引入了时宪历。19 世纪，藏族历书的编订已经趋于完善。②

藏历是阴阳合历，一年分冬、春、夏、秋四季，平年 12 个月，闰年 13 个月，平均每两年半到三年加一个闰月，以调整月份和季节的关系。藏历以寅月为岁首，以月球圆缺变化的周期为一个月，有大小建之分，大建 30 日，小建 29 日。为了将太阳日和太阴日的日序对应起来，产生了藏历中的重日和缺日。藏历重视"定望"，而不重视"定朔"，合"朔"的时刻不一定在每月初一。这就使得藏历和汉历的日序有时相差一天。

受汉历影响，自 9 世纪以来藏历也开始采用干支纪年。与汉历不同的是，藏历用"阴阳"与"木火土金水"五行相配，来代替十干，其对应关系是阳木——甲，阴木——乙，阳火——丙，阴火——丁，阳土——戊，阴土——己，阳金——庚，阴金——辛，阳水——壬，阴水——癸；再以十二生肖代替十二地支，其对应关系是子——鼠，丑——牛，寅——虎，卯——兔，辰——龙，

---

① 闫永军编著：《云南少数民族科学技术》，昆明：云南大学出版社，2015 年，第 6—7 页。

② 陈久金：《陈久金天文学史自选集》上，济南：山东科学技术出版社，2017 年，第 595、628 页。

巳——蛇，午——马，未——羊，申——猴，西——鸡，戌——狗，亥——猪。这样，2020 年在汉历叫"庚子"年，在藏历则叫"金鼠"年。干支 60 年一循环，藏历叫"饶琼"，与内地"六十花甲子"相近，这反映了汉、藏两族历法的渊源关系。[①]

十八、壮族历法

壮族纪年的方法，根据其所依据的标准及计算方法的不同，可以分为两种。一种是以天象变化为依据，按周期循环的方法来纪年。在日常生活中，以旺月一次为一月，12 个月就是一年。北斗七星斗柄转动一周，其中所间隔的时间就是一年。另一种是以物候特点来纪年，以物候变化确定岁时，如稻谷成熟一次，就是一年，花的开放，草的荣枯，其间要经过一定的周期，也是一年。

壮族古历法把一年划分为 12 个月，不分大小月，每月都是 30 天。在纪月上，根据物候特点，以花的开放来命名，非常形象易记。正月为柚树开花时节，称为柚花月，二月是桃花月，三月为金樱花月，四月为瓜花月，五月为桂花月，六月为荷花月，七月为牡丹花月，八月为稻花月，九月为蕹菜花月，十月为姜辣花月，十一月为菊花月，十二月为李花月。有些地方的壮族历法，并不以正月为岁首，如云南文山壮族地区所使用的历法便是以十月为岁首。[②]

此外，古代壮族民间还创造了一种历算工具，云南文山壮族巫师从古至今传承使用一种象牙片或牛肋骨制成的历算器。当地壮语叫"甲巴克""甲长歪"，专家称之为"骨书"，长 6—8 寸（1 寸≈3.33 厘米），分正反两面，刻有推算历法、鸡卜、农时栽培、婚姻、丧葬、出行、社交、战争等凶吉祸福的图案。从"骨书"用以推算历法指导农时的作用而言，它具有一定的天文历算功能，今天已很少有壮族巫师会用。[③]

---

① 闫永军编著：《云南少数民族科学技术》，昆明：云南大学出版社，2015 年，第 110 页。

② 闫永军编著：《云南少数民族科学技术》，昆明：云南大学出版社，2015 年，第 50 页。

③ 覃尚文、陈国清主编：《壮族科学技术史》，南宁：广西科学技术出版社，2003 年，第 388 页。

第三章　云南科技思想的发展历程

第一节　科技思想与科技发展的关系

云南科技思想是在中原与云南、东方与西方不同文化类型的交融之下形成的一种独具特色的地域文化。云南科技思想的发展脉络大致经历了从青铜文化时期相对封闭的自主式发展，至秦汉、魏晋南北朝时期受到中原科技思想的影响，再到南诏国、大理国时期一定程度上受到印度等东南亚、南亚地区科技思想的影响，再到元明清时期形成了以汉族科技思想为主体，各少数民族科技思想共同发展的盛况。因而对云南科技思想的研究，需要将其置于中国科技思想的整体历史发展历程中去考察。

一、科技思想与科技发展相辅相成

马克思从历史唯物主义理论基础出发，认为科技是在人类的实践活动中产生、发展和演变的。从这个角度，马克思在科技与人类社会之间建立了联系。换言之，人类在具体的改造自然的社会实践活动中创造了科技。科技思想属于人类对自然的认识范畴，科技活动则属于人类改造自然的实践范畴。人类科技思维能力和技术劳动能力为其提供了改造自然的能动性。一方面，科技思想指导科技活动的实践，引领科技发展的方向；另一方面，人类在具体的科技活动实践中不断更新对于自然的认识，进一步促进科技思想的发展。因此，科技思想与科技发展呈现出相辅相成的密切关系。

工业革命后，科技为社会变革和社会发展贡献了巨大的力量，在人类历史上所发挥的作用空前显著。马克思指出："随着资本主义生产的扩展，科学因素第一次被有意识地和广泛地加以发展、应用并体现在生活中，其规模是以往的时代根本想象不到的。"[①]科技为人类社会由前现代社会过渡到现代社会的转型提供了极为重要的动力源。我国十分重视科技在经济发展与社会发展中的重要作用。1988 年 9 月 5 日，邓小平提出"科学技术是第一生产力"的重要论断。1992 年初，他在视察南方时的讲话中多次强调科技是第一生产力。邓小平关于科技是第一生产力的重要论断，极大地提升了科技在经济社会发展中的重要地位，对于大力发展教育和科技，提高全民族科学文化水平，推动我国改革开放和社会发展发挥了重要的指导作用。习近平在中央财经领导小组第七次会议上的讲话指出了科技创新在人类历史发展中的重要地位："纵观人类发展历史，创新始终是推动一个国家、一个民族向前发展的重要力量，也是推动整个人类社会向前发展的重要力量。创新是多方面的，包括理论创新、体制创新、制度创新、人才创新等，但科技创新的地位和作用十分显要。"[②]中华人民共和国成立以来，我国的科技思想在马克思主义科技思想指导下取得了长足的发展。基于毛泽东思想、邓小平理论、"三个代表"重要思想和科学发展观的思想成果，习近平新时代中国特色社会主义科技思想，以我国当前科技发展和社会发展的实际需要为基础，明确了建设社会主义现代化强国的宗旨，形成了以科技创新观、科技人才观、科技发展观为一体的中国特色社会主义科技思想，进一步推进了马克思主义科技思想的中国化。

中国特色社会主义进入新时代，我国经济发展也进入了高质量发展的新阶段，抓住发展大势，找准定位，提高科技发展、创新及转化能力，紧随国家步伐促进云南的经济发展，这对云南科技工作提出了更高的要求，而这也离不开云南科技思想史的研究。科技思想在科技发展中所发挥的指导作用不容忽视，科技思想的发展对于一个国家、社会和地区的科技实践活动的发展方向及规模具有引领作用和深远的影响。而科技思想发展的具体情境取决于国家主流意识形态对于科技的态度、思想和观念。科技的发展过程表现出对历史的继承性，在继承的基础上向前发展。今天的科技在过去科技的基础上发展而来。同样，

---

① 《马克思恩格斯全集》第四十七卷，中共中央马克思恩格斯列宁斯大林著作编译局译，北京：人民出版社，1979 年，第 572 页。

② 中共中央文献研究室编：《习近平关于科技创新论述摘编》，北京：中央文献出版社，2016 年，第 4 页。

科技思想也具有明显的继承性。了解、研究科技思想的发展史，探讨科技思想发展的历史规律，可以为中国特色社会主义的科技发展提供有益的借鉴。

地处西南边疆的云南在长期的发展过程中，形成了许多独特的科学技术及其思想文化，是中国科技史宝库中的重要组成部分。与此同时，云南的科技思想也受到了内在驱动与国家整体历史发展的双重影响。明晰科技思想在云南发展历史进程中发挥的作用，总结其中的经验教训，在历史的宏观视野下结合历史上的具体事例和人物对云南科技思想史进行深入的研究，可在研究方向、方法与理论、科研开展形式等方面为发展、开拓科技史研究提供参考，对研究云南科技思想史有重要意义。另外，研究云南科技思想史有利于深入发掘云南少数民族在科学思想发展史上的贡献。云南是中国世居少数民族种类最多的省份，除汉族以外，人口在6000人以上的世居少数民族有25个，其中哈尼族、白族、傣族、傈僳族、拉祜族、佤族、纳西族、景颇族、布朗族、普米族、阿昌族、怒族、基诺族、德昂族、独龙族等15个民族为云南特有。研究云南科技思想史，可以较为全面地认识少数民族独特的科技思想，有助于我们从科技思想的角度认识中国统一多民族国家形成和发展的过程，推动云南民族团结进步示范区的建设。

研究云南科技思想史有利于云南科技知识、思想和历史的普及。只有对云南科技史进行全面、深入的研究，才可能更好地推进科技普及，弘扬科学精神，传播科学思想和科学方法，推动社会形成讲科学、爱科学、学科学、用科学的良好氛围，充分释放蕴藏在人民群众中的创新智慧和创新力量，进而促进云南科技的创新发展。

二、云南科技思想与科技发展概述

云南地处中国西南边陲，位于云贵高原西南，自西向东，分别与西藏、四川、贵州、广西四省区接壤。云南属于高原山地地形，山地和丘陵占全省总面积的93.6%，而其中山地又占88.6%。[①]复杂崎岖的地形，使云南的水陆交通都

① 云南省测绘地理信息局等：《云南省第一次全国地理国情普查公报》，云南省测绘地理信息局印制，2017年，第9页。

较为落后，因此形成了较为封闭的地理环境。前人所言"云南古荒服"①，居五服最外一服，也能从侧面反映出云南远离中原，与中原有着异质的文化特色，因而被中原视为蛮夷之区。而春秋战国时期，列国为争夺中原霸权而征战不休，无暇顾及也无力吞并已处于奴隶制下统一的滇国，使滇国得到了较为稳定的发展环境，但也限制了滇国与中原在经济文化上的交流。虽然与中原的联系减弱，但云南得天独厚的自然条件，使其发展出了独具特色的地域文化。云南早期先民在滇池与洱海湖畔丰沃土地的滋养下，在辛勤的劳作下，发展出了当时较为发达的物质文明，也产生了独特的自然观与科学观，这些较为独特的科技思想，指引滇国科技的发展方向。直到两汉时期，由于云南在政治上被纳入了中原王朝的统治之下，云南逐渐融入汉文化的世界，科技思想也深受汉朝的影响。复杂的地形及以坝子为中心的分散式的发展模式，使云南内部形成了各种不同类型的文化区，不同文化区之间既有共性也有个性，既有交流与合作，也有冲突与矛盾，云南不同民族与地区的先民，就在持续的交往交流交融过程中，共同构筑了早期云南地区的科技与文化。

（一）云南先民原始宇宙观与天文历法科技思想萌芽

人生于天地之间，对于宇宙的思考和探索一直是个亘古不变的话题。《周易》有云："观乎天文，以察时变。观乎人文，以化成天下。"②原始的天文观测活动及依此建立的人与天地之间的联系，与原始文明的开端密不可分。在古代中国，天文学作为最早出现的自然学科具有极其重要的地位，"因为它是从敬天的'宗教'中自然产生的，是从那种把宇宙看作是一个统一体、甚至是一个'伦理上的统一体'的观点产生的"③，先民通过观象以授人时、以见吉凶。究其原因在于通过对天象的观测可以更好地掌握四时变化规律，规范人们的生产生活。类似《史记》"自初生民以来，世主曷尝不历日月星辰？及至五家、三代，绍而明之，内冠带，外夷狄，分中国为十有二州，仰则观象于天，俯则法类于地。

① （明）倪辂辑，（清）王崧校理，（清）胡蔚增订，木芹会证：《南诏野史会证》，昆明：云南人民出版社，1990年，第17页。

② 郭彧译注：《周易》，北京：中华书局，2006年，第117页。

③ 〔英〕李约瑟：《中国科学技术史》第4卷《天学》，《中国科学技术史》翻译小组译，北京：科学出版社，1975年，第1页。

天则有日月，地则有阴阳。天有五星，地有五行。天则有列宿，地则有州域"[①]等记载原始朴素天文思想的史书不胜枚举。古代先民宇宙观的形成主要涵盖有关宇宙本源及宇宙结构思考两个方面。

1. 宇宙本源学说

（1）中原腹地的传统认知。古人对有关天地宇宙的形成及演变做了许多有趣的思考。《庄子·庚桑楚》对于万物本源及演化的不同观念就做了概述："古之人，其知有所至矣。恶乎至？有以为未始有物者，至矣，尽矣，弗可以加矣。其次以为有物矣，将以生为丧也，以死为反也，是以分已。其次曰始无有，既而有生，生俄而死；以无有为首，以生为体，以死为尻。"[②]有关万物本源生于有或无，较为早期的代表学说有虚无创生说、元气或水本源说、神创论等。

其一，虚无创生说。虚无创生说的主要代表为《道德经》。《道德经》开篇就提到"无名天地之始，有名万物之母"，认为宇宙本源由无衍生，从无到有后创造万物。并且，天地生成之前还存在一个无形无物的"道"。道"有物混成，先天地生，寂兮寥兮，独立不改，周行而不殆，可以为天下母"。而宇宙万物的创造过程，老子将其描述为"道生一，一生二，二生三，三生万物。万物负阴而抱阳，冲气以为和"。[③]道即宇宙本源，亦即无。

其二，元气或水本源说。战国时期就宇宙本源的探讨又出现了另一种声音，即宇宙万物生于水或元气。代表作品为《管子》。《管子·业内》提出，万物由精气而生，认为气为宇宙万物本源，"气"的形态与"道"有所相似，都是一种无形的物质，并且在《管子·心术》一文中重新阐释了道及虚无的概念。认为虚无和道并不等于无。《管子·水地》还出现"水者何也？万物之本原也"[④]的论述，强调水是构成万物最基本的物质。气源说和水源说一个较为抽象，一个较为具体，但都无脱万物生于有的大范围，这与老子提出的宇宙万物生于无是截然不同的。

汉代以后，有关宇宙本源的讨论和学说进一步发展。汉晋时期，《淮南子·天

---

① 《史记》卷27《天官书第五》，北京：中华书局，1959年，第1342页。

② （宋）林希逸著，周启成校注：《庄子鬳斋口义校注》，北京：中华书局，1997年，第365页。

③ （魏）王弼注，楼宇烈校释：《老子道德经注校释》，北京：中华书局，2008年，第1、27页。

④ 宣兆琦：《图说管子》，济南：山东友谊出版社，2016年，第217页。

文训》认为原始宇宙在天地形成之前处于"大昭"（也称虚阔）阶段，虚阔里面存在道和宇宙，宇宙中生出气，气分清浊，清者上升成为天，浊的部分下降凝聚为地，天地又生出精气和阴阳气。阳气凝聚成火，火中精气变为太阳，阴气汇集成水，水中精气化为月亮，太阳和月亮中流散出来的精气则变为满天星辰。阴阳两气彼此推移而成四季，生长盈缩生成万物。其中清阳为天、阴浊为地思想对后世影响较为深远。《易纬·乾凿度》将天地未分之前宇宙演变划分为四个阶段，分别是太易（形象未分，含有比气更为原始的物质阶段）、太初（无形的元气生成）、太始（由无形向有形转变的元气）、太素（生成有质的元气），三种不同形态的元气同时并存，称为混沌。至东汉，张衡的《玄图》和《灵宪》对宇宙本源说又做了新的发展。张衡认为，宇宙的本源是"玄"（无形），无形并不是无，而是一种物质性的存在，道德、天地、阴阳、元气乃至万物都由它而生。张衡在《灵宪》中将宇宙演化分为三个阶段，即溟涬（幽静无声的状态，存在无形之物，是道及自然之根）、庞鸿（无形之物生成元气，气无形状，混沌不分），以及太元（元气分离，天地生成，天动地静，天圆地方）。三国时期，阮籍在《达庄论》中强调宇宙万物演化出于自然，天地为大自然中的一物，这与当时普遍流传的宇宙神创论是相对立的。至此，有关早期宇宙本源学说再无较大发展。

其三，神创论。宇宙神创论在佛教传入后开始兴盛，这源于人们对神灵的崇拜和拟人化。固然女娲造人和盘古开天辟地等与宇宙起始有关的神话传说都令人耳熟能详，但是神创论在古代中国并不占有重要地位。由于古代人类智识有限，宇宙与天地之间形成界限较为模糊，将宇宙及天地形成比附人身的记载自西汉始便层出不穷。如《淮南子·本经训》中提到"天地宇宙，一人之身也"①，又如《文子·下德》也提到"天地之间，一人之身也"②，等等。三国时期的《三五历纪》和《五运历年纪》可谓神创论经典论述。《三五历纪》中提道："天地混沌如鸡子。盘古生其中，万八千岁，天地开辟。阳清为天，阴浊为地。盘古在其中，一日九变。神于天，圣于地。天日高一丈，地日厚一丈，盘古日长一丈，如此万八千岁。天数极高，地数极深，盘古极长。后乃有三皇。

---

① （汉）刘安等编著，（汉）高诱注：《淮南子》，上海：上海古籍出版社，1989年，第78页。
② （春秋）辛妍著，（元）杜道坚注：《文子》，上海：上海古籍出版社，1989年，第75页。

数起于一，立于三，成于五，盛于七，处于九，故天去地九万里。"①《五运历年纪》中则将盘古开天辟地描述为："元气蒙鸿，萌芽兹始，遂分天地，肇立乾坤，启阴感阳，分布元气，乃孕中和，是为人也。首生盘古，垂死化身，气成风云，声为雷霆；左眼为日，右眼为月；四肢五体为四极五岳；血液为江河；筋脉为地里；肌肉为田土；发髭为星辰；皮毛为草木；齿骨为金石；精髓为珠玉；汗流为雨泽；身之诸虫，因风所感，化为黎甿。"②徐整把宇宙起源形成描述为形如鸡蛋，而盘古就生于这中间，宇宙在很长一段以混沌形态存在的状态后，由于盘古的作用天地开辟，盘古死后身体不同部分化为世间万物。将天地混沌比喻为"鸡子"是原始先民象征性思维和共同心理结构的表现，而盘古"尸身化生"则又体现人们无法解释自然现象时所产生的盲目崇拜。

（2）和而不同的云南少数民族宇宙本源思想。众所周知，云南地处西南，在早期中国概念中属于化外蛮荒之地，但这并不妨碍云南地区文化的孕育。早在旧石器时代，云南便开始有元谋人的活动痕迹，随后文化开始绵延，不曾间断。由于少数民族众多，各民族在对宇宙本源的认知上存有差异，但又有与中原腹地理论相通之处。这些对宇宙形成的猜测构成了各民族早期的宇宙观萌芽。

其一，气本源说。持此种看法的民族为布依族、纳西族、壮族、傣族、苗族，这与中原腹地的元气说认为宇宙初端起于气有较为相似之处。其中傣族、苗族、布依族将"气"进行了物化，以烟雾、雾罩、雾露形态呈现。布依族古歌《赛胡细妹造人烟》中对于宇宙本源描述道："很古很古那时候，世间只有青青气，凡尘只有浊浊气，青气浊气混沌沌。青气'呼呼'蒸腾腾，浊气'噗噗'往上升，青气浊气同相碰，交粘成个葫芦形。"③而纳西族也提出了较为相近的"佳音""佳气"说，在天地还未奠定时在上方出现了佳音，下方出现了佳气，两者相结合产生天地。佳气经过蒸发上升为阳气，佳音下沉成为阴气。壮族的创世神话也引用了气本源说，称天地未形成之时，有一团大气旋转，后大气变成一个蛋，蛋后来分成三片，一片为天，一片为地，一片成海。

① 转引自（唐）欧阳询撰，汪绍楹校：《艺文类聚·上》（第2版），上海：上海古籍出版社，1999年，第2—3页。

② 转引自（清）马骕撰：《绎史》，上海：上海古籍出版社，1993年，第69页。

③ 贵州省社会科学院文学研究所、黔南布依族苗族自治州文艺研究室编：《布依族古歌叙事歌选》，贵阳：贵州人民出版社，1982年，第17—18页。

傣族先民关于宇宙本源的回答从严格意义上来说已经将"气"进行物化，转变成了可以感知的烟雾、狂风和水。傣族的创世史诗《巴塔麻嘎捧尚罗》第一篇开天辟地中就写道："相传在远古时候，太空是茫茫一片，分不清东西南北，四周也没有边沿。它没有天地，它没有万物，没有日月星辰，没有鬼怪和神。只有烟雾在滚动，只有气浪在升腾，只有大风在逞能，只有大水在晃荡。嗡嗡隆隆的大风，不停地吹呀刮呀，整整吹刮了十亿年，把烟雾气浪搅混，把水浪掀上高空。"①苗族先民提出了天地万物由云雾衍生而来，在《苗族古歌·开天辟地》中关于什么东西生最早，什么东西算最老的回答中提道："云雾生最早，云雾算最老。云来诓呀诓，雾来抱呀抱，哪个和哪个，同时生下了？云来诓呀诓，雾来抱呀抱，科啼和乐啼，同时生下了。科啼诓呀诓，乐啼抱呀抱，哪个和哪个，又生出来了？科啼诓呀诓，乐啼抱呀抱，天上和地下，又生出来了。"②值得注意的是，不同地区流传的苗族古歌略有不同，有关苗族先民开天辟地的创世史诗中除了云雾本源说还有铜柱擎天、盘古开天辟地等不一样的神话传说。

其二，混沌说。认为宇宙起源于混沌的代表民族有白族和彝族。白族早期宇宙观认为宇宙由混沌演化而成，在神话《人类和万物的起源》中讲道："在远古时代，天和地连在一起，是个黑咕隆咚的混沌世界，没有人类和万物。"③该传说体现出白族先民对宇宙的看法，即宇宙早期是混沌的，经历了一个从无序到有序的演化发展。此外，彝族先民有关宇宙的看法也值得我们关注。彝族史诗《查姆》第一章天地的起源中描述："远古的时候，天地连成一片。下面没有地，上面没有天；分不出黑夜，分不出白天。只有雾露一团团，只有雾露滚滚翻。雾露里有地，雾露里有天；时昏时暗多变幻，时清时浊年复年。天翻成地，地翻成天，天地混沌分不清，天地雾露难分辨。"④从这里我们可以看出，彝族先民认为宇宙起源于混沌的雾露状态。这段史诗对于宇宙本源问题描述既包含气本源说又囊括混沌说。如果从这里看观点是模糊的，那么从另一部彝族史诗《勒俄特依》中则可详细了解其民族关于宇宙由混沌状态演化而来的混沌说，书

---

① 西双版纳州民委编：《巴塔麻嘎捧尚罗》，岩温扁译，昆明：云南人民出版社，1989年，第2—3页。

② 潘定智、杨培德、张寒梅：《苗族古歌》，贵阳：贵州人民出版社，1997年，第4—5页。

③ 马昌仪编：《中国神话故事》，上海：上海三联书店，2020年，第196页。

④ 云南省民族民间文学楚雄、红河调查队搜集，郭思九、陶学良整理：《查姆》，昆明：云南人民出版社，1981年，第5页。

中这样写道："远古的时候，上面没有天，有天不挂星；下面没有地，有地不长草；中间无雾飘，四周无地形，有地不刮风；起云不成云，散又散不去，似黑又不黑，似红又不红；天下黑沉沉，地上阴森森。天地还未成，洪水未泛滥，一天反常变，变化极反常，一天正面变，变化似正常。混沌水是一，水盈盈是二，水变黄是三，星光闪是四。"①

其三，神创、神化生说。在对宇宙起源的解释上，从生活在云南的各个少数民族的口承文学中还能发现一类特别的认知，即神创、神化生说。与中原流传的神创说相比，各民族间流传的神化生说更为丰富。神化生中的神包括神人、神物及神兽三大类。并且值得注意的是，少数民族原始的宇宙本源观念与天地万物形成间的界限是十分模糊的，更多的时候，少数民族的创世史诗中常将宇宙本源问题与天地万物的形成画等号，这是当时认知有限的客观原因造成的。

盘古开天辟地的神话在苗族、瑶族、白族的传说中都有迹可循，这就是典型的神人化生代表。流传于云南文山壮族苗族自治州蓝靛瑶族聚居区的《盘皇创世歌》以及流传于云南省河口瑶族自治县的《盘王歌》皆反映了云南瑶族先民的宇宙观。其中《盘皇创世歌》讲述的是宇宙初期一片空白的情况下浮云结气产生盘古和玉皇。两位神人在开天辟地后身躯化为世间万物："左眼化日金光照，右眼化月银光明；头发变成荒茅岭，深潭鱼龟是肝心。"《盘王歌》与《盘皇创世歌》有所不同的是认为盘王为天生成就，并不是浮云结气产生。盘王住在紫微岭，并生育了五女，在活到560岁后身骨化成了万物。白族的《天地起源》中也有盘古的传说："谁来变天地，盘古盘生两兄弟。"②这反映了边疆地区受到中原文化影响产生的朴素的宇宙观念。神人创世化生的代表不仅仅是盘古开天辟地的传说，流传于云南澜沧、双江、孟连、勐海等拉祜族聚居区的长诗《牡帕密帕》中就有神通广大的天神厄莎在无天无地、无风无雨、无声无息的大雾中如蜘蛛般悬挂在大雾中，他搓下身上的泥垢做成了四根柱子和四条大鱼，把柱子放在鱼背上放于四方，分开天地，又抽出手骨撑天，脚骨撑地，左眼造日，右眼造月。水族的远古先民则认为是女神巨人牙巫创造了天地万物：

---

① 朱文旭译注：《〈勒俄特依〉译注》，北京：民族出版社，2016年，第3—5页。

② 普学旺主编：《云南民族口传非物质文化遗产总目提要 史诗歌谣卷》(下卷)，昆明：云南教育出版社，2008年，第63、491页。

"初开天。混混沌沌。牙巫婆，真有本领。混沌气，她放风吹；风一吹，分开清浊，那浊气，下沉变土，那清气，上浮变天。"①除此之外，阿昌族的《遮帕麻和遮咪麻》、布依族神话的《力戛撑天》、布朗族的《创世歌》等史诗及传说皆是少数民族中神人创世的代表和体现。

　　神物化生型及神兽化生型又可划分为两类：一类是神物或神兽自己创造天地万物；另一类是与神人创生型有交叉，神人或人神利用神物或者神兽创造了天地万物。第一种类型的代表有德昂族。德昂族在《古歌》中非常有创意地提出了茶叶是宇宙本源的思想："在很古很古的时候，大地一片浑浊，水和泥巴拢在一起，土和石头分不清楚……没有人的影子，只有雷、风……到处是茂盛的茶树，翡翠一样的茶叶，成双成对把树干抱住。茶叶是茶树的生命。茶叶是万物的阿祖。"②流传于云南省红河南岸哈尼族地区的《天地人的传说》提出的鱼造说也是第一种类型的体现，神话中提到远古时代世界由大雾变成汪洋大海，海中孕育出一条大鱼，大鱼"左鳍往上一甩，变成天和地；把身子一摆，从脊背里送出来七对神和一对人"③。云南省楚雄地区彝族的创世神话则体现了天神利用动植物创造了天地万物。格滋天神和五个儿子四个女儿分别创造天地后，用猛虎的骨头做擎天柱子，虎头做天，虎尾做地，左眼做太阳，右眼做月亮。布朗族流传的神巨人顾米亚和12个孩子用犀牛皮做天，用犀牛肉做地，血液变成水，细牛毛变成各种花草树木也完美契合了第二种类型。

　　2. 宇宙结构观

　　诚然古代各族先民对宇宙本源的认识从今天看是朴素而荒诞，并且极其富有想象力的，但有关宇宙的思考却并没有停滞。除了思考宇宙是怎么来的外，宇宙的结构也成了宇宙观的主题之一。古代中国对于宇宙结构的构建主要有三种学说，即盖天说、浑天说和宣夜说。盖天说"把天想象为半圆形的盖子，把地想象为覆碗，天地之间相距80 000里；这样便形成两个同心的圆盖。北斗星

　　① 佟德富：《中国少数民族哲学概论》，北京：中央民族大学出版社，1997年，第56页。
　　② 佟德富：《中国少数民族哲学概论》，北京：中央民族大学出版社，1997年，第43～44页。
　　③ 普学旺主编：《云南民族口传非物质文化遗产总目提要 神话传说卷》（上卷），昆明：云南教育出版社，2008年，第279页。

居天之中，人住的所在居地之中。雨水落地，向下流到四个边缘，形成边缘海洋。地的边缘处，天高 20 000 里，因此较地最高处为低。天是圆的，而地则是方的"①。浑天说形成于西汉及东汉前期，在经张衡的归纳和总结后开始逐渐居于主导地位。张衡在《浑天仪注》中记载："天如鸡子，地如鸡中黄，孤居于天内，天大而地小。天表里有水，天地各乘气而立，载水而行。周天三百六十五度四分度之一，又中分之，则半覆地上，半绕地下，故二十八宿半见半隐，天转如车毂之运也"②。浑天说认为地球是宇宙的中心，天地结构如同鸡蛋，地被天包裹着并处于中间，日月星辰在天壳之上围绕南北极轴转动。那么宣夜说的理论思想又是什么呢？晋代虞喜认为："宣，明也；夜，幽也。幽明之数，其术兼之，故曰宣夜。"③宣夜说的中心思想是认为天是无形无质的虚空，高远无极，日月星辰是自然形成的，其运行皆是由虚空中的气推动，并且北极附近的星辰都围绕北极旋转，而北极是不动的。

　　那么云南的少数民族对于宇宙结构的认知是否与传统中原认知有相恰的地方呢？答案是毫无疑问的。纷繁多杂但反映了原始的特定历史阶段的复合文化的少数民族的史诗和起源神话给我们提供了很好的借鉴。云南少数民族宇宙观归纳起来主要有两类，即天圆地方说和卵生说。

　　天圆地方说来自对自然世界最为直观的感知，与传统盖天说思想相吻合。少数民族先民在生活过程中观察到大地是平的，天空目之所及的部分是圆拱状笼罩的。拉祜族先民就将天比作圆拱状的锅。流传于云南省澜沧拉祜族自治县的拉祜族的史诗《牡帕密帕》中提到"天造好了，地造好了，天地一比较，天做得小些，地做得大些，天地逗不拢④，天要撑大，地要收缩。天撑大了，成了一口大锅；地缩小了，出现些折皱，隆起的地方成山梁，凹下的地方成河床"⑤。此外，在云南省楚雄彝族自治州双柏县等彝族聚居地还流传着一首彝

---

　　① 〔英〕李约瑟：《中国科学技术史》第 4 卷《天学》，《中国科学技术史》翻译小组译，北京：科学出版社，1975 年，第 93 页。

　　② 《晋书》卷 11，北京：中华书局，1974 年，第 281 页。

　　③ 石云里：《中国古代科学技术史纲·天文卷》，沈阳：辽宁教育出版社，1996 年，第 106 页。

　　④ "逗不拢"为云南方言，意为合不上。

　　⑤ 云南拉祜族民间文学集成编委会：《拉祜族民间文学集成》，北京：中国民间文艺出版社，1988 年，第 5 页。

族的创世史诗《查姆》。《查姆》中在表达对天地宇宙结构的思考时提到："地要造成簸箕样，天要造得篾帽圆。篾帽、簸箕才合得拢，篾帽、簸箕合成地和天。"①篾帽是圆形有弧度的，簸箕形状是圆的，四周高中间平，可见彝族先民将日常生产生活中所使用的生产工具附会对天地宇宙结构的思考。阿昌族流传的创世神话中也提到遮帕麻造天，遮米麻织地后"天幕高高张开，大地平平展展；天像一个大锅盖，地像一个大托盘"②。

卵生说是随着社会发展进步衍生出来的看法。虽然"天圆地方"思想从古代中国一直流传至今，无形中对人民生产生活产生了诸多影响，但是按照传统思想有时就很难解释圆形如盖的天是如何正好盖住方形的地的四角的，天地的边缘到底是什么样的。各民族流传的卵生说与浑天说中浑天如鸡子看法不谋而合。用"哈巴"调子吟唱的流传于云南省红河州哈尼族聚居区的创世古歌《木地米地》就描述天地是从"天蛋""地蛋"中出来的："天蛋抱得热乎乎，地蛋抱得暖洋洋，到了一轮十三天，到了一月三十天，过了一年十二月，大天生出来了，大地生出来了。"③此外，流传于滇西北的藏族中的苯教以及纳西族中均有卵生神话传说。

在中国古代，天文思想与在中国思想界占主导地位的儒家思想，以及与之互相渗透的佛教、道教思想有着密切的联系，"天空区划、星官命名、星占术的理论和方法、编制历法的原理、宇宙结构的探讨等等，无不受其支配，从而形成一套带有鲜明特色的中国古代天文学"④。云南地处西南内陆，居住于云南的早期先民由于处于不同生产环境，逐渐形成了融合天体论、天象论及历法理论三者为一体的多元且独具特色的天文思想。此处以较为典型的纳西族、彝族、傣族为例。

综观纳西族典籍，我们可以发现，纳西族先民对于日月星辰的运行规律已经有了一定的认识。太阳与月亮作为在天空中最容易观测到的天体，在东巴神话中被拟人化为夫妇，二者围绕着居那若罗神山运行，太阳往左绕山而行，月

---

① 云南省民族民间文学楚雄、红河调查队搜集，郭思九、陶学良整理：《查姆》，昆明：云南人民出版社，1981年，第9页。

② 中国人民政治协商会议梁河县委员会编：《梁河阿昌族今昔》，昆明：云南民族出版社，2003年，第344页。

③ 史军超：《哈尼族文学史》，昆明：云南人民出版社，2015年，第254页。

④ 刘金沂、赵澄秋：《中国古代天文学史略》，石家庄：河北科学技术出版社，1990年，第3—4页。

亮则往右。在每月三十日相遇，初一再分离。纳西族先民还将每个月都看作 30 天，以便于减少朔望月与回归年间的差数。为了修正事实上朔望月不均衡的偏差，纳西族先民创造出初一和初二晚上的月亮只有猪和狗可以看到，人只有在初三晚上才能看到月亮的说法。

纳西历法的制定与纳西族先民观察到太阳和月亮的运行规律密切相关。纳西传统历法的基本内容认为一年为 12 个月，每个月有 30 天，每年基本天数为 360 天。与回归年相差的 5—6 天被作为祭祀天地与山神的过年日来处置。此外，纳西族还采取二十八星宿纪日时，日常有"祭星"仪式（即祭祀二十八星宿的专门仪式）。关于二十八星宿名称的记载在不同典籍中且多有出入，方国瑜编著的《纳西象形文字谱》中收录的二十八星宿名称音译如下：创昌夸、创昌古、本补古、本补满、柔正、娜古、涛构、夫冷构、谬许、司托嘎、司托古、楚孔、布孔、布铎、布满、吉古、吉满、巴毕、巴孔、局可、局户、蕊谬、蕊孔、蕊督、蕊亨、蕊巴、蕊齐、蕊崩。

彝族先民也将观测天象与生产生活结合了起来。通过观测太阳，彝族先民发现太阳的升起和落下在不同季节位置是不同的，夏季偏北冬季偏南。并且通过立杆测影以及窗户测影来测定不同季节的太阳高度，夏至日影最短，冬至日影最长。一年之中太阳的运行遵循着一定轨迹，每月出入二十四方位中不同方位。并且，彝族先民很早就意识到，月亮自身是不产生光亮的，太阳照射是其亮光的来源，视觉上的月亮圆缺是由太阳、月亮与地球三颗星运行位置变化导致的。云南本土彝文书目《那苏》《尼书》《天地日月书》等记载了月亮是按一定周期运动的，其运行轨道主要沿二十八星宿移动，走完一周平均需要 27.32 天。这个运行规律为星占提供了依据，在彝族占卜师毕摩看来，月亮与不同星宿相会的变化直接影响了人们的生产生活；何日做何事是吉祥的，做何事是凶险的，都可以通过星占预测出来。彝族先民还观测到了日食和月食现象，对于日月食的出现，彝族民间流传着"天狗食月"及"虎食太阳"的说法。但在《宇宙人文论》中，则认为日食和月食的产生与红眼星[①]及豹子星[②]有关："太阳每

---

① 《宇宙人文论》中彝族人民认为太阳由天气凝结而生。红眼星与太阳同时产生，同列于天气星图，是 8000 颗天气星中的一颗，主管高天，可以遮蔽太阳。

② 彝族先民认为豹子星是与由地气凝结产生的月亮同时产生的，与月亮同列地气星图，主管大地，可以遮蔽月亮。

天出没一次，一年旋转一周，运行角度渐渐走偏，这样转到一定时间，就和红眼星碰头，太阳见它就避让，甚至被它吞没了，等到红眼星走过之后，太阳又明朗朗地现出来。月亮在天空中轮回运行，每转 30 度盈亏圆缺一周，到十五盈圆时，光亮照遍了大地，但若遇到豹子星在地球上空慢慢移来，月体就被它遮掩了，月光昏沉沉，这就是说被月蚀星即豹子星吃掉的。待豹子星走过之后，月光又明亮起来。"[①]

　　彝族的天文思想中也流传着"二十八星宿"的说法。彝族二十八星宿的名称具有独特的民族特色，常见以动物命名，位置沿黄道分布，不同地域星宿名称也有差异。以云南楚雄彝族为例，二十八星宿名称分别为鸡窝星、放牧星、铜头星、铜手星、铜腰星、铜尾星、雪前星、雪翅星、雪腰星、雪尾星、金星、露冬星、露山星、豹角星、豹头星、豹口星、豹手星、豹腰星、豹臀星、豹尾星、掺杂星、神座星、座五星、天屋星、月空星、伤主星、扫尾星、移动星。建立了对二十八星宿的认识后，彝族先民将鸡窝星（即昴星、时首星）作为判断季节的标准，当鸡窝星早晨和傍晚上中天时就是星回节和火把节到了，这与北斗星斗柄指向所定的星回节和火把节日期是一致的。北斗星围绕着北极以年为单位做周转运动，当农历六月二十四日及十二月十二日左右，北斗星的斗柄分别指向最高和最低，彝族将其作为"星回节"即大小年。此外，彝族先民对于金星、火星也都有一定了解。

　　依据对天象的观测，彝族先民推行了"太阳历""星月历""阴阳历"等历法，其中流传较广的就是"十月太阳历"。"十月太阳历"以十二生肖来纪日，以三个生肖轮回为一个月，即每月恒定为三十六日，斯（木）、都（火）、杂（土）、赫（金）、衣（水）分公母十个轮回为一周年，即十个月为一年，并另加五天作为过年日，每隔三年增加一闰日，过年日置于岁末，与其他依据月亮来制定的历法不同，这是不折不扣的太阳历法。

　　傣文典籍《胡腊》《拉马痕》《苏定》《西坦》《蒙腊》等书的流传有利于我们增进对傣族先民天文思想的认识。长期的观察使傣族先民意识到日月星辰的运转是有规律的。他们将太阳所经过的天空划为十二段，称为黄道十二宫，每宫（腊西）三十度，每度（翁沙）六十分（里达），一周天划分为十二

　　① 《宇宙人文论》，罗国义、陈英翻译，北京：民族出版社，1984 年，第 121 页。

宫三百六十度。而黄道就是太阳、月亮、火星、水星、木星、金星、土星的运行路径（在傣文历书中还详细记录了这七个天体的运行周期，与现代推算的数值大体一致）。"这黄道十二宫的傣语名称分别叫：梅特、帕所普、梅贪、戛拉戛特、薪、甘、敦、帕吉克、塔双、芒光、谷姆、冥。"①与汉族及其他少数民族不同，傣族先民将黄道上的星辰划分为二十七宿，名称分别是冠尾马星、蛇星、扇子星、扁担星、柿子星、中柱星、船星、荒屋星、黄金马星、枕板星、公马鹿星、母马鹿星、大象星、大火把星、小火把星、筛边星、华盖星、象钩星、小象星、象鼻星、象牙尖星、扁担抬鬼星、箭尾星、竹杆星、天花板星、床脚星、鳄鱼星。

　　傣族也有自己的历法，傣历是阴阳历，俗称祖腊历或者小历。傣历岁首在六月，平年有十二个月，一年有 354 天或 355 天。有闰月时，为一年十三个月，共 384 天。除元月和二月分别称为登景和登甘外，其余月份皆以数字相称。傣历纪月以月亮运行周期为据，单月大双月小，单月每月三十天，双月每月二十九天。闰月皆闰九月，故闰年又称"双九月年"。傣历的纪日法为七日一周纪日法，一周中每日名称依据日、月、火、水、木、金、土七星命名。此外，受到汉文化的影响，干支纪时法在傣历中也占有重要地位。傣历的干支纪时"即以甲、乙、丙、丁、戊、己、庚、辛、壬、癸十天干配子、丑、寅、卯、辰、巳、午、未、申、酉、戌、亥十二地支共六十数为一个循环的周期，即等于汉历的一个花甲"②。在傣历中天干被称为"母"，地支为"子"，与汉历相同，傣历十二地支也与十二生肖相对应配合，这对于傣族先民日常生活中的占卜吉凶及预测气候变化也起到了极为重要的作用。

（二）云南先民生命观、考古发现与医药、生产科技发展的内在联系

　　生与死，是每一个人类个体都会经历的生命历程。由于人的生死犹如四季更迭无法避免，且出生与死亡时的个体感受无法向他人描述，因此对死亡的焦虑和思考一直伴随着人类的进步与发展。孔子"杀身成仁""未知生，焉知死"、

---

　　① 夏光辅等：《云南科学技术史稿》，昆明：云南科技出版社，1992 年，第 269 页。

　　② 陈久金主编：《中国少数民族科学技术史丛书 天文历法卷》，南宁：广西科学技术出版社，1996 年，第 375 页。

孟子"舍生取义"、司马迁"人固有一死，或重于泰山，或轻于鸿毛"、文天祥"人生自古谁无死，留取丹心照汗青"等都反映了中国不同时期不同人物对生死的看法与态度。而云南先民在漫长的历史发展中也逐渐形成自身独具特色的生死观。

（1）万物有灵与自然崇拜思想。万物有灵观念与早期自然观的形成相互交织。云南先民对出生与死亡的思考及恐惧，促使"灵"的概念产生，先民将对死亡的畏惧转化为灵魂不灭的思想，他们相信，人拥有两个自我，除了肉体还存在着另一个意识的自我，即无法触摸的灵魂。灵魂主宰着人的生活，有的民族认为人之所以会生病，就是由于"魂"丢了，举行招魂、叫魂仪式便可以治愈顽疾。当肉体死亡后，灵魂会脱离肉体存活，并且可以任意进入动植物甚至另一个人体内去支配和影响他们的活动。这种灵魂不灭的思想实则是先民对生命延长的一种精神渴求。在早期人类活动初期，人类的生产生活几乎完全依赖于自然。一方面，人类居住于洞穴，靠采集野果野菜和简单的渔猎维持日常生存，享受着自然的恩赐；另一方面，随时忍受着气候和自然灾害以及猛兽毒物侵扰的痛苦。人类对于自然产生既敬又畏的心理，并且认为自然中无不充斥着"灵"，神灵不仅可以控制现世人们的生产生活，还会影响来世人类的发展，人的活动随时受神灵的监督。故而自然崇拜实则源于万物有灵观念。"自然是宗教最原始的对象，自然神是人类最早崇拜的神，崇拜的功利目的是避免灾祸，祈求幸福。"①

（2）多神崇拜与祖先崇拜。自然崇拜又衍生出了多神崇拜和祖先崇拜。在早期社会形成过程中，人类主要依靠以血缘为纽带的氏族部落进行活动，联系较为紧密。故当有人去世后，生者出于对死者的怀念，相信死者灵魂依然存在，并且变成了祖先神灵，可以庇护后代，逐渐形成祖先崇拜。多神崇拜是地缘与血缘关系相融合的一种原始信仰，如傣族所信仰的寨神、社神、勐神就是庇护傣族村寨的神灵。此外还有以傣族、景颇族、哈尼族、佤族等民族为代表的祭祀谷魂和树灵。粮食与树木是直接与先民的生产生活发生联系的，他们认为谷物有魂、树木有灵，因而对谷物和树灵进行祭祀安魂可以确保来年的丰收。多神崇拜并不仅仅局限于对有生命物体的崇拜，对于非生物的崇拜在云南也十分

---

① 杨知勇：《西南民族生死观》，昆明：云南教育出版社，1992年，第10页。

常见，如彝族的岩石崇拜、火崇拜、对路神或桥神的崇拜，布依族祭祀山神，纳西族祭祀水井、火塘等都体现了对自然界非生物的多神崇拜。

（3）生殖崇拜。云南原始人类最初依靠采集和狩猎来维持生存，随后才逐步走向依靠简单农耕和驯化家禽。在与大自然进行简单的互动过程中充斥着高死亡率和低平均寿命，而此时，唯有不断生育才能维持部落或氏族的稳定。其生育观的发展经历了三个阶段：一是自然生人（包括诸神造人）的化身生育观；二是图腾与女性结合生人的感生生育观；三是男女交媾生人的性生生育观。[①]受自然崇拜的影响，在蒙昧阶段，云南各族先民关于人类起源的创生神话都体现了自然生人的因素，包括天地生人、水生人、植物生人、动物生人等。这使得图腾崇拜逐渐衍生出来。图腾崇拜是其崇拜者对其起源和先祖的一种追溯，有利于将信仰该图腾的氏族人员结合起来，实现超越血缘的内聚力。在自然崇拜阶段，人的生育作用几乎完全被忽视了，随着人类社会的进步，图腾崇拜中开始体现出"人"在繁衍后代中的作用，生育观由化生向感生转变。

以女阴崇拜为代表的女性崇拜应运而生。生殖崇拜与社会发展几乎同步进行，生殖崇拜经历了从女阴崇拜到男根崇拜再至性行为崇拜的不同阶段，正体现了原始社会由母系氏族社会向父系氏族社会的过渡。例如，在云南江川李家山的考古发现中出土的一件男女裸体相拥的青铜饰，即为生殖崇拜的具象。

（4）原始宗教。生殖崇拜与巫术信仰一直是交互发展的。巫术的形成反映出原始社会人类试图控制自然的愿景，是现实生产力低下却试图掌控自然为己所用的矛盾体现。巫术通过施行玄秘的符咒仪式和法术来直接强迫自然服从人类意志，以满足人类祈求减轻病痛恢复健康、繁衍后代、促进粮食生产等现实目的。巫术仪式的形成具有较强的偶然因素，失败概率较高，人们在无法依靠自身意志改变自然后就转而祈求神灵，这为原始宗教的出现做了铺垫。巫术并没有随着原始宗教的出现而随之消亡，它依然作为人为控制手段在隐秘发展。云南特殊的地域环境决定了生活在这片土地上的各民族之间封闭性较强，相互之间交往较少，因而也形成了较为多元的原始宗教信仰。藏族信仰的苯教、纳西族的东巴教、白族的本主崇拜等都体现出先民重生乐生，一切为现世服务的生死观。

---

① 杨知勇：《西南民族生死观》，昆明：云南教育出版社，1992年，第2页。

（三）生育与丧葬礼俗

生育与丧葬的礼俗最为直观地呈现了先民对生与死及自身存在问题的思考。在早期社会，生育和丧葬礼俗融合了血缘、原始宗教和巫术思想，成为维系人们交往的重要纽带，仪式也较为神秘繁杂。

1. 生育礼俗

在生产力水平还十分落后的情况下，早期人类为了满足自身生产、抗衡外在威胁和应对高死亡率往往采用增殖人口的方式。一个新的生命的诞生对于一个家庭甚至氏族部落都是值得欢欣鼓舞的事情。但是受限于不发达的医疗水平和难以控制的外界因素影响，并不是每一个新的生命都可以平安无虞地出生，在认知水平不全面的早期，人们便自然地将一切与神秘力量作用结合起来，自发地形成一系列仪式来避免新生命出生可能会遇到的威胁和欢庆新生命的到来。

彝族先民认为新生命的诞生是天神送子的结果，在妇女怀孕生子过程中常常可见毕摩的身影。对还未生育的妇女会请毕摩以"曲耳比"促育并祭祀山神。妇女生育难产时又会请毕摩来念经祭祀灶神。小孩子出生满月之时也会请毕摩来念经。白族妇女在新婚之时会收到女性长辈给的缠红绸的筛子，筛子上系有桃弓和剪刀，寓意驱恶辟邪，并且新筛子和新剪刀要保留着用于分娩。白族妇女怀孕后会系合页双层围裙，将头页对折别在腰间以示区分。婴儿出生后要放入新婚时挂上门头的筛子中，祭拜天地、祖宗及各种神灵。哈尼族妇女婚后怀孕前会"不落夫家"，怀孕后才在夫家定居，婴儿出生时会在产房门头悬挂笋叶等植物剪成的人像和锯形木刀以告诫人或神灵请勿入内。婴儿出生后则在床上悬挂笋叶剪成的人像，并将胎衣烧为灰烬存入竹筒，出生三日后举行父子联名命名仪式。纳西族妇女在分娩前会祈求枝叶繁茂的大树保护新生儿，出生三日后又举行拜日活动，祈求得到太阳的庇佑。为了保证孕妇分娩的顺利进行，各族先民还制定了一系列禁忌，这源于原始的巫术心理。例如，基诺族相信妇女怀孕后不能吃还未冒头的芭蕉花，砍柴时不能把竹柴和树柴放到一块，斧子也不能放在柴中，其丈夫不能打蛇不能爬树，等等，否则就容易难产。

2. 丧葬礼俗

云南各族先民的丧葬礼俗中几乎都蕴含着灵魂不死的观念。上文提到的象征灵魂不灭的具象代表瓮棺葬在云南的考古发现中较为常见。在 1972 年、1999 年的两次发掘中，元谋大墩子新石器时代遗址中先后发掘出了 30 座瓮棺葬，分布在中部房基周围，坑底多呈斜坡状。在 1999 年发掘的 13 座瓮棺葬的底部均有红烧土块，瓮上均有 1—3 个小孔，部分瓮棺中发现有牙、猪蹄、穿孔骨珠。2012 年在保山市昌宁县大甸山的考古发掘中也发现瓮棺葬的身影。当人肉体消亡后，葬礼实则主要针对不曾磨灭的灵魂和满足现世亲人的情感诉求，体现出希望祖魂归宗、增强血缘家族内聚力、事死如事生的情感和功利目的。

云南独特的地理气候条件孕育出了较为独特的滇文化棺椁制度。滇文化考古发现主要以晋宁石寨山、江川李家山、昆明羊甫头、呈贡天子庙等墓地考古遗址为代表。一般认为滇文化即云南地区青铜时代考古学文化，其主要分布在云南省滇池周围古代滇人生活的区域。[①]考古工作者在晋宁石寨山先后进行了五次发掘，累计清理墓葬 87 座，有棺椁痕迹或棺椁的墓葬 24 座，出土了举世闻名的滇王之印。第一次发掘中的甲 M1 中发现铜棺钉 17 枚。第二次发掘在部分墓葬中发现漆皮和朽木痕迹，所有葬坑底部都铺有黑灰，其中 M6 发现朱黑色漆棺和大量打孔玉片，疑为"丝缕玉衣"，M12、M13 发现细帛和用玛瑙、绿松石串成的"珠襦"。江川李家山距晋宁石寨山约 40 千米，先后在 1972 年和 1991—1992 年进行了两次发掘，出土了以牛虎铜案为代表的具有强烈民族特色的诸多青铜器物。李家山墓地为竖穴土坑墓，M47 作为大型墓葬代表在墓坑西北处有祭祀坑发现，墓内一椁二棺，墓主为二男，两棺下有东西两端垫木各一，主棺骨架上覆盖"珠襦"。从各类考古发掘中可见，滇文化已形成较为清晰的椁室制度，椁室由木盖板、底板和四壁壁板组成，椁壁板与墓壁紧贴且多居于南侧。棺椁装饰多是涂红、黑漆，大型墓椁上铺丝织物，棺椁下垫木或石，墓穴多有腰坑。

除在考古发掘中了解滇文化遗存的葬俗外，少数民族原始形成的葬俗也值得关注。例如，彝族的丧葬有树葬、陶器葬、岩葬、火葬、棺木土葬。[②]树葬即将尸体葬在青松的树杈上；陶器葬称为"冲天葬"，在路南县彝族撒尼支系历史上实行过，即将过世的人放进六尺高的陶罐站立着埋入；岩葬是将骨灰放进

① 王巍总主编：《中国考古学大辞典》，上海：上海辞书出版社，2014 年，第 418 页。
② 杨知勇、秦家华、李子贤编：《云南少数民族生葬志》，昆明：云南民族出版社，1988 年，第 24 页。

陶罐或者将棺木放进岩洞里，在岩洞中放置一些生产生活用具；火葬和棺木土葬兴起于明清以后，此处不做赘述。彝族还有较为隆重的祭祖仪式，以设斋堂并在其中用树枝扎成供桌，上面依次摆放祖先灵位，下面摆放雄鸡，由各家配合毕摩念经举行仪式，经过七日七夜后各家将灵牌送至毕摩家，毕摩将祖先名字誊写到宗谱上后烧掉灵牌，以超度祖先为神。傣族丧葬则以土葬（正常死亡的人）、火葬（寺院人士）及水葬（凶死或暴病而亡者）为主等。

第二节　云南科技思想的萌芽及其发展演变

一、原始的自然观与宇宙观

中国科学思想史的研究对象，应该是对历史上和现代科学研究有启发和指导意义的所有思想成果。而贯穿这些思想成果的主线，是由宇宙观、认识论、方法论诸方面构成的有机论思想体系。[1]云南历史作为中国历史的一部分，中国科技思想史的研究对象与方法，即是云南科技思想史的研究对象与方法。因而对于云南科技思想的研究，首先便在于对云南先民自然观、宇宙观的探讨。

虽然云南地处中国西南边陲，但却属于东亚的中心地带。1966年，日本学者中尾佐助提出了"照叶树林文化"这一概念，其范围包含从喜马拉雅山脉南麓东经不丹、阿萨姆邦、缅甸、中国云南南部、泰国、越南北部、中国长江南岸直至日本西部这一辽阔地域，为东南亚-大自然地理带，覆盖了整个东亚的温暖带。[2]东亚半月弧地带是照叶树林文化的中心，而云南则处于东亚半月弧的中心。优越的自然条件，使云南成为东亚大陆上最早产生文明的地区之一。距今5万—4万年，富源大河旧石器时代的古人开启了云南现代人类的历史。[3]考古学家在对富源大河遗址的考古发掘中发现了欧洲古人类的莫斯特技术和勒瓦娄哇连续剥片技术，部分石器制作精美，为研究早期人类东西方文化交流提供

---

① 王前：《中国科学思想史研究的若干理论问题》，《大连理工大学学报（社会科学版）》2003年第1期。

② 金少萍：《云南少数民族与照叶树林——地域、民族、文化》，《云南师范大学学报（哲学社会科学版）》2012年第3期。

③ 李晓岑：《云南科学技术简史》，北京：科学出版社，2013年，第20页。

了线索。[①]在原始社会时期，人类通过生产实践与对自然界的观察，产生了对自然界中各种现象与联系的认知，并在长期的社会生活中，对这些现象加以理解与描述，这便形成了早期的自然观。该时期，自然观是自身认知与迷信、传说、神话等交织在一起的混合体。由于在原始社会时期，人们面对各种无法理解的自然现象时，往往视其为自然的神力，并进而在畏惧与仰慕之中形成了早期的自然崇拜，万物有灵的观念便形成于该时期。如在元谋大墩子新石器文化遗址发掘的墓葬中，正常死亡者随葬生产工具和装饰品；身中箭镞死亡者，不但没有随葬品，还是短肢葬；用瓮棺埋葬的儿童，还特意钻出若干个小圆孔。[②]对不同的死者予以不同方式的安葬，表明了早期云南人认为人死之后，灵魂将会脱离肉体而继续存在，并对现世社会产生影响，突出了灵魂不灭的观念。

云南 20 多个少数民族都有自己的史诗或神话，剥去它们的神秘色彩，就是古今中外科学家和哲学家探讨的"宇宙的本源""生命和人类的起源""自然界生存发展的规律"三大问题。[③]这显示出了在原始社会时期，云南大地上的先民就对自然界的一些基本问题给出了各具特色的答案，表现了他们善于思辨的哲学思维。而就在该时期，在云南先民的生产实践中，逐渐形成了原始的自然科学知识。例如，他们在制作石质工具，进行原始农业、手工业，从事狩猎与采集的生产中，孕育了原始的天文学、数学、物理学、化学、生物学等科学思想。这些思想虽然还处于萌芽阶段，但已表明，该时期的云南先民已经迈入了科学的门槛。

二、古滇国科技思想的萌芽

云南族群众多，各个族群流传着丰富的创世神话，各具特色，蔚为大观。这些创世神话蕴含云南先民对于世界的认识和理解，在此基础上生发出了独具特色的生活观念和生产观念。以云南古老的创世神话作为指引，可以带领我们探寻云南先民的原始科技思维。

在蒙昧时代，人类还无法对自然界及自然现象形成科学的认知和理解。从思维主客体关系来说，就是人类先民还无法与思维客体之间建立逻辑关系。目

① 王恒杰、张雪慧：《民族考古学概论》，福州：福建人民出版社，2009 年，第 228 页。
② 夏光辅：《云南科学技术史稿》，昆明：云南人民出版社，2016 年，第 29 页。
③ 夏光辅：《云南科学技术史稿》，昆明：云南人民出版社，2016 年，第 31 页。

升月落、风雨雷电、月圆月缺等一系列自然现象，都成了困扰人类先民的难题。先民将与宇宙万物相关的思维活动和自身感知混为一体，形成"心物不分"的原始思维结构。在这种思维结构下，人类先民将自我的感知投射到宇宙万物之上，运用想象和幻想形成了对于世界起源和人类起源的认识。神话就是在这样的原始思维背景下产生的。

关于世界起源的问题，在纳西族东巴经书中有记载。《崇搬图》（译为《创世纪》）一书就详细记载了在纳西族早期流传的世界起源的传说。《崇搬图》开头就记载了天地、人类及万物的起源神话："很古很古的时候，天地混沌未分，东神、色神在布置万物，人类还没有诞生。石头在爆炸，树木在走动，混沌未分的天地，摇晃又震荡。"可见，在纳西族先民的观念里，人类万物不是本来就存在的，而是随着天地的运动演化而逐渐产生的。《崇搬图》还记录了纳西族先民所想象出来的万物产生的过程。"天地还未分开，先有了天和地的影子；日月星辰还未出现，先有了日月星辰的影子；山谷水渠还未形成，先有了山谷水渠的影子。三生九，九生万物，万物有'真'有'假'，万物有'实'有'虚'。"[1]这也就意味着，在纳西族先民的观念里，天地日月是最早在世界上诞生的，是在混沌中通过颠簸运动而产生的，而不是由某个特定的神灵创造出来的，天和地形成之后，才有了人类。

关于人类的诞生过程，《崇搬图》也有详细的记载：最初期间，上面高空有声音震荡着，下面地里有气体蒸酝着。声和气相互感应，化育为三滴白露。由白露化育，变成三个黄海。一滴露水落在海里，就生出"恨时恨蕊"。"恨时恨蕊"又生了"恨蕊拉蕊"，再生出"拉蕊美蕊"，复生了"美蕊楚楚"，继后传"楚楚楚鱼"，复传"楚鱼楚局"。[2]这是最早诞生的六代向人类过渡的动物。之后又诞生了"楚局局蕊""局蕊精蕊""精蕊崇蕊"三代人，这三代人也还没有完全变成人类，到了"崇蕊利恩"这一代，才成了真正的人，即人类的祖先。通过纳西族有关人类起源的神话，我们可以看出，一方面，他们认为人类的诞生

---

① 云南省民族民间文学丽江调查队搜集翻译整理：《创世纪（纳西族民间史诗）》，昆明：云南人民出版社，1960年，第1—2页。

② 转引自李国文：《纳西族象形文字东巴经中关于人类自然产生的朴素观》，《社会科学战线》1984年第3期。

是天地自然相互感应化育的结果，光、气、水、声等自然元素都参与到了相互感应的过程中；另一方面，他们认为人类的诞生不是一蹴而就的，而是经历了一个非常漫长的过程，即由天地交合，声音和气体相互交流蒸馏而成的露水、海洋、海蛋、类人动物等各个阶段的演化，最终才形成了人类。可以看出，纳西族的人类起源传说中由类人动物向人变化的过程的记载，与西方现代生物学中的进化论有着令人惊叹的相似之处。并且，传说中认为生命体最早诞生在海里的情节，与现代自然科学认为生命最早起源于海洋的发现存在一定程度的契合。当时的纳西族先民仍然处在原始时期，显然是不具备现代科学知识的思维，他们对于人类起源的猜想很大程度上是从人和生物都离不开水这一个简单的认识出发，运用直观形象及联想思维而做出的一个朴素的论断。

在中国古代，阴阳和五行观在儒家、道家、阴阳家等哲学流派的思想中都有所体现。在道家的哲学观念中，认为阴阳交合而生万物，如老子认为："万物负阴而抱阳，冲气以为和。"《庄子·外篇》这样解释万物的起源："至阴肃肃，至阳赫赫。肃肃出乎天，赫赫发乎地。两者交通成和而物生焉。"① "阴阳"对立统一，是宇宙万物变化发展的根本动力。而纳西族也不例外，李国文在《纳西东巴文化中的阴阳观念》一文中认为纳西族也有与汉族相似的阴阳观，并且有其土生土长的演进历史。在东巴文中有专门表达"阴"和"阳"的字，发音分别为"色"和"卢"。"卢"和"色"二字初始的意思分别是指男和女。纳西族先民从对于人类分男女、动物分公母的直观认识发展到抽象概括的阴阳观念。②

白族的创世史诗《创世纪》讲述了世界和人类的起源，包括"洪荒时代""天地的起源""人类的起源"三个部分。"洪荒时代"讲述的是远古时候原本以砍柴为生的盘古、盘生，经过先知的指引，钓上了龙王三太子。龙王大怒，洪水泛滥，世界被摧毁。盘古和盘生捉住了龙王，拯救了世界。"天地的起源"讲述了盘古和盘生拯救世界后创造天地万物的故事。这与"盘古开天辟地"的神话母体一致，讲述了盘古变天、盘生变地，最后化身为木十伟，木十伟变成万

① 转引自（晋）郭象注，（唐）成玄英疏：《南华真经注疏》卷七《外篇·田子方第二十一》，北京：中华书局，1998年，第408页。
② 李国文：《纳西东巴文化中的阴阳观念》，《云南社会科学》1988年第1期。

物的过程。可以看出，白族的创世神话中除了盘古之外，还加入了盘生的故事。这说明白族先民关于世界起源的认识受到了中原汉文化的影响，但又加入了自己的认识。关于盘生，有人认为他是盘古的弟弟，也有人认为是盘古的妹妹。《人类的起源》讲述了人类诞生的过程。盘古和盘生在大理海子里找到了人种，兄妹成婚之后有了十个儿子，十个儿子各自又生了十个儿子，人类就此诞生。[①]《创世纪》在汉族盘古神话的基础上，加入了白族先民对于世界的认知，认为世界是由两位神灵共同创造的，并且加入了兄妹成婚繁衍出了人类的描述，还创造性地将洪水神话和人类起源神话巧妙结合在一起，填补了盘古开天辟地之前世界的空白。从形式上看，白族的《创世纪》采用了白族"打歌"的传统，通过一问一答的方式将世界起源神话表达出来，而且融诗歌、歌唱、舞蹈于一体，可以说是一种综合的古老艺术表现形式。从《创世纪》加入了盘古盘生，男神女神共创天地，之后成婚繁衍人类的情节来看，白族先民已经有了二元对立的原始思维，并且还出现了朴素的阴阳观念的萌芽。

　　彝族创世神话《梅葛》也体现出了"物我同一"的原始思维特征。《梅葛》讲述了格滋天神创造天地的故事。格滋天神放下九个金果，变成九个儿子，其中五个儿子创造了天。格滋天神又放下七个银果，变成七个姑娘，其中四个姑娘创造了地。天像一把伞，地像一座桥。之后，飞蛾量天，蜻蜓量地。天做小了，地做大了。有人拉天，有人缩地。蚂蚁、麻蛇、野猪、大象都来缩地。地缩小了以后，就有了山川河流。天地大小合适之后，又要打雷试天，地震试地，试试够不够牢固。天开裂，地通洞，格滋天神又让儿子补天，女儿补地，用松毛做针，蜘蛛网做线，云彩做补丁。《梅葛》叙述的天地起源是一个极富想象力的万花筒般的绚烂过程。在格滋天神的主导之下，五个儿子、四个姑娘，一起创造了天地。除了神和人之外，飞禽走兽甚至植物都参与到了创造天地的过程中。天、地、山、河流等自然物是神话的思维对象，彝族先民采用想象、投射及幻化等思维方式认为天地万物都是有灵的，从金果里生出儿子，从银果里生出女儿，飞蛾、蜻蜓、野猪、大象、松毛、蜘蛛网等全都具有神奇的力量，共同创造了世界。[②]《梅葛》创世神话的独特之处正在于此，

---

① 杨亮才、李缵绪选编：《白族民间叙事诗集》，北京：中国民间文艺出版社，1984年，第3—27页。

② 云南省民族民间文学楚雄调查队整理：《梅葛》，昆明：云南人民出版社，2009年。

天地不是由哪一个神独自创造的，而是经过了神、人、万物的合作共同创造完成的。

　　傣族的创世神话《英叭开辟天地》讲述了天神英叭创造世界的过程。天神英叭的出现带有浓厚的奇幻色彩：一个由烟雾、气体和泡沫混合而成的大圆体，在天空中飘浮，最后幻化成为耳、鼻、眼、手、脚俱全的天神英叭。英叭创造了世界。英叭用污垢捏出了"地球果"，"地球果"漂浮在海面上不稳定，他又捏出柱子来支撑大地。最后，英叭的汗水变成了湖海，他把天空分成了十六层。天地出现之后，英叭又用污垢捏成众神，分别让他们居住在十六层天里。第一代人是用泥土捏成的。经过七个太阳的炙烤和洪水的泛滥，第一代人类灭绝了。英叭重新修补了天地。第二代人类是由"人类果"捏成的"药果人"。"药果人"面目狰狞，不正常，被神毁灭了。第三代人是"葫芦人"，世代繁衍。英叭派神下凡管理人类秩序，并且教会人类建造房屋，饲养家禽及制造铜器。[①]在傣族的创世史诗中，世界是由水、土、空气等自然元素所组成的。对于这一特点，宋恩常在《西双版纳傣族神话与古代家庭》一文中指出西双版纳傣族的创世神话和人类起源神话"都是以对生物，特别是对人类生存本身一开始就具有生命攸关意义的水、土和空气等自然界固有的物质，作为塑造神话的原料"[②]。除此之外，根据傣族创世神话中三代人类的描述，我们可以在傣族先民朴素的自然认知观念里发现他们认为人类从生理特征到改造自然的能力都是在不断进步的，这和现代的进化论思想有着惊人的契合之处。

　　可见，云南众多族群中的创世神话里的创世之神普遍具备人的身体、样貌，而且具有开天辟地的巨大能量。纵观这些各式各样的创世神话，它们大致遵循着一个相似的模式：在天地出现之前，世界处于一片混沌无序的状态，天神出现了，完成了开天辟地的壮举。此外，云南先民崇信"万物有灵"，水、空气、泡沫等自然物可以化生为人，植物果实及动物也是具有灵魂的，可以化成人，可以转化创造出世间万物。神话是早期先民对于世界的认知，这种认知在现在看来是非常荒诞的，但是在原始时代先民的观念中，神话是真实存在的，是其对于世界、人类产生的原因和过程的完整解释。神话通过巫术、宗教、祭祀等

---

① 西双版纳州民委编：《巴塔麻嘎捧尚罗》，岩温扁译，昆明：云南人民出版社，1989年。

② 宋恩常：《西双版纳傣族神话与古代家庭》，《思想战线》1978年第2期。

活动对原始先民的生产和生活产生了重大影响。

古滇国时期的云南在较为安定与封闭的发展环境下，其科技思想的发展呈现出了地域特色。与此同时，云南早期科技思想在萌芽与发展的过程中，也融合了来自中原、楚越、中亚、东南亚等地的文化特色，例如在富源大河旧石器遗址中发现的欧洲古人类技术，在古滇王国墓地出土的巫师纹铜鼎与龙纹编钟。鼎为越式铜鼎，编钟则类似于中原东周平口编钟。无论这两件文物为滇国铸造还是由中原或楚国传入，都显示出了滇国与中原、楚国之间存在文化上的联系。再如，大波那出土形制与内地相同的豆和匕，更是中原地区生活习俗传入云南之证。①而位于今云南省玉溪市的抚仙湖水下遗址，则是中国大地上唯一出现的东西方文化紧密结合的石质文化遗址。②由此可见，早期滇文化是在与中原文化、楚越文化等的交流下逐渐发展起来的，这些科技思想在传入云南之后，经过云南先民的吸收与整合，逐渐形成了特色鲜明的古滇国科技思想。

三、中原文化对云南科技思想的影响

（一）云南与中原王朝关系的加强

庄蹻王滇后的 167 年中，滇王国基本与外界隔绝，坚持不懈地发展自己独有的青铜文化。③直至秦朝时期，"常頞略通五尺道，诸此国颇置吏焉"④。诸此国即包括滇东北地区，虽置吏但并未有治所，其统治也并未包含滇国。西汉建立后，至武帝时期，云南首次进入了中原王朝的统治序列。《史记·西南夷列传》记载："元封二年，天子发巴蜀兵击灭劳浸、靡莫，以兵临滇。滇王始首善，以故弗诛。滇王离难西南夷，举国降，请置吏入朝。于是以为益州郡，赐滇王王印，复长其民。西南夷君长以百数，独夜郎、滇受王印。滇小邑，最宠焉。"汉武帝虽然在原滇国疆域设置益州郡，但仍令滇王掌管滇地百姓，西汉政府实际上在云南实行的仍为羁縻统治。羁縻统治下，云南与内地的交流虽然有所增加，但由于此时进入云南地区的汉文化影响力还很小，云南地区依然保持着较

---

① 汪宁生：《云南考古》（增订本），昆明：云南人民出版社，1992 年，第 40 页。

② 黄懿陆：《古滇国历史渊源及研究现状》，《云南经济日报》2013 年 9 月 13 日，第 15 版。

③ 黄懿陆：《滇国史》，昆明：云南人民出版社，2004 年，第 212 页。

④ 《史记》卷 116《西南夷列传》，北京：中华书局，1959 年，第 2993 页。

为独立的文化。但在西南夷地区众多部落中，唯独夜郎王与滇王"掌印治民"，可见是受其繁荣的青铜文化影响所致。在西汉统治者眼中，滇国由于科技文化等方面的繁荣，而与西南夷中的诸部落有所不同，因而区别对待，如出使滇国使者"盛言滇大国，足事亲附"。①

王莽称帝后，实行对少数民族的歧视性政策，将钩町王改为钩町侯，牂牁郡大尹诈杀钩町王邯，致使西南地区爆发了大规模的起义，王莽为平定起义，对益州地区发动了两次大规模征伐，第一次"遣平蛮将军冯茂发巴、蜀、犍为吏士，赋敛取足于民，以击益州。出入三年，疾疫死者什七，巴、蜀骚动"；第二次"更遣宁始将军廉丹与庸部牧史熊大发天水、陇西骑士，广汉、巴、蜀、犍为吏民十万人，转输者合二十万人，击之。始至，颇斩首数千，其后军粮前后不相及，士卒饥疫，三岁余死者数万"。②王莽对益州的两次征伐，虽然都以失败告终，但前后进行了6年，发动巴、蜀、犍为及至天水、陇西吏民数十万，客观上极大地促进了中原地区与西南边疆的交流与发展。此后，云南出土器物均变为纯汉式器物，光辉灿烂的古滇文化突然遭到了毁灭性打击而变得荡然无存，这成为云南历史上影响最为深远的大事之一。③

东汉建立后，云南再次进入中原王朝的统治序列。东汉永平十二年（69），"哀牢王柳貌遣子率种人内属，其称邑王者七十七人，户五万一千八百九十，口五十五万三千七百一十一。西南去洛阳七千里，显宗以其地置哀牢、博南二县，割益州郡西部都尉所领六县，合为永昌郡"④。永昌郡的设置，使中原王朝对云南的控制到达了滇西南地区。与西汉降服滇国，设置益州郡不同，东汉设置永昌郡，是在哀牢王柳貌主动率种人内属的基础上建立的。哀牢王的内属，显示了云南地区的少数民族，已在前代的基础之上，对汉文化予以了承认，并开始大量吸收汉文化进入自己的地区。此后，滇国在汉文化的影响之下，其科技思想也开始了汉化的过程。

---

① 《史记》卷116《西南夷列传》，北京：中华书局，1959年，第2996—2997页。

② 《汉书》卷95《西南夷两粤朝鲜传》，北京：中华书局，1962年，第3846页。

③ 李晓岑：《云南科学技术简史》，北京：科学出版社，2013年，第58页。

④ 《后汉书》卷86《西南夷列传》，北京：中华书局，1965年，第2849页。

（二）中原科技思想对云南科技思想的影响

中原科技对云南的影响，首先体现在农业方面，至迟在东汉时期，水稻栽培的新技术从内地引入了云南地区，而该时期的犁耕和稻田养殖技术也同时被引入了云南地区。如在大理大展屯出土的汉墓随葬品陶制水田模型为圆盆形，直径 53.9 厘米，分为两半，上半部为蓄水塘，塘中有鱼、螺、蛙、泥鳅、荷叶等动植物图像，下半部为 10 个不规则的方格，代表水田。塘与田之间没有缺口，说明是人工建筑的水塘，蓄水和泄水兼用。该水田模型体现了云南农业科技在中原影响下的高度发展。在同一片区域内，将农耕与养殖相结合，动物与植物共同发展，体现了云南先民对动物和植物的相生性已有了较为清晰的认知，体现了云南人善于吸收和学习，因地制宜地发展生产的思想。农业技术的新发展，提高了云南农业产量，丰富了云南人的物质生活，为云南科技思想的新发展奠定了物质基础。

其次体现在铁器的使用与青铜器风格的汉化上。东汉时期，滇池地区的青铜文化走向衰亡，但滇东北地区的青铜器制造依然发达。与滇国时期不同，该时期出土的青铜器，滇文化风格消失了，出土器物的外形平淡无华，创新性全无，汉文化风格明显，合金配比则相当稳定。[①]以昭通的"朱提洗"和东川、会泽的"堂狼洗"最为著名。这种青铜器形似现在的洗脸盆，其特征是腹部眩纹，内底有花纹和铭文。花纹有双鱼纹、单鱼纹、鱼鹭纹、羊纹等。[②]可见，该时期的青铜器，在纹饰上虽然有继承滇国写实性动物纹饰与简单的眩纹，但总体而言更加平实。滇东北地区的青铜文化仅仅是整个云南青铜文化的尾声。伴随着制铜业衰落的，是制铁业的兴起与发展，云南开始进入铁器时代。西汉时期，云南就有了铁器，但此时出土的文物，大多是铜铁合制，纯铁器很少。人们虽然认识到了在铜中掺入铁，能够铸造出更加锋利的兵器，但限于技术原因，铁器始终没有得到大范围推广。东汉以后，随着云南与中原地区联系的加强，中原地区的冶铁技术传入云南，再加上云南丰富的铁矿资源，使云南地区铁产量大大增加，铁器使用也更加普遍。《后汉书·郡国五》记载，越巂郡"遂久、灵关道、台登出铁……卑水、三缝、会无出铁"；益州郡"滇池出铁"；永

---

① 李晓岑：《云南科学技术简史》，北京：科学出版社，2013 年，第 60 页。

② 夏光辅：《云南科学技术史稿》，昆明：云南人民出版社，2016 年，第 58—59 页。

昌郡"不韦出铁"。①可见中原地区对云南的铁矿产地已有较为清晰的记载，更加印证了中原与云南在铁器上的互动，中原地区传入先进的炼铁技术到云南，云南则提供优质的铁矿原料进入中原地区。从铁器、铜器的发展来看，云南地区的科技发展，不同地区具有很大的不同。但相较而言，滇东北地区更接近中原，但仍停留在以铜器为主的时代，滇池与洱海地区虽然相较更远离中原，但却在汉文化的影响下，发展出了较为成熟的冶铁技术。由此可见，不能简单地以地理条件为基础，分析一个地区受汉化影响的强弱，此外，也可以看出云南中部早已发展出了较为成熟的冶炼技术，因此在铁器传入后，能迅速适应，并铸造出具有本地特色的铁器。而在滇东北，虽然在铸造青铜器时，滇文化的风格被汉文化的风格所取代，更加质朴无华，但也能从侧面体现出，铸造的工艺更加成熟，使用更加广泛，平民使用青铜器更为常见。由于青铜器的大规模使用，考古出土的精雕细琢的青铜器比例下降，以实用主义为中心的科技思想更加明显。而合金配比的稳定，显示了中原化学思想已直接指导了滇东北的青铜器生产。除此之外，在滇东北的东汉崖墓中，出土了近千枚东汉五铢钱，可见中原与滇东北之间存在着密切的商业关系。而墓内所出各式器物，如罐、壶、豆、釜、熏炉等，又是典型的汉式器物。②这显示了由于滇东北地区更靠近内地，更早被纳入中原王朝的统治序列，因而也更早地受到中原王朝的影响，至东汉已基本接受了汉文化。

除了青铜器风格上的汉化，云南人在自然观与宇宙观上，已由原始的动物崇拜转向了中原地区的神兽崇拜。例如，在滇东北与滇中的"梁堆墓"中，其墓石刻上，多以青龙、白虎、朱雀、玄武为题材。梁堆墓的主人多为"南中大姓"，其身份为汉族移民，其墓穴显然受到了道家"四象"思想的影响，而在其科技思想中，也显然有道家科技思想的影子。在这些南中大姓的统治下，云南的汉化是必然的趋势。

该时期，受中原科技思想的影响，云南人对各种物质的性质也有了更为理性的探索，如云南人较早发现并认识了琥珀："宁州沙中有折腰蜂，岸崩则蜂出，土人烧冶以为琥珀。旧说松液入地千年所化，今烧之，尚作松气。常见

---

① 《后汉书·郡国五》，北京：中华书局，1965年，第3511—3514页。

② 李昆声编著：《云南文物古迹》，昆明：云南人民出版社，1984年，第44页。

琥珀中有物如蜂，然此物自外国来。"[①]琥珀是松脂被掩埋在地下千万年，在压力和热力的作用下石化形成，其中部分包裹着昆虫、木屑等物。由此可见，云南人对琥珀的来源与形成都有较为正确的认识。但由于云南地区的琥珀发现时间较晚，也缺乏史料记载，遂错误地认为琥珀来自外国。对琥珀的认识，可以看出云南人的科学探究精神，他们并没有将琥珀附会为"老虎流下的眼泪"这样的传说，而是根据琥珀的形制、发掘的地点分析出，其为松液，埋藏于地下。由于松液并不如琥珀坚硬，云南人遂推理出，松液埋藏于地下千年之久而形成。对琥珀的认识，体现了部分云南人在探究事物时的理性与朴素唯物主义思想。

除此之外，考古工作者在云南还发现了较早的时间工具，如在滇东北的会泽水城村东汉墓中发现了陶制漏刻（漏刻是一种计时工具）。又如在大理下关大展屯 1 号汉墓出土的铜双龙抱柱，很显然是由圭表衍生而来的，这是一种测量太阳光线的装置。[②]云南出土的漏刻与抱柱，显然是受到了中原地区的影响，同时也显示了该时期云南人已经有了较为清晰的时间观念与节令意识。

云南地区的汉文化鲜明地体现在了爨氏身上。爨氏作为南迁汉人入主南中，虽然与南中人民水乳交融，融入了当地社会，但爨氏因其汉人身份，也必将汉文化与科技传入南中。如刻于东晋义熙元年（405）的《爨宝子碑》有言："幽潜玄穸，携手颜张。"此中颜即颜回，张即子张，他们都是春秋战国时期儒家的代表人物，颜回甚至有"复圣"之称。爨氏在碑文中强调爨宝子虽然死了，但在死后却可以与颜回、子张往来相遇。由此可见爨氏深受儒家文化的影响。而刻于南朝大明二年（458）的《爨龙颜碑》中有言："优游南境，恩沾华裔。抚伺方岳，胜残去杀。"[③]碑文虽然强调了爨氏与南中人民的水乳交融之情，但后一句仍然可以看出爨氏是以汉族统治者的姿态入主南中。在爨氏的统治之下，该时期的南中地区显然汉化程度更为加深，而科技思想也带有儒、道等文化的影响。

---

① 《南蛮记》，转引自（明）刘文征撰，古永继点校：《滇志》卷 32，昆明：云南教育出版社，1991 年，第 1048 页。

② 李晓岑：《云南科学技术简史》，北京：科学出版社，2013 年，第 74 页。

③ 马继孔、陆复初：《爨史》，昆明：云南人民出版社，1991 年，第 310—311 页。

（三）边疆与内地一体化进程中的云南科技思想

开皇十七年（597），隋将史万岁远征云南，消灭了长期占据云南滇东地区的爨氏集团，中原王朝势力再次进入云南。开元二十六年（738）起，在唐王朝的支持下，南诏以战争手段兼并五诏，统一洱海地区，消灭东西两爨势力，统一了云南。南诏虽然是在唐朝的扶持下建立的，但随着南诏的强大与身处唐朝与吐蕃两强之间，南诏作为一个主体的意识逐渐产生。因与唐朝的龃龉，天宝九载（750），云南王阁罗凤杀云南太守，联合吐蕃反唐。此后云南与唐王朝分合不定，但南诏作为一个国家独立主体的意识已然产生，这在科技发展中也得到了很好的体现。但南诏的独立并不是说南诏走向了一条反汉化，回溯自身传统文化的路径。南诏虽然与唐王朝经历了多次战争，但依然在学习先进的汉文化，并保持着自身的特色。唐天复二年（902），汉人权臣郑买嗣取代南诏，建立了大长和国。直到后晋天福二年（937），段思平灭大义宁国，建立了大理国，云南再次统一。但北宋建立后，宋太祖却以玉斧画大渡河，从而阻断了大理国与北宋的往来。大理国虽然全国尊崇佛教，但依然积极学习汉文化。因而在大理国时期，其科技思想既受华夏影响又有地方特色。

首先，农业与历法上。《蛮书》载："从曲靖州已南，滇池已西，土俗唯业水田。种麻豆黍稷，不过町疃。水田每年一熟。从八月获稻，至十一月十二月之交，便于稻田种大麦，三月四月即熟。收大麦后，还种粳稻。小麦即于冈陵种之，十二月下旬已抽节，如三月小麦与大麦同时收刈。"[①]由上段文字可知，此时云南已采用了一年两熟的稻麦复种制。这是中国有关此种技术的最早记载。能出现此种技术，得益于云南较为规律的气候，以及当时南诏人对于气象学知识的掌握；表明南诏人已熟练运用自己所掌握的知识，并能将知识转化为实践，体现了南诏人不一味依附唐王朝，努力因地制宜地发展适合自身条件的科技思想。由于南诏与中原地区联系的加强，大量汉文典籍传入云南，中原历法便由此传入了南诏。但中原历法的使用，大多集中在南诏统治阶级之中，在广大少数民族及下层民众之间，大多使用的仍是本地历法。在洱海地区出现了本地历法与中原历法并存的现象。

---

① （唐）樊绰撰，向达校注：《蛮书校注》，北京：中华书局，1962 年，第 171 页。

　　其次，医药学与生物学上。《蛮书》载："濩歌诺木，丽水山谷出。大者如臂，小者如三指，割之色如黄檗。土人及赕蛮皆寸截之。丈夫妇女久患腰脚者，浸酒服之，立见效验。"①可见，南诏人已有了将两种不同物质相混合，进而产生疗效的药学思想。南诏甚至还有以泉水治病之说，如"灵津瀫疾，重岩涌汤沐之泉"，即沐浴泉水便可治愈疾病。关于此记载的疗效是否可信，尚且不论，但显然南诏人已具备了某种物质能量转化的思维，并将其运用到了医学上。佛教传入南诏，使南诏与印度的交往得到了进一步的发展，同时使印度医学知识得以传入南诏。大理国时期，在医学上还出现了一个显著的现象，即从官方到民间都不遗余力地吸收了中原的医学和药物学知识，中原的一些精通医术之士为了适应这种需求，也纷纷进入大理国行医传业。这导致中医在大理地区迅速发展，逐渐在大理国的医药学中取得主导地位。②南诏国及大理国最具特色的是毒药的使用。云南地处烟瘴地带，有毒的动植物较多，使得云南地区对毒药的使用较中原更为常见。毒药一般被用于武器之上，如毒槊、毒刀、毒箭等。据记载，铎鞘郁刀"铎鞘者，状如残刃，有孔傍达，出丽水，饰以金，所击无不洞，夷人尤宝，月以血祭之。郁刃，铸时以毒药并冶，取迎跃如星者，凡十年乃成，淬以马血，以金犀饰镡首，伤人即死"③。郁刀是南诏所产名刀，由其铸造工艺之复杂，可以看出南诏的铸造技术已达到了很高的水平。其中，为了增加郁刀的杀伤性，"铸时以毒药并冶"，体现了南诏人已掌握了部分比较成熟的生物学知识。

　　除此之外，在关于郁刀的此条记载中，两次提到了"血"。首先是在铸造之时，"淬以马血"，其次是"月以血祭之"。用马血淬刀，或许在于马血与水的成分不同，而对铸造出的郁刀质量有所影响，或许也夹杂了一些宗教与信仰成分在其中。刀与血的结合，体现了南诏人科技思想中的神秘化色彩。与之相对应的是毒槊，"南蛮有毒槊，无刃，状如朽铁，中人无血而死，言从天雨下，入地丈余。祭地，方撅得之"④。在郁刀之中，我们可以看到南诏人对血

①　（唐）樊绰撰，向达校注：《蛮书校注》，北京：中华书局，1962 年，第 196 页。

②　黄懿陆：《滇国史》，昆明：云南人民出版社，2004 年，第 67 页。

③　《新唐书》卷 222 上《南蛮传上·南诏上》，北京：中华书局，1975 年，第 6275 页。

④　（唐）段成式撰，许逸民校笺：《酉阳杂俎校笺》前集卷 10《物异》，北京：中华书局，2015 年，第783 页。

的神圣性的崇拜，认为血为生命之源，因而铸刀、祭刀都需要用血，而毒槊却"中人无血而死"，在不损失血液的情况下，就能置人于死地，显示了毒槊巨大的杀伤力，也显示了南诏人已经意识到毒药就算不经过血液也同样可以使人中毒，体现了其在生物学与医药学上的新认知。除此之外。南诏也在战争中大量使用毒药技术，如天宝十五载（756），"吐蕃复袭南诏，分军屯铁桥，南诏毒其水，人畜多死"①。南诏人在制造这些最致命的武器之时，虽然对毒药致死的原理不明晰，因而对郁刀一类的武器添入了神秘主义色彩，但在这种科技思想的指引下，南诏国、大理国的医药学、化学与生物学知识逐渐得到提高。

　　除了血祭以外，南诏还流行祭天。如建于南诏国时期的南诏铁柱，又称"崖川铁柱"，位于云南省弥渡县城西北太花乡庙前村原铁柱殿内。该柱为铁质实心黑色圆柱，高 3.3 米，直径 33 厘米，重 2069 千克。南诏在不同的时期都进行祭柱活动，而不同时期的活动则被赋予了不同的文化色彩。然而从立柱的初衷来看，应是《南诏图传》所记述的祭天说。②祭天表达出了南诏人对上天的崇拜，表现了尊重自然的观念。而以铁柱祭天，也能反映出南诏人在宇宙观上，将天与地视为相连接的统一体，而祭拜铁柱，则可以达到天地相接的状态，人们的美好祝愿才能被上天所洞悉。南诏铁柱的展现出了南诏高超的冶炼技术，但除此之外，南诏国时期出现的铁索桥也是冶炼技术高超的体现。中国古代有关铁索桥的记载最早的是陕西留坝县马道镇上跨褒水的支流——樊河上的樊河桥。③而据唐人记载："天宝初，南诏谋叛唐，于么些、九睒地置铁桥，跨金沙江，以通吐蕃往来之道。"④正德《云南志》载："桥所跨处，穴石锢铁为之，遗址尚存。冬月水清，犹见铁环在焉。"⑤此桥又被称为神川铁索桥。但这些古籍上记载的铁索桥，在明代以前，仍只是零星见于记载。相较而言，

---

① （清）顾祖禹撰，贺次君、施和金点校：《读史方舆纪要》卷 117《云南五》，北京：中华书局，2005年，第 5177 页。

② 刘光曙：《大理文物考古》，昆明：云南民族出版社，2006 年，第 98—99 页。

③ 项海帆等编著：《中国桥梁史纲》（新版），上海：同济大学出版社，2013 年，第 43 页。

④ （清）顾祖禹撰，贺次君、施和金点校：《读史方舆纪要》卷 117《云南五》，北京：中华书局，2005年，第 5177 页。

⑤ （明）周季凤纂修：正德《云南志》卷 11《丽江军民府·关梁》，明正德刻本，第 11 页。

神川桥横跨金沙江，其工程规模要远大于樊河桥。铁索桥的修建，需要较高的铸造技术与物理学、化学知识，由此可见南诏国、大理国时期云南高超的修筑技术。

南诏国、大理国时期，云南在墓葬形式上也土汉并行，但仍以火葬为主。《蛮书》记载："西爨及白蛮死后，三日内埋殡，依汉法为墓。稍富室广栽杉松。蒙舍及诸乌蛮不墓葬。凡死后三日焚尸，其余灰烬，掩以土壤，唯收两耳。南诏家则贮以金瓶，又重以银为函盛之，深藏别室，四时将出祭之。其余家或铜瓶、铁瓶盛耳藏之也。"[①]南诏国时期流行的火葬源于古氏羌人之习俗，而在大理国时期，始具有了佛教色彩。因而至大理国时期，云南的科技思想必然也受到了佛教思想的影响。火葬与中原地区土葬的习俗及"入土为安"的观念迥异，而"唯收两耳"则更是与中原地区追求死者肢体完整的观念相悖。丧葬形式的不同，体现了云南与内地在自然观、生命观上的不同，显示了云南地区在吸收汉文化影响的同时，也展现了强大的民族文化主体性。

南诏国、大理国时期，虽然云南力图在保持自身民族主体性的基础之上，吸收借鉴汉文化以发展自己的科技文化，但由于汉文化强大的同化力，南诏国、大理国时期，实际上流行的主体文化仍为汉文化，这尤其体现在科技思想上。通过考古发掘出的南诏国、大理国时期的文物可以看到，这些文物大多与汉地出土的文物雷同。南宋宝祐元年（1253），蒙古军队在忽必烈的率领下南征大理国，大理国灭亡，云南再次被纳入中央的统治。至元十一年（1274），"始置行省，治中庆路，统有三十七路、五府"[②]。此后，云南与内地的联系愈加紧密，由于移民、屯田等政策的实施，云南的主体民族也由白族等少数民族转变为了汉族，云南科技思想完全汉化。虽然云南已与内地连为一体，但云南复杂的地理环境与少数民族众多的现状，使云南在中原科技思想之中，逐渐孕育出了以中原科技思想为主体，各少数民族科技思想"百花齐放""你中有我，我中有你"的盛况。

---

① （唐）樊绰撰，向达校注：《蛮书校注》，北京：中华书局，1962年，第216页。
② 《元史》卷91《百官志七·行中书省》，北京：中华书局，1976年，第2307页。

第三节 云南农猎科技思想

一、早期自然观

自然观作为文化的重要标志，其形成对于科技的发展起着重要作用。人类在最初的原始社会生产过程中逐渐掌握各种技术，学习使用工具，不断学习进步。在满足生存需求后，人类的思想也逐渐从蒙昧走向智识，开始对所生存的自然环境进行思考并对自然现象进行解释。即"当文明发展到足以产生对人类自身地位的刻意评价，以及对自然过程背后的支配力量进行整体性推测的阶段时，就会出现关于自然现象内在原因的整体构想和解释，它们在文明进程中不断积累，并转化为相对稳定的看待自然的基本方式，便形成某一历史时期的自然观"①。

原始自然观作为一种原始意识体现了早期人类的一种直觉，这种直觉是现实与幻想的混合，以神话传说、史诗及宗教仪式为传播媒介，主要探讨宇宙本源、万物和人类起源以及自然界生存发展规律三大问题。有关宇宙本源的探讨在上文已有介绍，此处不再行文探讨。由于早期人类认识的局限性，在对自然认识过程中，对于自然界事物人类总是充满崇敬之情，对物象的崇拜逐渐演化为人格化、人神化崇拜，万物有灵的观念逐渐形成。如2012年从保山昌宁大甸山遗址中发掘出来的瓮棺，用于埋葬儿童，瓮棺往往会钻出几个小圆孔，这是因为当时人们认为，人死后灵魂还是存在的，圆孔可以方便灵魂的出入。而对山川河流、日月星辰、虫鱼鸟兽的崇拜和敬畏又逐渐演化为有宗教色彩的图腾崇拜，又由于早期人类对自然征服能力较弱，无力应对自然灾害，故转而对自然膜拜以希冀得到保佑，原始宗教思想便逐渐被孕育出来了，与原始自然观相互交织。

另外，由于早期先民居住生活区域多呈点状分布，地理气候特征也各有差异，故对于相同事物也形成了不同的认识。这些不同的认识通过神话及史诗得

---

① 龚红月、王培林、何君宜、等编著：《智圆行方的世界——中国传统文化新论》（第2版），广州：暨南大学出版社，2000年，第265页。

以反映。有关天地万物及人类的起源，传世的民族史诗各有不同，如彝族的《阿细的先基》《查姆》、佤族的《司岗里》、拉祜族的《牡帕密帕》、景颇族的《目瑙斋瓦》、哈尼族的《奥色密色》等。有的说人是神仙用泥土做的，有的说人是天上下的雪做的，有的说人是海里面的卵孵化出来的，等等。这些史诗具有独特的民族特色，内容也丰富多彩充满传奇，是人们当时受困于生产生活能力低下时为了理解和说明自然的一种尝试。可见，原始自然观虽未脱离客观自然的实际，但也不能科学地还原自然原貌，这与当时的社会背景是密不可分的，就是这种朴素原始的思考成为随后科技发展的萌芽，使古代科学走上与生产和生活息息相关的实用科学道路。

二、早期农猎思想

农猎文明在中国拥有悠久的历史，作为农业大国，在中国的传统文化中时时可见早期既已形成的农猎文化的影子。云南先民对生活环境及天地自然的观察和思考促使了早期自然观的形成，而这种稳定看待自然的方式直接影响了早期农猎思想的形成。对宇宙、天地、自然的认识使得人们自然而然地产生一种与天、地之间的联结。这种原始、朴素的思维方式认为人类世界是人与天、地共存的空间，人类社会的一切现象都体现了天与地的思想意志。"天、地、人"构成了早期农猎思想的核心。农猎活动是人类主观活动，需要与客观存在的天与地达到和谐统一，即在早期开展农猎活动时要追求天时、地利、人和，在重视人类的主观活动时不违背自然运行规律。"天时"对于确定农耕渔猎时节具有指导意义。早期云南先民生产生活水平有限，农猎很多时候要靠天吃饭。通过观察天象以确定农时，了解昼夜及四季变化规律来规范粮食生产和渔猎可以最大限度地保障早期云南先民的生存安全。何时播种、何时飞禽走兽和鱼类开始进行繁殖、何时可以开展渔猎、何时蔬菜果实成熟这些都与天时息息相关。而"地利"则是要求早期先民在开展农猎活动时注重因地制宜，根据不同的地理、气候、土壤、水文进行不同的农业生产。基于天与地这两个客观因素，"人和"需要人充分发挥主观能动性，顺应自然规律，利用自然资源更好地为人类服务。推测早期农猎思想的形成可以通过云南出土的各类考古材料窥见一二。

在最初的原始社会，人们通常依靠采集植物和狩猎维持生存，随着思维及对自然认识的不断完善，社会在缓慢进步，人类开始尝试制造工具来栽培植物和狩猎动物。在开垦土地栽培植物时，多使用石锄、石斧、石锛、石耒等；而狩猎时依靠石镞、弓弩、栅栏、猎网等提高效率；在河流湖泊附近居住的人们还使用叉、网、篓等捕捉鱼虾和螺蚌。在永平新光遗址、宾川白羊村遗址、元谋大墩子遗址和永仁菜园子遗址中都出土了大量石斧、石锛、石镰、石刀、石磨棒和石磨盘。其中宾川白羊村遗址还发掘出 48 个储粮窖穴，这表明在 4000 多年前云南地区已经出现较为发达的原始农业。而当时云南先民的主要农作物应当为稻谷。在保山市昌宁县达丙营盘山出土了近圆形的重粒型古稻，在宾川白羊村、永平新光等遗址中还发现炭化稻谷，在陶制器具上有谷壳及穗芒压痕。早期云南原始自然环境开发较少，渔猎及畜牧资源丰富，当人们在捕获较多动物一时无法消耗时便会开始对动物进行饲养和驯化。各类遗址中出土的动物残骸表明狩猎和畜牧已经在日常生活中占据很大比重。元谋大墩子遗址出土了牛骨、猪骨、狗骨、鸡骨，同时还出土了鸡形陶壶。麻栗坡小河洞遗址、江川古城山、寻甸先锋姚家村石洞等地还出土了马骨。

在原始社会初期，人类主要通过采集和渔猎的方式来获取食物等生存资料。木块和石块就成为人类日常劳动中最常见的工具。经过长期实践，人类发现将石块进行粗略的加工，使其变得尖锐，可以提高劳动效率，打制石器就这样出现了。打制石器的出现标志着人类进入了旧石器时代。在旧石器时代，种植业尚未产生，采集和渔猎仍然是主要的劳动方式。石器工具的类型主要包括砍砸器、刮削器及尖状器，大部分是由石片经过打制而成的。砍砸器和尖状器可以帮助人类采集果实、捕猎抓鱼，刮削器则可以帮助人类进一步处理食物。

云南境内的旧石器时代遗址很多。1965 年，经考古发掘，在元谋县上那蚌村发现了两枚人类牙齿化石。这说明早在距今 170 万年前，云南就出现了人类。1989 年，在江川县甘棠箐遗址发掘出土石器、骨器等上万件。石器类型以刮削器为主，其次为石锥和雕刻器，小型石器居多。经过专家研究，认为甘棠箐遗址距今有 100 多万年。[①]在呈贡龙潭山洞穴遗址，经过数次考古发掘，出土了大量的石器。石器类型有砍砸器、刮削器及少量尖状器和雕刻器，主要由石片

---

① 张兴永、高峰、马波，等：《云南江川百万年前旧石器遗存的初步研究》，《思想战线》1989 年第 4 期。

打制而成。①专家认为呈贡龙潭山属于旧石器时代晚期洞穴遗址。另外，还有保山塘子沟、蒙自马鹿洞、宜良张口洞、峨山老龙洞、富源大河、元谋四家村、路南、昆明大板桥等众多旧石器时代遗址。

在旧石器时代，人类在日常生存中使用最多的就是打制石器。打制石器也成为人类早期最早制作和使用的工具。随着人类长期的劳动实践，在采集的基础上，人类学会了保存种子进行种植，原始农业逐渐发展起来。原始农业的发展需要更高标准的工具，打制石器已经无法满足农业生产的需求了。人类开始改进工具的制作工艺。石器的制作方法出现了飞跃式的发展——产生了磨制石器。磨制石器的出现就标志着人类由旧石器时代走进了新石器时代。

云南的新石器时代遗址众多，肖明华在《云南考古述略》一文中按照所处的地理特征将云南新石器时代遗址分为河边阶地类、河边洞穴类、湖滨及湖滨贝丘类三种类型。②从范围上来看，这些遗址几乎遍布了整个云南省。因此，本书认为，早在新石器时代，就已经有大量的居民生活在云南，并且进行着生产和劳动。新石器时代遗址所出土的石器种类更加丰富，形状多样，制作工艺也更加复杂，表明人类制作石器的技术有了大幅度的进步。在石器制作技术的进步的同时，石器的普及也说明云南的农业科技出现了快速发展。

第四节　云南手工业科技思想

马克思主义劳动学说认为人和动物的根本区别在于劳动。人通过劳动，将自然界所提供的材料变成人类生存所需的物质资源。劳动首先是在人和自然之间进行的。劳动激发了人类改造自然的能动性。通过劳动，人类制造出了工具。工具使人类更快捷地从自然中获取生存资料。工具的出现标志着人类彻底地从动物界分化出来，人类的劳动也脱离了本能式的阶段，而变成了利用工具的有意识、有目的、有计划地改造自然的社会实践活动。因此，制造工具是人类最

---

① 胡绍锦:《云南旧石器》，载文集编委会:《"元谋人"发现三十周年纪念暨古人类国际学术研讨会文集》，昆明：云南科技出版社，1998年，第87页。

② 肖明华:《云南考古述略》，《考古》2001年第12期。

早开始的科技活动。正是在工具制造的基础上，人类的手工业不断发展。在长期的生产实践过程中，人类的科技思维不断地进步，随着农业的产生，人类最基本的食物需求得到了满足，新的需求也出现了，如保暖、贮藏等。这些新需求的出现促使人类冶炼、铸造及纺织技术的产生，人类的手工业技术就是这样被推动并向前发展的。

一、原始时代的云南石器制造思想

旧石器时代和新石器时代称为史前时代，也称为原始时代，这是人类科学思想的萌芽时期。在原始时代，由于缺乏文字的记载，对于原始人类的手工业科技思想我们只能通过文化遗存及考古发现等资料做出初步的探索性阐释。

原始时代的人类只能从身处的自然环境中获取食物、水等最基本的生存资料，因此采集就成了人类最早的生存方式。在原始时代的最早期，人类使用木棍和石块获取食物并且防御野兽的攻击。久而久之，人类发现石块可以打制成尖锐的器具，经过打制的石块可以更有效地为人类提供帮助，石器就这样产生了。伴随着原始人类的生产方式由原始采集向原始农业过渡，石器的种类越来越多，制作工艺也越来越复杂。原始人类发现，经过磨制的石器比打制石器更为锋利，也更加易于使用，人类的原始文明就由旧石器时代迈向了新石器时代。在新石器时代，磨制石器出现了详细的分类，各个种类的石器的器型逐渐固定下来，出现了斧、锛、刀、镞、磨盘等石器。这些石器相比旧石器时代的打制石器来说，器型更为科学，更加适应人类种植农作物的劳动需求，在耕作中更大程度地起到了辅助作用。此外，新石器时代的穿孔技术也是技术史上的一次伟大进步。夏光辅在《云南科学技术史稿》一书中认为：石器上有孔，就能比较牢固地绑在木柄上，便于使用和携带，提高了石器的效率。有孔带柄的石斧、石刀、石矛、石锄等，效率要大得多。有孔带杆的石镞，用弓弦射出，更加准确、有力。[①]从旧石器时代到新石器时代，石器制造技术的进步是其外在表现，而原始人类的科技思想的进步则是其内在的根本动因。

---

① 夏光辅：《云南科学技术史稿》，昆明：云南人民出版社，2016 年，第 14 页。

二、云南陶器制造及其科技思想

原始农业出现以后，人类通过种植获得了大量的粮食，这些粮食应该如何长期贮藏成为人们迫切需要解决的问题。人类最早是在编制的或木制的容器外部涂上黏土，久而久之，人们发现这些黏土经过烧制之后可以变硬、成型而且耐火，即使没有里面的容器，经过烧制后的黏土也可以使用。经过人类的反复实验，制陶技术应运而生。罐状陶器可以形成一个相对密封的空间，将粮食与外界的潮湿空气隔离开来，能够实现粮食的长期储存。陶器还可以用作炊具和饮食用具，更新了人类的生活方式。在原始时代早期，人类制作食物的方式主要是直接进行火烤。在种植业形成之后，尤其是陶器炊具出现之后，人类制作食物除了火烤以外，还出现了烹煮的方式，这无疑大大提高了人类的饮食水平。此外，陶器还可以制作成为工具，如网坠和纺锤等。网坠可以用来捕鱼，纺锤可以用来纺织，这进一步提高了人类的劳动效率，节省了人类的劳动时间。可以说，在新石器时代，陶器的出现使人类的文明又迈上了一个新的台阶。

除了磨制石器之外，云南新石器遗址还出土了大量陶器。这些陶器种类很多，而且上面还雕刻有丰富多彩的花纹，说明云南先民拥有了制陶技术及雕刻技术。云南新石器时代的遗址主要包括晋宁石寨山遗址、元谋大墩子遗址、宾川白羊村遗址、永平新光街遗址、通海海东遗址、耿马石佛洞遗址等，这些遗址中均发掘出土了陶器。以晋宁石寨山遗址为代表，出土的陶器以泥质红陶、夹砂灰陶为主，器型主要包括凹底弦纹浅盘、弦纹平底盘、高领罐、圆底带流罐、鸡形壶、角形杯、单流杯等。纹饰有羽纹、圆点纹、三角纹、波浪纹、篮纹、绳纹、方格纹等。[①]由于地域差异，各地出土的陶器从质地、器型、色彩到纹饰都有所差别。滇中地区出土的陶器有夹砂陶和泥质陶，器型大多是盘或碗，也有罐和钵，陶色以灰色、褐色为主，也有一些红陶，纹饰以划纹为主，也有少量印纹。滇西北地区出土的陶器以夹砂陶为主，器型多为高大的罐类，纹饰有印纹、绳纹、篮纹和附加堆纹。滇西地区出土的陶器也是以夹砂陶器为

---

① 肖明华：《云南考古述略》，《考古》2001 年第 12 期。该文对云南新石器时代遗址按照白羊村类型、大墩子类型、戈登村类型、石佛洞类型、忙怀类型、石寨山类型、闸心场类型、小河洞类型、曼蚌囡类型等对云南新石器时代发掘出土的陶器的种类、器型及纹饰进行了分类叙述。

主，但是器型以较矮胖的罐为主，纹饰丰富多样，有划纹、绳纹和印纹。

　　云南新石器时代的制陶技术还处在由手制向轮制过渡的阶段，大部分陶器是经过手制完成的。所谓手制是指用手将陶土捏成陶坯的方法。而轮制是指将未成型的陶坯放在可以转动的圆盘上，在转动中塑造坯型，这样的方式可以快速地制造出外表更为光滑、美观的陶器。制作陶器需要复杂的工序，大致来说主要包括选择陶土、制坯、装饰、烧制四个步骤。其一，选择黏土作为原料。经过尝试，人类发现黏土中的杂质会导致陶器易碎，便事先将黏土进行淘洗。其二，为了增加陶器的硬度，人们还会将砂土、果壳等掺进黏土中，加水制成陶土。早期用手制陶坯，后来用轮制法制陶坯。其三，制作好陶坯之后，还要加上纹饰，在未干透的陶坯上刻上花纹或压印花纹。其四，烧制。云南新石器时代出土的陶器大部分采用的是露天烧制法。

　　流传至今的傣族制陶法就采用的是露天烧制。傣族创世史诗《巴塔麻嘎捧尚罗》中记载了制陶技术产生的神话，大意是说人类最早是用土做碗的，但是土碗会漏水，容易破，于是神就告诉人千亿万年前神火烧大地，大地变硬了，也不会渗水，把土碗晒干后用火烧，碗就会变硬，不漏水，这就叫制陶。[①]这则神话中将制陶技术的发明归功于"神"。实际上，制陶技术是人类在主观能动意识的主导之下，经过无数次经验的积累和创造性的实验，才最终完成的。

　　制陶技术的发展体现了人类科技思想的进步。人类制陶的过程，不是仅仅重复以前的做法，而是在人类脑力劳动的主导之下进行的。黏土可以用手捏成不同的形状，经过火烧之后会变硬，形状会固定下来，而且不仅不会漏水还很坚固，再放在火上烧也不会熔化。这些现象经过人类的观察，成为人对于黏土的认知，并且把握住了黏土—火—陶器之间联系的规律。经过无数次的实验，人们学会了如何选择、调制黏土才能烧制出坚硬牢固的陶器；学会了用轮制法制作更为精致的陶坯；学会了控制火候；也创造性地学会了在陶器上雕刻或印制美丽的花纹。经验的积累和思维的进步使人类熟练地掌握了制陶技术。而且

----

　　① 西双版纳州民委编的《巴塔麻嘎捧尚罗》（岩温扁译，昆明：云南人民出版社，1989年，第422—423页）载："人说土碗不好/人怨土盆不牢/神在天上听见/就来指点人/告诉人们说/千亿万年前/神火烧大地/大地变硬了/漂在大水中/不被水吃掉/如今土做碗/也得晒干后/再用火烧它/使土变硬/使碗变硬/装水不吃/人用也好用/告诉你们吧/这叫做'贡莫'（烧锅）/这叫做'贡万'（烧碗）/人听了高兴/就照着去做/捡来干树枝/烧火'贡万贡莫'/从那时候起/人学会捏碗/人学会烧锅/一代教一代。"

随着制陶技术的发展，陶器不仅仅是一种器具，它精美的外形和纹饰使其具有了艺术价值。制陶是人类第一次将大自然所提供的物质材料通过加工转变成为另一种新的物质，可以说是人类改造自然物的第一个伟大成果。

制陶技术的出现也给人类的生产生活带来了巨大的影响。首先，陶制炊具及食器的出现，使人类更容易获得经过煮制的熟食，这对于人类的健康提供了很大的益处；其次，陶罐、陶尊等大型容器的出现，使粮食和水的储存更加容易，这为人类的定居生活提供了可能；最后，烧制陶器的技术为后来人类青铜冶炼、砖瓦的烧制等新技术的出现奠定了科学基础。

三、云南青铜器考古发现及其科技思想

除了制作石器和陶器之外，到了新石器时代晚期，人类开始了铜器的制作。制作铜器，要比制作石器和陶器复杂得多，从寻找矿藏、采矿、冶炼再到铸造、雕刻，一件铜器制作完成要经过很多道工序。铜器的出现，标志着人类文明迈进了青铜时代。"青铜"其实是纯铜与锡、铅等金属的合金。在古代，青铜被称为"金"。青铜器呈黄色，只是经过岁月的侵蚀，表面会产生青灰色的锈，因此被称为青铜。

滇国先民的科技思想与生活联系紧密，这尤其体现在青铜冶炼之上。在云南早期先民的思维中，"万物有灵"是一种普遍的现象。他们认为自己所生活的自然环境中，无论山河湖海、花草树木、虫鱼野兽，还是人类的祖先，都是具有神秘力量的，这种力量切实关系到他们自己的日常生活。而先民相信，通过祭祀活动，可以使祭祀参与者与神灵相通。祭祀成了先民生活中重要的神圣活动。在古滇国时期，祭祀活动有多种形式，包括剽牛祭祀、舞乐祭祀等。在古滇国出土的青铜器中，就有表现剽牛祭祀场面的器物。例如，李家山出土的剽牛祭祀铜饰，其中一件铜饰上呈现出的场景如下："11人共缚一牛，该祭祀场所的右侧立一柱，柱上端为一圆盘形平台，台上立一大牛，体肥肌壮头部发达。11人中有五人按伏牛背；二人紧挽牛尾；二人将缚牛之绳栓于柱上；一人腿部被牛顶穿倒悬于牛角；另一人被牛踩倒在地作呻吟状。"[①]

---

① 张增祺：《滇国与滇文化》，昆明：云南美术出版社，1997年，第212页。

在滇国青铜器之中，贮贝器则为其代表之一。贮贝器主要出土于滇中地区，由于滇国时期将贝视为交易中的一般等价物，因而出现了用于储藏贝币的贮贝器。贮贝器不仅仅是一种实用工具，更是一种艺术品，是滇国社会发展状况的一种反映。在贮贝器上，有各种描绘不同情景的铸造工艺。晋宁石寨山出土的祭祀贮贝器上，就有祭铜鼓祈求丰收的场面。参与祭祀的人拿着不同的务农工具，包括铜锄、点种棒等，在主祭人的带领下，围绕铜鼓进行祭祀活动。在古滇国，铜鼓早期是一种重要的炊具，由炊具而联想到食物，先民逐渐对铜鼓产生了崇拜思想，认为铜鼓具有类似农神的神秘力量。云南先民就以铜鼓为祭祀对象，祈求在铜鼓的佑护之下，能够生产更多的粮食。祭祀铜鼓的传统一直流传到近代，如佤族的"猎头祭谷"，用人的头颅献给神灵"木依吉"，才能获得丰收。

据统计，贮贝器上的图像大致可分为四类，即民族形象、生产生活、战争、宗教祭祀。这些图像在一定程度上弥补了因文字缺失而造成的历史记录的空缺。由滇国贮贝器可见，在冶炼青铜器时，滇国先民已将他们的美学思想融入了青铜冶炼技术之中，而贮贝器所表现出的图像，则显示了科技与生产生活的融合。云南早期先民所形成的世界观念与他们的生产生活是相辅相成的。在生产和生活实践中，云南先民形成了对于世界的理解和认知，而这种观念又反过来影响着他们的生产和生活。

云南的青铜文化十分璀璨，约开始于商末周初，直到西汉，历时约有千年。从范围上来讲，学界一般将云南的青铜文化分为滇池地区、红河流域地区、滇西地区、滇西北地区这四大类型。李晓岑在《云南青铜时代金属制作技术》一文中认为"云南的青铜文化始于滇东北地区，兴盛于滇西地区，完成于滇中地区"[①]。剑川海门口青铜文化遗址是目前发现的最早的云南青铜文化遗址。剑川海门口遗址前后经过了三次发掘。前两次发掘中出土铜器 26 件，包括斧、钺、锛、镰、凿、刀、镯、装饰品等。出土的铜器数量较少，而且伴随着大量的石器。因此，考古学家称其为铜石并用文化，由于此时的先民还未掌握合金的冶炼方法，所以制造出来的铜器质地较软，不能完全替代石器工具。在第三期的发掘中，出土了更多的铜器，种类包括镯、锥、镞等。考古学家认为剑川海门

---

① 李晓岑：《云南青铜时代金属制作技术》，《考古与文物》1999 年第 2 期。

口遗址第三期发掘的年代应属云南地区的铜器时代早期和中期，距今约 3100—2500 年。[1]

滇池地区的青铜文化以晋宁石寨山的滇文化为代表。冯汉骥在《云南晋宁石寨山出土文物的族属问题试探》一文中认为创造滇文化的是"滇人"。滇人所制造的青铜器具有独特的风格特征，以其造型别致、工艺精湛而为世界所瞩目。滇池地区出土的青铜器种类繁多，包括贮贝器、铜扣、兵器、斧、钺、锛、铜枕、铜鼓、编钟等，不胜枚举。滇文化中的贮贝器举世闻名，贮贝器上雕刻着形态各异的人物活动场景，诸如祭祀、播种、狩猎、战争等，无一不栩栩如生，真实地再现了古代滇人的生活景象。红河流域地区出土的青铜器的造型、纹饰和图案都十分灵动精美，器型包括尖刃钺、靴形钺、曲刃钺、椭圆鍪、窄长凿、铜扣饰、铜鼓、编钟等。滇西地区出土的铜器包括铜棺、铜鼓、山字形格剑、铜旋纹柄剑、曲刃矛、曲援戈、尖刃钺等。其中，大波那木椁墓出土的铜棺是到目前为止云南出土的最大的青铜铸件，并且代表了云南青铜器铸造技术的最高水平。整个铜棺由 7 块铜板组成，整体造型与干栏式长屋相似。铜棺的表面雕刻着精美的纹饰，两端还雕刻着丰富的动物图案，包括虎、豹、鹿、马、鹰、燕、猪等飞禽走兽的图案。滇西北地区出土的青铜器包括双环首剑、曲柄剑、弧背刀、短柄镜、圆形扣饰等。云南出土的青铜器数量达到了近万件，可以笼统地分为生产工具、生活用具、兵器、乐器及装饰品五个大类。其中，贮贝器、铜鼓及形式各样的铜扣饰最能体现云南青铜文化的特色。[2]

中原地区出土的青铜器大多为礼器、乐器和兵器，用于农具的铜器较少。对于这一现象，有些学者认为铜器比较贵重，所以中原地区的青铜大多是供贵族使用的，而普通农户所用的生产工具大部分还是石器和骨器。而云南则不同，出土的铜器中有大量的农具，如铜锸、铜锄、铜镰等工具，可以用于深翻土地、除草、收割等农事生产活动。为什么在云南会出土这么多的青铜农具呢？有学者认为这是由于云南的铜矿和锡矿资源丰富，这为青铜器的铸造提供了丰富的原料。[3]

云南被誉为有色金属王国，金属矿藏丰富，尤其是铜矿和锡矿。班固《汉

---

① 闵锐：《云南剑川县海门口遗址》，《考古》2009 年第 7 期。

② 冯汉骥：《云南晋宁石寨山出土文物的族属问题试探》，《考古》1961 年第 9 期。

③ 张增祺：《滇国与滇文化》，昆明：云南美术出版社，1997 年，第 17 页。

书·地理志》载："俞元，池在南，桥水所出，东至毋单入温，行千九百里。怀山出铜"，"律高，西石空山出锡，东南滕町山出银、铅"，"健伶来唯。从陆山出铜"。①这些铜矿和锡矿资源不仅为云南的青铜器铸造提供了原料，而且还成为商王朝中原地区铸造青铜器原料的来源地。那么青铜的起源是什么呢？有学者认为原始先民在寻找石器制作的原料时，无意中发现了铜矿石，经过高温冶炼，炼成了铜。人们发现铜比石器更有韧性，更容易塑形，也更加坚硬，于是就开始专门寻找铜矿石，逐渐发明了青铜冶炼及铸造技术。在青铜时代，云南选择的矿石是富含铜的孔雀石，这种矿石的含铜量较高，而且容易冶炼，加热至 1083℃就能炼出铜。而青铜冶炼还需要加入一定量的锡才能完成。先民并非一开始就知道青铜冶炼时的铜锡比例，而是由于本来就含锡的铜矿经过冶炼之后硬度会比纯铜高，而且熔点较低，易于冶炼，人们发现了这一现象之后，才主动地去研究铜和锡之间的比例在青铜冶炼中的影响。②经过无数次的实验和经验总结之后，人们终于掌握了青铜冶炼中铜、锡比例的规律。例如，《考工记》中记载："六分其金而锡居一，谓之钟鼎之齐。五分其金，而锡居一，谓之斧斤之齐。四分其金，而锡居一，谓之戈戟之齐。三分其金而锡居一，谓之大刃之齐。"③在云南，战国至西汉时期的青铜器相比最早制造的青铜器来说，铜、锡之间的比例更趋于一致，这说明云南先民的制铜技术到了战国至西汉时期已经发展成熟。

云南的青铜铸造方法主要有两种：范模铸造法和失蜡法，其中范模铸造法是最常用的方法。范模铸造法的原理就是内模外范，在中间浇铸青铜溶液，冷却后就可以铸造成为青铜器。具体来说，范模铸造法分为制范、浇铸、修饰三个步骤。古滇国的铜鼓是一种非常典型的用范模铸造法铸造的铜器。铜鼓是古滇国常见的打击乐器，鼓面和鼓腰间一般都装饰着特色鲜明的花纹，铜鼓也被认为是云南青铜文化的代表。制作铜鼓首先需要制内模，内模一般用泥或陶做成，再根据内模翻范，雕刻好花纹，之后合范，最后将高温熔炼出的铜液浇注进范腔。完全冷却之后，除去外范，一件铜鼓就制造完成了。古滇国的铜鼓包

---

①《汉书》卷 28 上，北京：中华书局，1962 年，第 1601 页。

② 童恩正、魏启鹏、范勇：《〈中原找锡论〉质疑》，《四川大学学报（哲学社会科学版）》1984 年第 4 期。

③（清）阮元校刻：《十三经注疏》（上册），北京：中华书局，1980 年，第 915 页。

括两种类型：万家坝型和石寨山型。万家坝型铜鼓表面粗糙，铸造工艺尚不成熟，相比之下石寨山型铜鼓表面光滑，铸造工艺进步了许多。

失蜡法是一种古老的青铜器铸造方法，早在春秋、战国时期就已经形成了。失蜡法在云南一直沿用至今，昆明等地的斑铜仍然采用这种古老的制作工艺。失蜡法是先用蜡制成内模，在蜡模上用泥制成范，再经过高温焙烧，蜡模会融化成蜡液流出，这样泥范内部形成空腔。最后再将熔炼好的铜液浇注到空腔内，待冷却后，一件青铜器就制作完成了。与范模铸造法相比，失蜡法能够铸造出形状更为复杂、精巧的青铜器。而且失蜡法所铸造的青铜器厚薄均匀，表面更加光滑、整洁。运用失蜡法需要先民掌握更为精准的技巧，工序更为复杂，对蜡和铜的比例有很高的要求，这相比于范模铸造法是一次技术上的进步，是在人们长期的经验积累和思考创新的基础上诞生的。

人们在熟练掌握了青铜铸造的工艺之后，又进一步发明了多种青铜器装饰技术，如线刻、鎏金、镶嵌等。这些技术的运用，使云南的青铜器更加美观、抗腐蚀、富有宗教和艺术价值。线刻技术是一种非常精细的青铜雕刻技术，体现出古代先民的高超手工技艺。古代匠人用刀在青铜器表面刻画出各式各样的图案和花纹。在云南出土的青铜器中具有线刻纹饰的数量众多。云南青铜器的线刻工艺以栩栩如生的动物纹饰而著称，其中最常见的动物图案包括虎、豹、牛、孔雀、猴、猪、鸡、蜂、蛇、蛙、兔、鹿、狼、鹰、蟹、螺、鱼、虾等。其中虎和牛的形象最多。滇国青铜器上的动物纹饰注重动态的描绘，如虎牛搏斗、豹袭雄鸡等，渲染出紧张、激烈的氛围。不仅如此，滇人的线刻技术炉火纯青，线纹细如发丝，令人赞叹不已。在晋宁石寨山出土的一件铜片，上面用非常细的线刻画出带枷人、孔雀、牛头、织机和牛角号等十几种图案。云南青铜器的线刻纹饰极富地方特色，以丰富多彩的动物纹饰为代表，呈现出写实、生动的风格，这与中原地区抽象、简洁的青铜纹饰有明显的区别。

战国末期至西汉时期，云南的鎏金技术就已经成熟。鎏金技术，是在青铜器表面镀上一层金，具体方法是将金粉与汞混合，将其涂在青铜器表面，再经过火烤使汞蒸发，金就附着在青铜器表面，不会脱落。经过鎏金的青铜器光彩夺目，而且不会被氧化生锈，易于长期保存。云南出土了大量的鎏金青铜器，如贮贝器上监督女工的贵妇人，以及鎏金的铜鼓、铜扣饰、盾牌铜饰、铜剑柄等。这表明早在西汉时期，古滇国的匠人就已经掌握了金和汞之间的化学反应规律，并将其创造性地应用于青铜器加工技术中。

青铜器的出现使人类文明迈上了新的台阶。青铜器被广泛应用于生产、生活、祭祀及军事活动中。青铜器作为礼器和乐器，用于祭祀、节庆等活动中，彰显着权力和等级观念。随着青铜器的制作和使用，人类逐渐从原始社会过渡到奴隶社会。青铜兵器提高了战斗力，扩大了战争的规模，同时促进了城市的出现。

四、云南冶铁技术及其思想

冶铁技术的出现，为人类文明的发展提供了新的助力。正如恩格斯所说的："铁使更大面积的农田耕作、开垦广阔森林成为可能；它给手工业工人提供了一种极其坚固和锐利的，非石头或当时所知道的其他金属所能抵抗的工具。"[①]铁器的出现，使云南地区的生产力有了大幅度的提高，推动了农业、手工业的快速发展。

关于云南的铁器出现的时间问题，学界经过长期的讨论，普遍认为云南自西汉中期开始出现了铁器。但是也有学者认为铁器在云南出现的时间更早，早在春秋末期或战国初期，云南就已经出现了铁器。[②]从考古情况来看，先秦至西汉时期，云南出土的铁器主要集中在滇池区域，晋宁石寨山出土的铁器数量最多，其他还有江川李家山、安宁太极山等。这一时期出土的铁器多为铜铁合制器。所谓铜铁合制器也就是指刃用铁制，而柄用铜铸成，再将刃和柄焊接在一起，如铜柄铁剑、铜柄铁锥、铜柄铁矛等。这是由青铜时代向铁器时代过渡时期的一种铜铁合制的现象。在云南的青铜时代晚期，虽然已经有铁器出现，但是铁器数量与青铜器数量相比要少得多。这说明这一时期铁器尚未被广泛使用，青铜器仍然是主要的生产、生活器具。到了东汉时期，云南就开始广泛使用铁器了，出土的铁器类型丰富，数量也很多。

南诏国时期，铁器的冶炼铸造技术已经成熟，铁器也被广泛应用于农具和兵器当中。这个时候，出现了铁犁这种新型的农具，《蛮书》记载："每耕田用

---

① 〔德〕恩格斯：《家庭、私有制和国家的起源》，载中共中央马克思恩格斯列宁斯大林著作编译局编：《马克思恩格斯选集》第四卷，北京：人民出版社，1972年，第159页。

② 张增祺：《云南开始用铁器的时代及其来源问题》，《云南社会科学》1982年第6期。

三尺犁，格长丈余"①，所谓"三尺犁"就是用铁铸造的。铁犁的出现使深翻土地更易操作，提高了农业生产效率。南诏国时期的铁制兵器有矛、矢、枪、刀、剑等，其中最为著名的是铎鞘和浪剑。《南诏德化碑》记载："越析诏余孽于赠恃铎鞘，骗泸江。"②《云南志》记载："铎鞘状如刀戟残刃。积年埋在高土中，亦有孔穴，傍透朱笋。出丽水。装以金穿铁荡，所指无不洞也。南诏尤所宝重。"可见，铎鞘在南诏国时期是十分贵重的武器，被视为珍宝。另外，浪剑也是南诏非常有名的兵器。《云南志》记载："南诏剑。使人用剑，不问贵贱，剑不离身。"③浪剑是南诏剑中的上品，锋利无比，在南诏非常普遍，男子不论身份贵贱，人人都佩戴着浪剑。浪剑的制作方法也在《云南志》中有记载，经过多次锻打、淬火、再加热炼成。④

大理国时期，铁器铸造技术进一步发展，不仅开始了铁制农具的大批量生产，铎鞘、浪剑等兵器的大量生产并且销往内地，还制造出了闻名遐迩的大理刀。大理刀锋利、美观、耐用，受到了内地人的青睐。宋周去非的《岭外代答》记载："蛮刀以大理所出为佳……蛮人宁以大刀赠人，其小刀必不与人，盖其日用须臾不可阙。忽遇药箭，急以刀剜去其肉乃不死，以故不以与人。今世所谓吹毛透风乃大理刀之类。盖大理国有丽水，故能制良刀云。"⑤看来大理刀极为锋利，以至达到了吹毛透风的程度，可见当时的铸铁技艺非常高超。

最能彰显出南诏冶铁技术的是南诏柱。南诏柱又叫作天尊柱，位于弥渡县铁柱庙内。南诏柱高3.3米，周长1.05米，整体重约2100千克，柱上题字："维建极十一年岁次壬辰四日癸丑建立。"建极十一年相当于870年，南诏柱至今已有1100多年的历史。南诏柱是由五段铁柱焊接而成的，而且通体黑亮，也未出现锈蚀的情况。由此可以看出南诏国时期的冶铁技术是非常发达的。

---

① （唐）樊绰撰，向达校注：《蛮书校注》，北京：中华书局，1962年，第171页。

② 转引自方国瑜主编，徐文德、木芹纂录校订：《云南史料丛刊》第2卷，昆明：云南大学出版社，1998年，第378页。

③ （唐）樊绰撰：《云南志》，载方国瑜主编，徐文德、木芹纂录校订：《云南史料丛刊》第2卷，昆明：云南大学出版社，1998年，第70—71页。

④ 《蛮书》记载："造剑法，锻生铁，取进汁，如是者数次，烹炼之。"参见方国瑜主编，徐文德、木芹纂录校订：《云南史料丛刊》第2卷，昆明：云南大学出版社，1998年，第71页。

⑤ 方国瑜主编，徐文德、木芹纂录校订：《云南史料丛刊》第2卷，昆明：云南大学出版社，1998年，第251—252页。

铁器，由于其坚硬、耐用、廉价的属性，被广泛应用于农业生产和手工业生产当中。铁制农具的出现，促进了云南农业的发展。铁制工具的出现也有助于手工业的进步，并且推动了工商业的发展。除此之外，铁器还被广泛应用于武器，南诏剑、大理刀体现了云南高超的铁器铸造工艺。

五、云南纺织技术及其思想

云南先民早在新石器时代就开始了手工纺织。《后汉书·西南夷列传》记载了哀牢夷地区出木棉："土地沃美，宜五谷、蚕桑。知染采文绣，罽毲帛叠，兰干细布，织成文章如绫锦。有梧桐木华，绩以为布，幅广五尺，洁白不受垢污。"[①]这里的"梧桐木华"指的就是木棉。云南先民在新石器时代最早是用木棉来进行纺织的。经过考古发掘，云南地区出土了许多纺织工具，包括陶纺轮、铜纺轮、经轴、布轴、分经棒、打纬刀、刻画铜片等，种类繁多。

从出土的众多铜制纺织工具可以看出，到了青铜时代，云南的纺织已经十分普遍。晋宁石寨山出土的"纺织贮贝器"记录了当时的纺织场景。贮贝器的盖上精心雕刻了18个铜人，这18个铜人除了个别是男性外，其余都是女性。其中一位贵妇人通体鎏金，身后有男侍从为其撑伞，面前还有两个侍从端着食物侍奉。贵妇人监督纺织，纺织者有5人，1人捻线，其他4人使用踞织机织布。踞织机是一种十分简陋的纺织机器，没有机架和机台，在地上立一个木桩，用来栓经线。织布的人则坐在地上，两腿伸直，使用布轴、打纬刀、投纬棒等多个工具进行纺织。战国时期，中原地区出现了有机架的斜织机，踞织机就被淘汰了。但是，在云南地区，很多少数民族如彝族、独龙族、拉祜族、傈僳族、佤族等，采用踞织机进行纺织的做法一直沿用至近代，甚至有些直到今天都还在用。江川李家山也出土了纺织贮贝器，盖上展现了10人纺织的景象。正中间有一位贵妇人，通体鎏金，坐在鼓状的座位上，后面有一个侍从跪着为她撑伞，左边有一个侍从捧着食物侍奉，还有一人跪在她前面，可能正在接受惩罚。周围有4人正在用踞织机纺织，还有2人在绕线。云南古老的纺织场面通过青铜贮贝器的方式保存了下来，我们可以看到青铜器时代的云南，纺织主要是由女

---

① 《后汉书·西南夷列传》，北京：中华书局，1965年，第2849页。

性来完成的，而且还有奴隶主进行管理和监督。这说明，在古滇国时期，纺织业就已经形成了一定的规模。

纺织的工具和机器在不断发展，用于纺织的原料同样也是在发展的。在原始社会，人们主要通过采集来获取纺织的原料，主要采集葛、麻、野蚕丝及动物羽毛等，用作纺织原料。等到人们掌握了种植、驯养技术之后，主要通过种植麻、棉花和养蚕、养羊的方式获取纺织原料。到了两汉时期，云南的纺织品所采用的原料主要包括麻、棉花、木棉、丝、毛等。在云南地区，有一种非常独特的火草布，是通过采集火草的叶子纺织而成的。这种火草布在世界上都实为罕见。明代文献《滇略·产略》引《南诏通纪》载："又有火草布，草叶三四寸，踊地而生。叶背有棉，取其端而抽之，成丝，织以为布，宽七寸许。可以为燧取火，故曰火草。然不知其何所出也。"①可以推断最晚在明代，云南已经出现了火草布。至今，纳西族仍然保留着传统的火草布纺织工艺，而且还创造性地用棉线与火草混合纺织成布。

在古滇国时期，云南就已经出现了精致的刺绣工艺。这可以从出土的滇国青铜器上得到印证："石寨山出土的大铜俑，其中一人着对襟宽袖长衫，在衣襟及袖口上有飞鸟、蟹、螺及蛇等纹饰，另一人的披风上有孔雀和马鹿，很可能为刺绣图案。"②除了刺绣工艺以外，云南还有独特的染色技术。云南少数民族主要采用植物染料进行染色，并且一直沿用至今，包括栗树皮染红色，玉米粉染白色，兰草染蓝色，黄连汁染黄色，皂角果汁染黑色，等等。

第五节　云南建筑科技思想

一、云南村寨建筑思想发展与演变

通过考古发掘发现，滇国房屋建筑主要为干栏式与井干式。滇国独具特色的干栏式与井干式建筑体现了古滇人最原始的实用主义思想与美学思想。由于

---

① （明）谢肇淛撰：《滇略》卷三《产略》，载方国瑜主编，徐文德、木芹、郑志惠纂录校订：《云南史料丛刊》第 6 卷，昆明：云南大学出版社，2000 年，第 692 页。

② 张增祺：《滇国与滇文化》，昆明：云南美术出版社，1997 年，第 117 页。

云南地区湿热的环境，云南产生了类似于岭南地区，而迥异于中原地区的建筑风格。干栏式建筑一般分为两层，上层住人，下层圈养动物。此种建筑风格源于南方湿热的环境，也可预防猛兽毒虫的袭击。干栏式建筑的特点，一是底部悬空；二是正脊的两头翘起，长屋檐；三是屋顶的结构作两面坡式。[1]除了其实用性外，干栏式建筑更体现了在建筑学上的一种对称美学。在石寨山出土的干栏式建筑模型，从前后左右与俯视的不同角度来看，都体现出了对称美学，但此精妙绝伦的设计，仍保留了很大的实用性，如屋顶的结构利于在雨季时期的排水。井干式建筑则不完全采用干栏式的两层结构，有些直接建筑于地面之上。相比于干栏式建筑，井干式建筑则更加复杂，由于需要使用大量木材，因而在设计与使用上都受到了限制。但井干式建筑用料简单、经久耐用，出现在云南这种林业资源丰富的地方有其必然性。

村寨是由公共、文化、宗教性质的建筑物和民居建筑组成的建筑聚落。在云南，民族"大杂居，小聚居"的村寨格局与传统的汉文化、东南亚文化交融，形成村寨建筑思想的多元化，这种独特的地域建筑文化是在特殊的地理位置、多样的自然环境下由云南各族人民共同创造出来的。

（一）影响云南村寨建筑思想发展与演变的因素

第一，自然环境的多样性。地理环境的多样性和差异性对于村寨的选址、布局、取材、房屋结构都有直接影响。云南村寨建筑思想很大程度上与自然环境密切相关，云南地形结构复杂多样，地势起伏较大，垂直变化明显，地势交错、河流繁密，气候多变。为了适应农耕、狩猎等生产需要和生活便利，因地制宜成为选择寨址的主要思想。

第二，经济发展的不均衡性。云南错综的山体和河流地理走势，导致云南村寨聚落经济发展的不平衡性。在地势相对平缓的地区，农业、手工业的发展促进了当地经济的发展，经济越发达的地区与外部交流越频繁，建筑思想与住屋文化也在经济交流中逐渐发展。

第三，少数民族的丰富性。云南有26个民族，8个民族自治州，其中云南独有的少数民族有15个，即白族、哈尼族、傣族、傈僳族、拉祜族、景颇族、

---

① 杨宗亮:《壮族文化史》(第2版),昆明:云南民族出版社,2014年,第294页。

纳西族、布朗族、普米族、德昂族、阿昌族、基诺族、佤族、怒族、独龙族。这些民族发展程度不一，所接受的文化也不尽相同，因此房屋建筑和居住模式也存在差异。

第四，社会文化的多元性。云南地处边陲，地理上的封闭性使文化上也在一定程度上形成了相对内向的模式。但随着族群迁徙、人口流动，以及中原文化的渗透在元代之后呈越来越强劲的态势，尊孔崇儒成为新的主流，氐羌文化、百越文化、中原汉文化三大文化的接触、互渗、融合，在时间的纵向上和空间的横向上的相互交叉，编织了一个多元、多层次的文化网络。在多元文化网络下的建筑思想也不断注入新的理念。另外，原始宗教和在原始宗教信仰基础上形成的原始巫文化在云南各少数民族中长期发挥着控制的作用。之后一些民族转向了佛教，且佛教中大乘佛教、南传佛教、藏传佛教三大分支，在云南都有信奉者，其他的宗教，如伊斯兰教、基督教、中国本土道教，也都在一些地区的一些民族中流传。云南民族众多，不同民族的语言、习俗也不尽相同，民族文化根深蒂固，风水伦理和行为习俗的不同，使得居民在考虑建筑布局和建筑实用性时有所差异。

（二）多姿多彩的村寨建筑

1. 傣族大家村寨建筑思想

傣族是一个历史悠久的民族，主要集中分布在云南西双版纳地区和德宏地区的坝区地带，傣族作为云南特有的民族，村寨聚落具有鲜明的民族特色。

在村寨选址中注重考量水与山林。傣族村寨素有"水之聚落"之称，"水"作为傣族历史传统中重要的文化符号，影响着傣族村寨的村落选址与布局。充足的水源是进行农业生产的必要条件，因此傣族村寨分布有四种主要类型：第一，滨水而居，第二，沿水而居，第三，坐山朝水而居，第四，半山或山地而居。[①]对水的依赖使傣族人民认识到山林具有涵养水源的关键作用，在决定建立村寨时，多选择在山林茂密的区域附近。傣族的村寨一般都选在有山有水、有林有地的坝区，河谷纵横，土地肥沃，水源充足，山林浓密，比较适合人类居住，有利于进行农业生产。

---

① 赵世林、伍琼华：《傣族文化志》，昆明：云南民族出版社，1997年，第16页。

在空间上，傣族村寨由佛寺和民居组成。傣族南传佛教的信仰带有全民性，佛寺遍及各个村寨，佛寺一般位于村寨中地理位置较高或自然风景最佳的地方，其外观、结构、工艺与普通民居有所区别。在傣族的习惯中，遵循着守则吉，违则祸的原则，佛寺对面与侧向不能盖房子，居民楼面不能高过佛像坐台的台面。佛寺作为傣族村寨的灵魂，影响了整个村寨的格局与房屋布局。傣族聚居的河谷地区气候常年湿热，由于受到自然环境因素的影响，傣族民居多以干栏式建筑为主，干栏建筑出现较早，应用广泛，历史典籍中有对干栏建筑的具体描述。《北史》卷95中记载："依树积木，以居其上，名曰干阑，干阑大小，随其家口之数。"[1]《新唐书》卷 222 曰："山有毒草、沙虱、蝮蛇，人楼居，梯而上，名为干栏。"[2]《岭外代答》云："深广之民，结栅以居，上设茅屋，下豢牛豕。栅上编竹为栈，不施椅桌床榻。……考其所以然，盖地多虎狼，不如是则人畜皆不得安。"[3]《西南夷风土记》载："所居皆竹楼，人处楼上，畜产居下。"[4]傣族把居住的干栏竹楼通称为"很"，而"很"则由"烘哼"演变而来，"烘哼"是傣语"凤凰展翅"的意思，是傣族传说中的天神帕雅桑木底，根据凤凰启示而建造的一种既能遮风挡雨，又可防潮防兽的竹楼。在材料选择上，傣族人民根据当地的自然资源条件，因地制宜，就地取材，选用竹子作为建筑材料。竹子的生长周期短，竹材重量轻、韧性好、强度高，容易加工，能够适应当地湿热的气候，在傣族传统民居中被广泛应用。村寨四周和竹楼、佛寺周边会种有许多绿色植物，村寨形成一个良性的生态循环系统，人与自然和谐共处。

2. 白族的村寨建筑思想

洱海地区是白族聚落最多的区域，这里历史悠久，经济发达。白族村寨大多坐落在傍山缓坡地带的溪流附近，规模从几十户到一千多户不等，房屋比较密集，远望青瓦白墙，高低错落。白族是云南文化发展水平较高的少数民族之一，其建筑思想融入了许多汉文化元素。

---

[1] 《北史》卷 95，北京：中华书局，1974 年，第 3154 页。

[2] 《新唐书》卷 222，北京：中华书局，1975 年，第 6325 页。

[3] （宋）周去非著，杨武泉校注：《岭外代答校注》，北京：中华书局，1999 年，第 155 页。

[4] （明）朱孟震：《西南夷风土记》，载方国瑜主编，徐文德、木芹、郑志惠纂录校订：《云南史料丛刊》第 5 卷，昆明：云南大学出版社，1998 年，第 491 页。

白族村寨选址依据村民的生产模式，追求天人合一的观念，一般选择在依山傍水的区域，村寨建筑主要由村寨公共建筑和民居组成。村镇布局常以本主庙与庙前戏台组成的方形广场为中心，通常这也是村镇市场贸易的中心，是村民活动和村内重大活动举办的主要场所。白族村寨受本主崇拜和儒释道的影响，村寨内多建有玉皇阁庙宇、文庙等，作为村里举行祭祀、节庆典礼活动的主要场所。村寨内道路四通八达，布局不规则，依地势自由布局，街道仅供人、畜通行。若是滨海白族渔民村寨的小巷一端通海，另一端则通主要街道，这些小巷很少弯曲，便于拾修围网。

大理国时期，洱海地区作为云南政治、经济、文化中心，与中原内地的交往密切，白族人民将中原建筑文化与当地民族习惯结合，建筑木土结构的房屋。明清至民国时期，白族与汉族的交融加深，居民住宅在继承和发扬本民族建筑传统的基础上，融入了更多的汉元素。白族村寨内的民居多以"三坊一照壁"及"四合五天井"的小院落组成，一家一院落，形成封闭式的院落布局。白族民居"正房朝向，绝大多数是坐西向东"，这主要是为了适应风向，这里常年风向是南偏西和西风，避风是房屋布局的一个十分重要的问题，常以正房背向主导风向。适应地形也是房屋布局的重要问题，云南横断山脉为南北走向，该地区多选择在依山东麓的缓坡地带建房，这有利于建筑和施工。

3. 纳西族的村寨建筑思想

纳西族是文化比较发达的少数民族之一，主要分布在滇北的丽江、宁蒗、永胜、维西、德钦、贡山等地。

纳西族村寨多数建在河谷或半山区，纳西族村寨布局的特点：围绕一个中心进行布局。每个村寨中心都有一个称为"四方街"的平坦方正的广场，这里是集市贸易中心，村寨道路以此为中心向四方辐射，主要街道又辐射出无数小街道。

纳西族民居住宅朝向统一。正房多数为正南北向，即坐北朝南。[①] 纳西族民居住宅多建在溪流旁边，水流网络遍布村寨，"村村寨寨有流水，家家户户有水流"，为生产生活提供了充足的水源。

纳西族村寨民居有井干式的木楞房和土木建构的瓦房。宁蒗等地的民居一

---

① 云南省设计院《云南民居》编写组：《云南民居》，北京：中国建筑工业出版社，1986年，第89页。

直以木楞房为主。"丽江纳西族的经济文化发展较快，水平较高。建筑技术发展也较快，变化较大，明代开始出现瓦房。清初以后，普遍建造土木结构的瓦房。"纳西族的民居院落与白族相似，只是相较于后者比较简朴。纳西族的住宅院内喜欢种花草或果木，置盆景，注意空间形态的美观。纳西族具有不盲目排外，不闭关自守的优良传统，善于学习和汲取其他民族先进文化，他们"吸取了汉族、白族、藏族建筑的优点，融会贯通，形成纳西族的建筑特色"①。

4. 彝族的村寨建筑思想

彝族是云南省少数民族中人口最多的一个民族，除少部分地区呈大片聚居外，基本是以大分散小聚居的方式与其他民族交错分布，在与其他民族的交往中，村寨建筑也与其他民族建筑文化相融合。

彝族居民习惯于同族聚居在一个村寨中，认为"不愿独户远离村寨，宁愿在寨内拥挤"，"寨内虽有不团结的事，对外却是一个整体"。②彝族村寨选址以农牧兼营为依据，选择在地势险要的斜坡上或者接近河谷的向阳山坡，村寨呈密集式布局，寨内道路多为自然形成，村寨建筑包括居住房屋、公房、寨门、寨心、寨神。

民居住宅多依山修建，朝向为背山向阳，按照彝族的传统习惯讲究依山傍水、土肥草美，上边的坡地能放养牛羊，下边的平地能种田耕作。彝族民居根据所在地区的自然条件和经济发展程度可分为土掌房、瓦房和木楞房三类。

"在哀牢山、无量山的广阔山区，元江、新平、红河、元阳、绿春等地彝族的民居多为土掌房形式。"③彝族居民以祖先古羌人的碉堡式住屋为原型，创造出一种由夯土围合而成的本土民居，被称为"土掌房"，它是一种在密楞上铺设柴草并夯实泥土的平屋顶民居形式。这种形式的房屋主要有以下优点：为适应气候采用密集布置，用最少的外墙热辐射来包含最多住屋单元，延长室内外传热时间，冬暖夏凉，且土掌房单体建筑防火性能好；方便人们联系，人可在屋顶上跑动，利于村寨防御；土掌房屋顶可做粮食晒场和粮草储存空间，这样不仅方便实用，还节省了土地；建筑材料就地取材，主要是土及木柴、

---

① 夏光辅：《云南科学技术史稿》，昆明：云南人民出版社，2016 年，第 275—276 页。

② 云南省设计院《云南民居》编写组：《云南民居》，北京：中国建筑工业出版社，1986 年，第 160 页。

③ 云南省设计院《云南民居》编写组：《云南民居》，北京：中国建筑工业出版社，1986 年，第 159 页。

干草，造价低廉。

昆明等地的彝族历来与汉族杂居，他们"在重檐式的瓦房的基础上，建造了具有浓厚特色的'一颗印'住房"。这种民居的优势在于独门独院，"保暖、防风、抗震、防火、防盗、美观、舒适"。[①]

彝族的宗教信仰有自然崇拜、图腾崇拜和祖先崇拜，建筑装饰往往与宗教信仰中的元素有关。彝族建筑装饰由于受图腾文化的影响，别具一格，反映出彝族独特的建筑装饰艺术和审美情趣。在彝族的神话传说中有彝族祖公变虎的故事，虎便成了彝族人民的保护神，具有避邪驱魔、保佑平安的象征意义。在很多彝族民居建筑上，往往雕刻一小石虎置于正房脊中部或在大门上挂虎头牌，意为避邪驱魔，保佑家运兴达。哀牢山一带的彝族家中，每户都供有一幅由祭司绘制的祖先画像，形似母虎，彝语称"涅罗摩"，意为母虎祖先，起定宅、祈福的作用。彝族民居的大门、屋檐和墙壁是重点装饰位置，是彝族文化符号的具体表现。大门上常作各种拱形图案，门楣上刻日、月、鸟、兽等图案，封檐板刻有粗糙的锯齿形和简单图案。屋檐上一般有由红色、黄色、黑色三种颜色绘成的各种花草、鸟兽的图腾，墙上绘有太阳、月亮、鸟兽等图案。同时有的彝族人民会在修建的建筑物上挂牛头、插羽毛、挂羊头等，以此作为一种象征。门窗隔扇及室内木格花纹、小花格窗等也都体现出了彝族的建筑风格。这些都是受图腾文化的影响，常作为保佑人们平安、吉祥、幸福的象征符号。

5. 哈尼族的村寨建筑思想

哈尼族主要分布于滇南红河和澜沧江的中间地带，是云南省特有的少数民族。哈尼族村落一般位于半山区的山腰，气候温和，雨量充足，但山多平地少。这样的自然环境造就了哈尼族居民勇于探索的品质，哈尼族擅长山区水稻种植，具有较高的农业生产技能，将四周的山坡改造成层层相接的梯田。

哈尼族村寨以寨门为寨与寨的划分界线，是拒鬼拦邪的象征。寨门的形式不一，多数以树木为标志或用山草搓成绳，绳上插木尖刀、鸡毛等后拴在进村道路的两边。村寨里设有公房，一般为全敞开的亭子或半敞开的坡顶房子供工余休息之用，一般位于村口的路旁，或寨门旁边。各村寨有专用且固定

---

① 夏光辅：《云南科学技术史稿》，昆明：云南人民出版社，2016年，第266—267页。

的饮水源——公共水井，即使村内有溪水流过，也设井统一取水，水井一般位于村落的中心地带，有严格的规章制度保证水质。不同的哈尼村寨住宅的分布方式也有很大的差异，有的沿道路分布，有的是随意择地建房。全村房屋的排列顺坡就势，开门的方位不一。但总体上呈现出房屋密集、街道狭窄的特点。

哈尼族民居住宅样式因自然、经济条件，以及同区居住的民族不同而有所差别，民居形式多样，以土掌房和蘑菇房为特色。

土掌房追求的是在满足物质条件的前提下，保留民族自身的宗教和文化特色，创造出物质与精神相辅相成、互相作用的居住环境，达到功能的满足与最佳的居住状态。由于云南河谷地区平地稀缺，土掌房多依山逐层垒建，形成缓慢上升的地势，与哈尼族森林、梯田、水系形成自然的有机整体。受山地的限制，村民利用梯子打造出垂直的连接通道以方便人们行走于建筑屋顶空间，特有的平屋顶式不仅为当地居民提供日常晾晒的平台，同时增加了相邻建筑之间交往活动的可行性。蘑菇房民居被分为上、中、下三层空间，底层落空区域用于家畜饲养，中层为日常起居，上层为储藏粮食杂物，建造者将原本一层的平屋顶界面用木构架中轴支撑架起，铺设木橼搭建出一种四十五度的人字形木结构斜屋顶，并在之上夯实茅草，这种在平顶土掌房之上搭建茅草斜屋顶的建筑形式称为"蘑菇房"。

明清时期，在云南三江流域出现了一种将平顶土掌房和蘑菇房合为一体，并融入汉式民居中院落、材料、技艺特征的合院式土掌房。合院式土掌房相较于传统的哈尼族民居形式，其优点在于半开放院落的设计为私人空间和公共空间提供了过渡空间，改良了原本生活区域的封闭性，房屋与外界环境层层递进，在保证私密性和居住舒适度的同时，有利于居民与外界的交流。

6. 汉族的村寨建筑思想

汉族作为云南民族的一个重要组成部分，其村寨建筑不仅受到来自中原汉族文化的影响，还融合了一些少数民族的文化思想。云南汉族村寨与中原村落民居有一定区别。

汉族村寨在选址上受到来自中原"五行说"的影响，认为"金、木、水、火、土"是构成世界的五行。"水"代表着"财"，所以"水口"文化是他们对于村落选址的理解，即选址宜在水流的出入口与附近。村寨布局形式主要有中轴线结构和网络结构，以一个家族为中心向四周蔓延。

位于腾冲城东南的和顺县是云南汉族村寨的典型代表，既具有江南水乡特色，又融合了地方特色，村寨建筑尊崇传统的诗书礼仪道德，是中原文化传播的遗存。

"双虹桥"的构建体现了其对居住风水的人为改造，即水口之水用桥梁、树木、庙宇等景观元素遮掩，寓意聚财。作为巷道入口的界定，月台不仅在空间上具有缓冲和标志作用，还具有为村民提供休闲、交往场所的实用功能，同时反映出一定的风水观念，月台照壁的遮挡能够藏风纳气。整个村寨道路呈鱼刺状，主巷道建有巷门，在巷门上方都有文字，采用中国传统的对联样式，有横批、上联、下联，对联书写也极显中国书法的艺术魅力，书写内容一般为励志或吉祥寓意，形成强烈的东方空间审美意趣。洗衣亭作为公共建筑分布于村寨内，洗衣亭建筑式样精美，采用歇山顶、屋角起翘，建于水中，基础为石条，为居民生产生活提供了便利。民居样式为汉式合院建筑，由大门、照壁、正房、厢房、倒座组成，空间格局依据家庭经济状况分为三合院、四合院、多进院落等。

云南民族众多，村寨建筑、村寨布局、民居构成受到自然条件、风俗习惯、经济文化、历史传统、宗教信仰等诸多因素的影响，同一民族在不同地区、不同支系的村寨布局、住房风格也有所差别，但总的来说村寨建筑思想所遵循的生态和美学观念是一致的。

（三）云南村寨建筑思想的主要特征

1. 村寨形成中体现生态思想

人类的居住活动与地理环境有着密切的联系。云南山谷纵横，气候多变，各地区的人民在此情况下，研究环境、选择地基、决定最佳方位，充分且熟练运用地方材料，根据地形、日照、风向等来建盖房子，以求得最大舒适。云南各族人民深刻理解人类、社会和自然之间的关系，建设宜居的人居环境。生态思想从"居住行为"角度来探索人与建筑、自然与建筑的和谐共存关系。这种生态思想主要体现在三个方面。

第一，天人合一的环境思想。云南村寨建筑中充分表现出对自然环境的尊重，把环境作为一个整体，以人为中心，包括天地万物。在村寨形成过程中，村寨的选址、大小分合，民居的朝向都因周边自然环境的不同而不同。

首要考虑耕作，将平整土地留给农业生产，而后考虑居住空间，居住房屋大多建在半山坡上，是农耕文化的真实写照。人与自然的统一还表现在就地取材，村寨建筑的材料基本上根据当地的实际情况就地取材，选材不仅能够适应当地气候，而且材料的质感与颜色和自然环境相呼应。

第二，风水思想。风水学说反映的是古人对天、地、人之间关系的理解，是一种朴素的生态建筑思想。中国传统哲学讲求"风水形胜""道法自然"，地方民族讲究"自然崇拜"，这些文化积淀虽有不同，却都暗含了人们对天地和谐、山环水绕的理想环境的追求。云南在村落选址、布局与建筑造型中将中国传统哲学与地方民族宗教相互碰撞与融合，在理想与现实之间架起了交流通道。

第三，和谐共享的社会文化思想。村寨不仅为人们提供了居住的自然环境，还为人们提供了沟通与交流的社会环境。传统村寨需要有丰富的社交空间，除了宗祠、文教、宗教等建筑之外，人们还充分利用道路、广场、绿地等公共空间，加强公共空间的联系，从而形成理想的社会交流环境，增强村寨空间共享性与亲邻性。

2. 村寨建筑风格中展现美学思想

村寨建筑充分展现了建筑的美学思想，在考虑建筑的实用性和舒适性的同时，还十分注重建筑的美观性。

布局之美。云南大部分村寨建筑群体的主体建筑建造在中轴线上或中心位置，民居建筑则以放射状或鱼刺状向外衍生，体现了中国古代的中庸思想。古人认为一切事物都是由阴阳二气和金、木、水、火、土衍生出来的，建筑物的选址对应着阴阳五行，而天上的星宿与地面方位是遥相呼应的，体现东方青龙、西方白虎、南方朱雀、北方玄武的"四象学说"。

意境之美。云南少数民族村寨建筑思想在与汉文化交流的过程中逐渐将意境美融合到建筑之中。传统中国古代建筑集营造技术、文化、艺术于一体，就像一幅优美的中国画，有着重写意、重传神、重表现的审美追求。云南村寨布局以单体建筑组合建筑群体，在村寨周围和房屋四周会用绿色植物来烘托意境。

装饰之美。村寨建筑装饰将民俗文化观念与艺术相结合，例如彩绘、壁画、雕刻、彩塑，以及利用建筑材料和构件本身色彩与状态的变化等，色彩上讲究自然协调。建筑装饰不只是人们对美的追求，云南村寨的建筑装饰还与民族文化密切相关，且装饰具有区分建筑物的功能。

二、云南城市建筑思想的发展与演变

（一）云南城市建筑的发展阶段与典型代表

1. 发展阶段

城市是指"依一定的生产方式和生活方式把一定地域组织起来的居民点，是该地域或更大腹地的经济、政治和文化生活的中心"[①]。城市建筑的变迁见证了该地区经济、文化的发展。云南城市建筑历经了以下几个发展阶段。

东汉以前的云南建筑地域气息较为浓厚，房屋主要以井干式、干栏式和土掌房为主，城市发展缓慢。东汉以后，云南建筑技术发生了大的变化，内地汉式建筑传入，地方传统与内地风格交融。新技术和新风格的出现，为城市建筑发展提供了条件，尤其是砖瓦用于建筑。

南诏国、大理国时期，"适应政治、军事、经济的需要，兴建或扩建了一些城镇，特别是阁罗凤统治时期建城进展较大"[②]。当时重要的城镇有太和城、阳苴咩城、龙尾城、龙口城、大厘城、邓川城、白崖城、铁桥城、永昌城、弄栋城、拓东城、银生城。"南诏建城，多仿唐制，规制严谨。在布局构思、建筑技艺、地形和功能运用上都有相当高的造诣。"[③]这一时期建筑风格是内地汉式风格与本地传统风格交融，城市建筑讲究整体规划与环境相协调，设计中充分运用了结构力学的原理。《蛮书》记载，当时南诏大厅的建筑形式是"重屋制如蛛网，架空无柱"[④]，这是六朝以来，中原地区通行的一种无梁殿式建筑。同一时期，佛塔建筑兴起，新修佛塔成为城市地标性建筑。

唐代以后的云南城市建筑承南诏之习，这体现在当时兴建的宫殿、园林和古塔的风格上。随着佛教的传入、砖石技术的发展，云南兴建的砖塔逐渐多起来。

---

① 中国大百科全书总编辑委员会本卷编辑委员会、中国大百科全书出版社编辑部编：《中国大百科全书 建筑 园林 城市规划》，北京：中国大百科全书出版社，1988年，第42页。

② 夏光辅：《云南科学技术史稿》，昆明：云南人民出版社，2016年，第72页。

③ 云南省地方志编纂委员会总纂，云南省建设厅编撰：《云南省志》卷31《城乡建设志》，昆明：云南人民出版社，1996年，第28页。

④（唐）樊绰撰，向达校注：《蛮书校注》，北京：中华书局，1962年，第119页。

元代以后，交融扩大，随着汉族人口的增多，汉式建筑应用得越来越广泛。

2. 典型代表

太和城，位于今下关和大理之间的太和村附近。《新唐书》中记载了其名称的由来。"夷语山陂陀为'和'，故谓'大和'。"[①]737 年，南诏王皮逻阁征服河蛮，占领太和城，在唐朝支持下，兼并其他五诏，建立南诏国，定都于此。太和城是南诏早期的政治、经济、军事和文化中心。西至海拔 4000 多米的险峻的点苍山、东临波涛滚滚的洱海。因此，城之西面和东面分别利用苍山、洱海之险作为天然屏障，不需构筑城墙。该城"北城墙之西端从点苍山佛顶峰起，向东延伸至洱海之滨，全长 2 公里许；南城墙之西端从点苍山五指山麓起，向东延伸至洱滨村，全长 1 公里许"[②]。郭松年《大理行记》载："入关十五里，山壑浓秀，望之蔚然前陈者，乃点苍山之奔冲也，诸峰罗列，前后参差，有城在其下，是曰太和，周十有余里，夷语以坡陀为和，和在城中，故谓之太和，昔蒙归义王皮罗阁自蒙舍徙河西，乃筑此城。"[③]《云南志》云："巷陌皆垒石为之，高丈余，连延数里不断。"[④]城内建筑都是用石头垒砌，这种建筑习俗在洱海地区一直延续到近代。

大厘城。《云南志》中大体描述了城市方位："南去阳苴咩城四十里，北去龙口城二十五里。"[⑤]位于今喜洲。《云南志》载："邑居人户尤众。咩罗皮多在此城。并阳苴咩并邆川，今并南诏往来所居也。家室共守，五处如一。东南十余里有舍利水城，在洱河中流岛上。四面临水，夏月最清凉，南诏常于此城避暑。"[⑥]

白崖城。元代郭松年《大理行记》记载了其名称由来："县西石崖斩绝，其

① 《新唐书》卷 222，北京：中华书局，1975 年，第 6270 页。

② 李昆声：《云南艺术史》，昆明：云南教育出版社，1995 年，第 256 页。

③ （元）郭松年撰：《大理行记》，载方国瑜主编，徐文德、木芹纂录校订：《云南史料丛刊》第 3 卷，昆明：云南大学出版社，1998 年，第 136 页。

④ （唐）樊绰撰：《云南志》，载方国瑜主编，徐文德、木芹纂录校订：《云南史料丛刊》第 2 卷，昆明：云南大学出版社，1998 年，第 47 页。

⑤ （唐）樊绰撰：《云南志》，载方国瑜主编，徐文德、木芹纂录校订：《云南史料丛刊》第 2 卷，昆明：云南大学出版社，1998 年，第 47 页。

⑥ （唐）樊绰撰：《云南志》，载方国瑜主编，徐文德、木芹纂录校订：《云南史料丛刊》第 2 卷，昆明：云南大学出版社，1998 年，第 47 页。

色如雪，故曰白岩（崖）。"①《云南志》载："依山为城，高十丈，四面皆引水环流，惟开南北两门。南隅是旧城，周回二里。东北隅新城，大历七年阁罗凤新筑也。周回四里。城北门处有慈竹丛，大如人胫，高百尺余。城内有阁罗凤所造大厅，修廊曲庑，厅后院橙柚青翠，俯临北墉。旧城内有池方三百余步，池中有楼舍，云贮甲仗。"②

阳苴咩城。城市规模宏大，在阁罗凤时期和异牟寻迁都后，分别加以扩建，是南诏国、大理国时期具有一定规模的城市。《大理行记》云："（从太和城）北行十五里至大理，名阳苴咩城，亦名紫城，方围四五里，即蒙氏第五主神武王阁罗凤赞普钟十三年甲辰岁所筑，时唐代宗广德二年也。自后，郑、赵、杨、段四氏皆都其中，是城也，西倚苍山之险，东挟洱水之扼。"③《云南志》对其城市布局做了简单描述："阳苴咩城，南诏大衙门。上重楼，左右又有阶道，高二丈余，甃以青石为磴。楼前方二三里。南北城门相对，大和往来通衢也。从楼下门行三百步至第二重门，门屋五间。两行门楼相对，各有榜，并清平官大军将六曹长宅也。入第二重门，行二百余步，至第三重门。门列戟，上有重楼。入门是屏墙。又行一百余步，至大厅，阶高丈余。重屋制如蛛网，架空无柱。两边皆有门楼。下临清池。大厅后小厅，小厅后即南诏宅也。客馆在门楼外东南二里。馆前有亭，亭临方池，周回七里，水深数丈，鱼鳖悉有。"④五华楼是阳苴咩城内最为壮丽的标志建筑，"该楼建于公元875年，南诏王劝丰祐为今西南夷十六国君长而建造的迎宾馆"⑤。顾祖禹《读史方舆纪要》云："楼方广五里，高百尺，上可容万人。"⑥

---

① （元）郭松年撰：《大理行记》，载方国瑜主编，徐文德、木芹纂录校订：《云南史料丛刊》第3卷，昆明：云南大学出版社，1998年，第135页。

② （唐）樊绰撰：《云南志》，载方国瑜主编，徐文德、木芹纂录校订：《云南史料丛刊》第2卷，昆明：云南大学出版社，1998年，第49页。

③ （元）郭松年撰：《大理行记》，载方国瑜主编，徐文德、木芹纂录校订：《云南史料丛刊》第3卷，昆明：云南大学出版社，1998年，第136页。

④ （唐）樊绰撰：《云南志》，载方国瑜主编，徐文德、木芹纂录校订：《云南史料丛刊》第2卷，昆明：云南大学出版社，1998年，第48页。

⑤ 夏光辅：《云南科学技术史稿》，昆明：云南人民出版社，2016年，第74页。

⑥ （清）顾祖禹撰：《读史方舆纪要·云南纪要》，载方国瑜主编，徐文德、木芹、郑志惠纂录校订：《云南史料丛刊》第5卷，昆明：云南大学出版社，1998年，第767页。

　　蒙化城。《蒙化县志稿·城池志》云："周回四里三分，计九百三十七丈，高二丈三尺二寸，厚二丈，砖垛石墙，垛头一千二百七十有七，垛眼四百三十。建四门，上树谯楼，东曰忠武，南曰迎薰，西曰威远，北曰拱辰。北楼高三层，可望全川，下环月城，备极坚固，城方如印，中建文笔楼为印柄。"①。

　　建水城。建于南诏，"旧有土城，（洪武）二十年宣宁侯金朝兴檄指挥万中拓地改建砖城"②。元代以后，云南大兴儒学，大建孔庙，以建水文庙规模最大、工艺最精。建水是为纪念孔子而建，仿照山东曲阜孔庙而建，是除曲阜孔庙外的第二大孔庙。结构采用南北中轴对称的宫殿式，有一池、二殿、二庑、二堂、三阁、四门、五亭、五祠、八坊。殿堂门庑，圣贤肖像，刻雕藻绘，金碧辉煌。翰林街的朱家花园，自光绪初期至1910年，清末乡绅朱渭卿兄弟花费30年时间，最终建成家宅宗祠。朱家花园主体建筑呈"纵四横三"布局，是建水典型的"三间六耳三间厅，一大天井附四小天井"并列连排组合式大型民居建筑群，有大小房舍214间、天井42个。朱家花园因其房屋和庭院建筑格局的独具特色，成为无数人神往的滇南大观园。

　　云南府城。原为拓东城与鄯阐城，明初洪武年间，明君攻下昆明，设云南府，便新建了云南府城，但南诏国时期的一些建筑遗迹仍有留存，"南诏时建筑的东寺塔和西寺塔，大理时建筑的地藏寺石幢，仍屹立在昆明市的东寺街、书林街、拓东路旁"③。"云南府城用砖砌筑，高二丈九尺二寸，周围九里三分，形状是一个不太规则的梯形，西北面呈长方形，东南面呈三角形。府城开有六道城门，南、北面各一道，东、西面各两道。"④整个城池呈龟形，与城北面的蛇山气脉相接，形成风水学中所说的"龟蛇相接"之势。

（二）云南城市建筑思想的总体发展特征

　　城市建造之初，在对选址问题进行考量时，遵循"天人合一"的哲学精神，尊重自然，顺应自然。在东汉以前，城市的选址受朴素自然观的影响，更多考

---

　　① 《蒙化县志稿》卷4《地利部·城池志》，台北：成文出版社有限公司，1974年，第100页。

　　② 《民国续修建水县志稿》卷1《城池》，《中国地方志集成·云南府县志辑56》，南京：凤凰出版社，2009年，第67页。

　　③ 夏光辅：《云南科学技术史稿》，昆明：云南人民出版社，2016年，第73页。

　　④ 刘亚朝：《昆明古城旧话》，昆明：云南大学出版社，2004年，第6页。

虑的是实用性功能，自然环境对于生产生活的影响及地理环境对于军事防御的优势。随着社会经济的发展，城市的功能越来越多，成为一个区域内政治、经济、文化、军事的中心，城市选址除了考虑实用性之外，还要注意到区位优势对于城市经济、文化发展的影响。

古代云南的城市选址多依山傍水，这与中国山水聚合的风水思想密切相关。依山傍水地立城，不仅能使城市与外部大地山川相互协调，形成生态的良好循环，还有利于军事上的防御。

古代云南在城市规划与布局上受到礼制的约束，无论是宫殿庙宇还是民居住宅都要按照"择中而立""居中为尊"的思想，讲究等级、对称、规矩。这种择中思想是当时城市布局的一个重要的思想，城市居于区域的中心位置更能从宏观上把控全局，更有利于发挥对周边区域的辐射和带动作用。古代云南在城市布局上，强调水空间、陆空间的协调。古代云南城市中多有水流经过，强调亲水性，将水的灵性与建筑空间相结合，与老庄思想中"上善若水"相呼应。

城市形象的塑造。云南城市形象具体体现在城市景观的独特化，如建造标志性的建筑物，凸显城市形象。在精神层面，城市形象的塑造源于当地民族文化和地域文化，根据城市所在区域的历史、文化、民族塑造城市形象，提升居民的文化归属感，体现"根"的情结。

随着经济、文化的发展，云南城市景观逐渐凸显以人为中心的社会功能。城市的文化景观反映了不同城市物质和精神的差异，文化景观地位和功能也由原来单纯的行政管理中心逐渐向经济和文化中心转变，由以物质生产和单纯经济增长为中心的城市发展模式向以人为中心和保持生态环境与人文环境协调、平衡的发展模式转变。

三、城市、乡村相互关系与区域发展思想

村落的形成是基于人类最基本的生存需要，城市的发展是人类为追求更高层次发展，一部分人从农业中脱离出来，为进行工商业活动聚居起来的新聚落。在历史演进的过程中，中国的城乡关系经历了从不平等、不平衡到相互协调，城乡一体化发展的轨迹。虽然现在城乡发展仍旧存在不平衡性，但可以通过发挥城市与乡村各自的特长，共享资源，优势互补等方式，获得共同发展，使城

乡之间形成彼此独立，又相互影响的复杂统一体。

（一）城乡互动的发展变化

在农耕文明下的中国古代社会城乡间无明显的社会分工，源于中国城市的经济发展根植于广大的农村腹地，"乡村是整个社会的经济支柱，是封建历史的出发点，而城市则是'真正经济结构上的赘疣'"①。虽然以农业和家庭手工业为主要谋生手段的乡村社会可以不依赖城市工商业发展安身立命，但是城市是封建统治者的阵地，象征着政治权利，乡村需要以赋税的形式提供给城市经济支持。因此，在经济上城市与乡村是剥削与被剥削，在阶层上城市与乡村是统治与被统治的关系。

进入近代以后，中国社会受到西方资本主义经济发展的影响，出现了一些新兴的商业和工业城市，但是由于城市化进程的缓慢，乡村依旧处于被统治地位，统治者都企图将权力渗透进乡村社会，整合乡村资源、动员乡村社会力量，控制基层乡村基层社会，目的还是服务于城市统治者的需要。

中华人民共和国成立后，城乡关系发生了根本性改变，二者之间长期存在的不平等关系被破除，形成了以城市为主导、工业、商业、农业齐头并进的发展模式，以城带乡，以工促农，进行社会分工，缩小城乡发展差距。

从整个城乡关系发展脉络来看，城乡二者没有明显分离。大多数时间段内乡村为城市发展提供物质条件，城市依赖于乡村却又统治着乡村。直到这种不平等关系被打破，城乡之间的统治壁垒消除，才实现了城乡之间的共同发展。中国的城乡关系互有交集、交叉互补，只是不同的历史时期这种关系存在不同的利益关系而已。

（二）云南城乡互动的表现

历史上的云南政治和经济文化中心，经历了由东向西，再回到东的转移，东是指以滇池为中心的滇东北地区，西是指以洱海为中心的滇西地区。行政中心的转移带动了城市的发展，所以云南城市发展也是基本按照这个顺序变动。在变动过程中，行政中心附近区域形成联动，城市与乡村的相互关系也越密切。

---

① 徐勇：《中国城市和乡村二元社会结构的历史特点及当代变化》，《社会主义研究》1990年第1期。

总的来说，云南城乡关系的互动发展具有明显的云南地方特色，云南城市与乡村的这种互动关系主要体现在以下几方面。

第一，道路的功能性凸显。由于云南特殊的地势条件，"人背马驮"成了云南运输的主要方式。四通八达的驿道将云南各区域连接在一起，形成纵横交错的交通网络，打破了地理因素所造成的地域分割局面。道路成为连接城市、乡村的纽带。道路密切了云南地区与中原地区的交往，通过引进中原先进的生产技术，促进了云南农业、手工业、商业的发展。道路还加强了云南与东南亚各国的贸易发展，城际贸易往来又进一步促进了城乡之间的互动。例如，南诏政权曾设立专门管理贸易的机构——"禾爽"，使用货币进行交换来加强城乡之间的物资交流。[①]这些穿梭在高山险谷、丛山峻岭驿道上的马帮、商帮形成了云南商业文化中重要角色，其带动了城乡之间、城城之间、乡乡之间经济、文化的交流互动，促进了云南社会的发展。道路打通了城乡在空间上的距离，是实现城乡互动的重要前提。

第二，城乡互动还表现在传统文化生活的延续上。居住在同一区域内的民族，他们信奉的宗教是相同的，文化活动的结构、性质是相似的，心理层面的追求是一致的，这可以从城市景观、建筑风格、居民服装样式等来证明。在大理白族地区，不难发现，无论是城市还是乡村民居，住宅都是以"三坊一照壁"的单独院落为主，建筑装饰也与当地白族文化符号相关。在傣族聚集的村落或者城市，佛寺都是具有标志性特征的典型建筑，一般都位于中心区位。传统文化生活在城乡之间的互动可以从心理层面产生共鸣。

第三，城乡之间人口的流动是城乡相互关系的一个重要环节。人口流动使城乡交流频繁，促进了城市与乡村的互动，乡村为城市发展输送了更多劳动力的同时，也产生了一系列问题。一方面，农村人口涌向城市加快了城市阶层分化，大部分农村人口移居城市但无法享受市民待遇；另一方面，城镇化发展使人口涌向城市，乡村社会人口流失，出现了老、弱、妇、幼留守乡村的现象，由于缺乏青壮年劳动力，农业经济发展滞缓。

村落不是依附于城镇的附属品，城市不是乡村的统治者，区域协调发展是

---

① 云南省地方志编纂委员会总纂，云南省建设厅编撰：《云南省志》卷 31《城乡建设志》，昆明：云南人民出版社，1996 年，第 27 页。

实现城乡关系平等互惠的核心理念。城乡互动要充分发挥地域优势，寻找区域特色，才能全面融合、协调发展。

第六节　云南医药科技思想

一、彝族的医药科技思想

彝族是云南各少数民族中分布最广、人口最多的民族，有着灿烂的文化和悠久的历史，并且有自己的文字——"彝文"。近些年发掘整理出版的彝族医学典籍有《齐苏书》[①]、《明代彝医书》[②]、《聂苏诺期》[③]、《启谷署》[④]、《医病书》[⑤]、《医病好药书》[⑥]等，此外还有经过对彝族医药学的调查研究之后今人编写的有关彝族医药著作，如《彝族医药》[⑦]、《彝族医药学》[⑧]、《彝族医药史》[⑨]等。

夏光辅在《云南科学技术史稿》中说："《齐书苏》是彝文音译，意译为《配药方的书》。它产生于明代以前，记录了禄劝地区彝族的医用药物，是研究彝族本草的历史文献。同时，它以病配药，也记录了彝医的临床治病经验。"[⑩]

《明代彝医书》"成书于明朝嘉靖四十五年（1566），因该书是1979年于云南楚雄双柏地区发现，故又称为《双柏彝医书》。全书以彝文著成，是迄今为止发现的有关彝族医药知识记载的最早的一本文献。全书共记载疾病59种，范围涉及内科、外科、儿科、妇科、五官科及伤科等类别，共收载药物231味，方

---

① 尹睿主编：《齐苏书》，昆明：云南民族出版社，2010年。

② 方文才、关祥祖、王步章，等注释整理：《明代彝医书》，北京：中国医药科技出版社，1991年。

③ 新平彝族傣族自治县科委编：《聂苏诺期》，聂鲁、赵永康、马光发，等翻译整理，昆明：云南民族出版社，1988年。

④ 王荣辉、关祥祖主编整理：《启谷署》，北京：中国医药科技出版社，1991年。

⑤ 关祥祖、方文才、王步章，等编译注释：《医病书》，北京：中国医药科技出版社，1991年。

⑥ 关祥祖、方文才编译注释：《医病好药书》，北京：中国医药科技出版社，1991年。

⑦ 阿子阿越编著：《彝族医药》，北京：中国医药科技出版社，1993年。

⑧ 关祥祖主编：《彝族医药学》，昆明：云南民族出版社，1993年。

⑨ 李耕冬、贺延超：《彝族医药史》，成都：四川民族出版社，1990年。

⑩ 夏光辅：《云南科学技术史稿》，昆明：云南人民出版社，2016年，第300页。

剂 226 首"①。

夏光辅在《云南科学技术史稿》中说:"《聂苏诺期》由新平县老厂河和迤施河的彝文医药书抄本整理而成,共有 53 种病症,治疗方剂 134 个,247 种彝族药。这本彝文医药书把病症进行分类:风邪染疾称为'咪西豪',受寒染疾称'纠豪',病从口入称'牛泽',热症称'疤诺',虚弱症称'察杂察些',小儿疳积症称'骨豪',疟疾称'咪席期',传染病称'诺别',慢性病称'诺纠',痈疽诸疮称'布都嫫都',肿瘤称'豪疤布都',妇科病称'阿们革毛松',肝胆病称'革申诺',杂症称'诺乍'等。在诊断上,特别重视问诊、望诊、舌诊。在治疗上,除对症给药外,还有刮痧、枚针、拔罐、割治、按摩等。刮痧又分羊毛痧、泥鳅痧、麻痧、黑痧等种。枚针采用宝剑头菱形针等,具有民族特色。在正骨上,先针刺放血,后用按、摩、揉、摇、推、拉、旋、搓等法进行复位,再行敷药,常用芭蕉茎于壳作为固定夹板,屡收奇效。"②

《启谷署》是时任贵州省仁怀县政协秘书长王荣辉同志保存的一本彝族医药古籍手抄本,成书年代不详。经过翻译整理,书中记载有 5 门 38 类 263 个方剂。其中内科门有传染病类和呼吸、消化、循环、泌尿、生殖、精神等 7 类 76 方。妇科门有调经、带下、妊娠、产后、乳症、杂病等 6 类 40 方。儿科门有传染病、胃肠炎、疳积、杂病等 4 类 19 方。外科门有痈疽、结核、疗疮、梅毒、疥癣、黄水疮、臁疮、跌打损伤、虫兽伤、破伤风、烫火烧伤、头面疮、肾囊、疝气、杂症等共 12 类 77 方。五官门有割耳疮、眼病、口齿、咽喉、鼻病等 5 类 5 方。有较高临床价值。③

《医病书》系手抄本。抄于清雍正八年(1730),书中记载了 38 种疾病,其中内科病 6 种,外科病 4 种,儿科病 2 种,眼科病 1 种;方剂 68 个,其中单方 38 个,复方 31 个(由二味药组成者 20 个,三味药以上者 11 个)。均作煎剂服。全部处方共列有药物 97 种。其中动物药 25 种,植物药 72 种。④

《医病好药书》"是在云南禄劝彝族苗族自治县茂山乡甲甸发现的一本古代

① 彭千成、郑进:《〈明代彝医书〉治疗外科疾病特点浅析》,《云南中医学院学报》2010 年第 4 期。
② 夏光辅:《云南科学技术史稿》,昆明:云南人民出版社,2016 年,第 300—301 页。
③ 王荣辉、关祥祖主编整理:《启谷署》,北京:中国医药科技出版社,1991 年。
④ 关祥祖、方文才、王步章,等编译注释:《医病书》,北京:中国医药科技出版社,1991 年。

彝医书。此书原始本为清乾隆丁巳年冬月十八日，即公元1737年12月的彝文手抄本，抄写者未署名。此书发掘后经彝族医药学者送关祥祖、方文才等同志历时3年的翻译整理，于1991年由中国医药科技出版社出版。《医病好药书》是彝医古籍中内容较丰富的一部彝医书，全书记述了123种病症，其中内科49种，妇科13种，儿科16种，外科16种，伤科13种，眼科4种，各种中毒5种，其他病7种，收录彝药方剂280首，其中汤剂188首，外用剂58首，酒剂24首，蒸服剂10首。收载彝药426种，其中动物药152种，植物药269种，矿物药5种"[①]。

《彝族医药》是凉山彝族自治州科学技术委员会和西昌市科学技术委员会联合支持资助的科研课题。该课题通过3年多时间的普遍调查采访，以录音、照相等手段，积累了极其丰富的资料。该书对彝医史、彝医总论临床各论、防疫等进行了比较系统的论述，记有疾病近200种，收录医方1364首，收集医用药物达1046种之多，对彝医彝药的整理研究达到了新的高度。[②]

《彝族医药学》是关祥祖对彝族文献，包括文学、艺术、人文、医学等古籍进行系统研究，从多角度、多方位进行考察，将散布于各种文献中的医药记载进行系统、完整的归纳研究后最终完成的。该书将文献记载的彝药进行了归纳整理，总结出彝药共有1189种。其中植物药871种，动物药262种，矿物、化学、自然土及水56种。在植物药中，根部药223种，全草类药231种，叶类药63种；花类药47种；果实类药128种，树皮类药48种，蕈属类药23种；植物寄生类药37种；树脂类药27种；菜食类药44种。在动物药中，肉类药29种，胆类药19种，血类药14种，油脂类药11种，肾鞭胎卵类药19种，心肝肺肠类药19种，骨类药37种，皮毛类药19种，分泌物类药32种，鱼蛙类药21种，具虫类药42种。并对散见于天文、历史、文学及祭词中的彝医理论进行了一定的总结。[③]

《彝族医药史》一书列举了大量的事例，追根溯源，旁征博引，运用历史唯物主义和辩证唯物主义的观点，充分地再现了彝族传统医药走过的崎岖道路，

① 余惠祥：《彝医古籍〈医病好药书〉及其特点》，《云南中医学院学报》2006年第S1期。

② 阿子阿越编著：《彝族医药》，北京：中国医药科技出版社，1993年。

③ 关祥祖主编：《彝族医药学》，昆明：云南民族出版社，1993年。

完整地再现了彝族医药的漫长发展史。①

　　另外还有尚未整理出版的《娃娃生成书》《超度书·吃药好书》等书。《娃娃生成书》手抄本抄于清雍正年间，属于介绍妇科、儿科部分生理知识的专篇。该书以朴素、生动的彝族文字将胎儿逐月发育、生长的情况做了描述；对1—9岁婴儿到儿童期智力、生理变化也做了简单的记述。《超度书·吃药好书》刻于清代嘉庆年间，其中有介绍药物的专篇，包括药物25味，治疗19种病证。在24味动物药中重点介绍了5种动物肉和10种动物胆的功用，均系彝族经常能狩猎所获的动物，如野猪、獐子、熊、麂子、猴子、鹰、乌鸦、鱼、蛇等。②

二、傣族和藏族的医药科技思想

　　云南少数民族中，傣族和藏族医药形成了比较完整的理论体系。在少数民族医药学中占有重要地位。这两个民族医药学的共同特点是在本民族悠久而又丰富的医药知识技术的基础上，吸收了汉族医学和古印度医学，三者融合，发展成本民族的理论体系，有着浓厚的民族特色和地方特色。这两个民族的医药知识、技术、理论和发展过程，各有自己的特点。

　　《贝叶经》记载，傣医药已有2000多年的历史，在漫长的岁月中，傣族人民积累了许多与疾病做斗争的丰富经验，并用本民族语言加以记载，逐渐形成自己的医药学体系，其中以手抄本形式代代相传的《档哈雅》最为著名。流传民间的医药书籍名称一般被称作《档哈雅》或《档哈雅囡》，意即"药典""小医药书"。但内容繁简有别，各有特点，大都是摘抄自原始的《贝叶经》，刻写精装本《档哈雅聋》及《腕纳巴维持》（医经）等文献。书中有丰富的方药、病理、生理疾病症状，对各种炎症记载比较细致，分为破裂性炎症（外伤）、疮痒肿性炎症、五官肿痛炎症、妇女经血炎症，各种不同的热风症、冷风症、杂风症等。在药物方面，有的《档哈雅》较系统地记录了如何识别药，采集加工药，傣药的各种功效，治疗方法等。③

---

　　① 李耕冬、贺廷超：《彝族医药史》，成都：四川民族出版社，1990年。

　　② 转引自云南省中医研究所、禄劝县卫生局：《云南禄劝彝族古典医药文献简述》，《云南中医杂志》1980年第4期。

　　③ 李朝斌、关祥祖主编：《傣族医药学》，昆明：云南民族出版社，1996年，第8页。

《腕纳巴微特》(医经)不仅有丰富的处方，而且有病理的阐述。该书的原作年代无可考，现在见到的版本是傣历 1289 年抄刻的，傣文医药书都不署作者和抄者的姓名。[①]

1984 年傣医学被国家正式列入全国"四大民族(蒙古族、藏族、维吾尔族、傣族)医药"之一，使傣医学真正进入振兴时期。有关傣医学的文献有《西双版纳古傣医药验方注释》《档哈雅》《西双版纳傣药志》(第一集)《西双版纳傣药志》(第二集)《西双版纳傣药志》(第三集)《西双版纳傣族药物故事》《嘎牙山哈雅》，以及论述人体生理解剖、病理变化的《傣医四塔五蕴的理论研究》(汉文、西双版纳傣文对照)，等等。

滇西北的迪庆地区是云南藏族的主要居住地，云南的藏族医学与西藏等地的藏医学同属一个体系。在藏医药学浩如烟海的理论著作中，8 世纪末，由著名藏医学家宇妥·元丹贡布用了近 20 年时间著成的《四部医典》无疑是最经典的著作。全书由四部分组成：第一部总则本，第二部论述本，第三部秘诀本，第四部后续本。该书内容丰富，篇幅较多，主要有五个方面：基础理论；解剖、生理；疾病诊断方法；疾病治疗的原则和方法；药学的基础理论和用药原则。该书千百年来作为绍述藏医发展源头与经典理论的著作，至今仍在指导着广大藏医的医药实践。[②]

三、白族和纳西族的医药科技思想

白族、纳西族的医学水平在云南少数民族中处于先进地位。二者的共同特点是在继承本民族悠久的传统医药经验的基础上，汲取汉族、藏族和其他少数民族的医药经验和理论，创造出具有民族、地方特色的医药学，用汉文撰写了丰富的医学理论著作，形成自己民族的医学理论体系。

白族有本民族语言，但无民族文字，许多白族人民都通晓汉语。从古代以来，汉文一直是白族人民的通行文字，白族的科技理论和文化艺术著作都是用汉文撰写的。元代以前，白族医学尚处于知识积累和经验技术阶段。明代以后，

---

① 夏光辅：《云南科学技术史稿》，昆明：云南人民出版社，2016 年，第 303 页。

② 宇妥·元丹贡布等：《四部医典》，马世林、罗达尚、毛继祖，等译注，上海：上海科学技术出版社，1987 年。

白族医学有所发展，名医辈出。一些著名医生和医学家一方面开展医疗实践活动，治病救人，另一方面又从事医学理论研究，用汉文撰写了很多医学著作。这些著作的共同特点是吸取汉族的中医理论，总结白族的传统医药，在某些医学领域有创造性见解，有浓厚的民族、地方特点。例如，明代陈洞天的《洞天秘典注》较为详细地记载和总结了白族古代医药的宝贵经验；李星炜的《奇验方书》记载了一些特效药方；李星炜的《痘疹保婴心法》讲述了婴儿痘疹疾病的病理、医疗、药方。清代孙荣福的《病家十戒医学十全合刊》及赵子罗的《本草别解》《救疫奇方》，提出了他们因时因地分析脉理、区别药物的见解，对医疗实践有指导作用。此外还有近代奚毓崧的《训蒙医略》《伤寒逆症赋》《先哲医案汇编》《六部脉生病论补遗》《药方备用论》《治病必求其本论》《五脏受病舌苔歌》，李钟浦的《医学辑要》《眼科》等。这些著作对于内科脉理、疑难病症处理、药物学等，提出了有价值的见解。白族的医学著作在云南各少数民族中数量最多，水平较高，在云南医学史上占重要地位。①

另外，由丁一先主编的《白族医药丛书》②对云南省白族医药首次进行了系集成研究。该书由《白族古代医药文献辑录》《白族医药名家经验集萃》《白族民间单方验方精萃》三辑组成。《白族古代医药文献辑录》收集整理了唐代樊绰《蛮书》、古代大理碑刻、明清地方史志、文物考古报告、清代大理人著的《征验秘法》、弥渡人李彪著的《孝子必读》中的白族医药资料，其中《征验秘法》《孝子必读》为首次刊布和系统整理，为研究白族医药提供了一批极其珍贵的史料；《白族医药名家经验集萃》收集整理了大理州白族医药名家的临床经验，其中有疑难病、急重症、罕见病、常见病、多发病等，有的重点介绍某一疗法的实践经验，有的详细叙述对某一病症的治疗体会，有的偏重系统地阐述一个病的辨证论治、理法方药的见解，具有重要的临床意义；《白族民间单方验方精萃》收集民间单方验方1835例，附图200幅，涉及疾病108种，并首次同时使用了白族语言、国际音标、拉丁文标注，并尽量阐释了白族医药在药、方、病、证方面的认识。③

纳西族有自己的民族语言，这种文字由名为东巴的巫师掌握和使用，又称

---

① 夏光辅：《云南科学技术史稿》，昆明：云南人民出版社，2016年，第308—310页。
② 丁一先主编：《白族医药丛书》，昆明：云南科技出版社，2015年。
③ 大理白族自治州卫生局编：《白族古代医药文献辑录》，昆明：云南科技出版社，2015年，第2页。

"东巴文"，用这种文字写成的典籍名叫东巴经。东巴经内容最多的是宗教，还有哲学、文学、艺术、历史、科学等方面的记载，是古代纳西族的百科全书。其中有一些古代纳西族医药的记载。明代以后，汉语逐步在纳西族中通行，不少纳西族知识分子精通汉文，并用汉文著书立说，如《玉龙本草》[①]就是纳西族医学家用汉文撰写的医学著作。

据研究，《玉龙本草》的最初编写时代在500多年前的明代。该书没有留下编写者的姓名，大约是纳西族民间医生的著述，经历代不断补充修改加工而成。全书共收载临床药物500余种，详细记述了每种药物的加工炮制方法、临床效用，采挖的时间和地点等。该书记述的药物，有不少是纳西族的传统药物，据考证，涉及39个科的76种药用植物，有些是纳西族的传统单方和验方。该书记述的药物，有的在中国古代本草书籍中已有记载，有的是兰茂《滇南本草》中记述了的。这些内容说明，《玉龙本草》的写作者在继承本民族传统医学的基础上，大量吸取了内地汉族中医和云南汉族中医的实践和理论，从而发展了民族地方医学。[②]

四、其他少数民族的医药科技思想

除彝族、傣族、藏族、纳西族、白族之外，云南的独龙族、德昂族、怒族、傈僳族、景颇族、普米族、布朗族、拉祜族、苗族、瑶族、水族、佤族、布依族、哈尼族、基诺族、壮族等少数民族，多生活在交通不便的山区和边疆地区，经济文化发展较为滞后。这些民族的医药学知识，还处于经验和理论的积累阶段。夏光辅的《云南科学技术史稿》将这些民族的医药状况概括为三个特点：其一，为了保健和治病，多数人有一定的医药知识和技能；其二，医与巫混杂，巫师兼医药，驱鬼拜神与医药治病并行；其三，各民族、各地区发现和使用一些独特的奇效药。[③]中华人民共和国成立以后，相关学者对云南各少数民族的医药文化知识进行了发掘，整理出版了一些著作，如《拉祜族常用药》(拉祜文、汉文对照)①、《德昂族药集》(德傣文、汉文)②和《中国佤族医药》(佤文、汉文对照)③等。

《拉祜族常用药》在 20 世纪 80 年代由思茅地区政府组织编成,该书于 1987 年 10 月由云南民族出版社出版发行,用拉祜文(1957 年创制了拉丁字母的拉祜文)、汉文两种文字对照,收载拉祜族常用草药 100 种、插图 100 幅。该书以现代医学理论为指导,注重突出拉祜族医药特色。具体而言,该书对拉祜族医药做了系统的归纳,内容包括拉祜族医药渊源与发展,医药特点,传统的用药经验,拔罐疗法、药物疗法,内科用药原则和治疗,285 个单方、验方、秘方和民间常用药物等部分。《德昂族药集》对德昂族一些常用的、确有成效的民间药学知识进行了收集整理,共收录了植物药 102 种,动物药 3 种,并附单方、验方 40 个。该书是对当代流散在德昂族民间的药学知识的详细而真实的记录,弥补了德昂族医药卫生方面的空白。云南民族出版社在 1990—1997 年,陆续出版了"中国佤族医药"系列丛书,共四册,收集了 301 种药物,其中植物药 218 种,动物药 76 种,矿物及其他药 7 种。另外,该书还收入 270 种佤族民间单验方和秘药。并且,使用了佤(1957 年政府试行,1958 年修订,采用拉丁文字母记录佤语语音的文字)汉双语对照。④

第七节　云南科技思想的近代转型及发展

甲午战争的惨败足以反映出中国军事思想的落后与军事准备的不足,更激起了国人学习西方科技的迫切心态。"甲午战争的结果,使人们在总结历时 30 年的洋务运动的经验教训基础上,加深了对于西学的认识,认为仅仅引入西方的科技知识,而忽略西方社会政治学术的引入,是'舍其本而务其末'。以康、

---

① 思茅地区民族传统医药研究所编:《拉祜族常用药》(拉祜文、汉文对照),昆明:云南民族出版社,1987 年。

② 方茂琴编著:《德昂族药集》(德傣文、汉文),芒市:德宏民族出版社,2014 年。

③ 郭绍荣、段桦、郭大昌编著:《中国佤族医药》(佤文、汉文对照),陈学明、郭大昌译,昆明:云南民族出版社,1990 年。

④ 郭绍荣、段桦、郭大昌编著:《中国佤族医药(佤文、汉文对照)》(全四册),陈学明、郭大昌译,昆明:云南民族出版社,1990—1997 年。

梁为首的维新派开始将中学中的经世之学、春秋公羊学与西学的进化论、议院学说及各种自然科学新理相会通,创建一种'不中不西,即中即西'的新学,为政治变革提供学术理论依据。从理论形态上看,'新学'已经初步形成,并为整个社会所关注。"①维新运动时期,更多爱国志士出于变革社会的主张,对自然科学给予了足够的重视,通过对自然科学的学习,形成了自身的科技思想观,并有能力独立地展开科研活动。

1904 年,康有为在《物质救国论》中重申"科学救国"的主张,这时中国人向西方学习的侧重点已经从器物层面转移到制度层面。20 世纪初期,大量接受过新式教育的中国人对西学思想所涵盖的内容有了基本的了解,诸如社会、政党、政府、阶级、思想、观念、真理、知识、主义、唯物、唯心等以往在文献里绝少会出现的词汇,在 20 世纪初期的文献中已随处可见。以上都能说明西学思想在中国的传播已取得明显成效。同时期,受到日本的影响明显增大,日本人翻译的西学著作有不少经留日学生之手翻译成中文出版,这也间接地反映出此时的日本在接受西学思想方面已远远走在了中国的前面。

五四运动时期,中外交流频繁,知识分子的数量大幅上升,成为传播近代西方科技思想的主力。"五四时期科技传播领域出现两大变化。一是综合性刊物对科学知识的普及从数量到质量有了很大飞跃。二是出现了一批专业学术期刊,登载了大量富有创造性的科研论文,成为我国近代科技体系确立的一个标志。"②1915 年"科学社"的成立,特别是经历了"科学与人生观"论战的洗礼,中国初步建立起了自己的自然科学思想体系,在诸如地质学、数学等基础科学研究与应用技术方面成果突出。

一、"西学为用"——西方科技思想下的云南社会

中日甲午战后,由于云南地下矿产资源较为丰富,为了获取云南省内丰富的矿产资源,清政府把目光转移到云南,蒸汽机从此开始进入云南。可以说是中日甲午战争打破了云南西方科技思想传播的轨迹,迅速提高了云南在国内的地位,拉近了云南与西方的距离。

---

① 王先明:《近代"新学"形成的历史轨迹与时代特征》,《天津社会科学》2002 年第 1 期。

② 王静:《五四时期知识分子群体对我国科技进步的贡献》,《东疆学刊》2001 年第 1 期。

起初，云南知识分子对西方科技思想并非一厢情愿地接受，而是被迫选择接受。那么讨论云南为何接受西方的科技思想就成为不可回避的话题。云南接受西方科技思想可谓大势所趋，为了应对边疆危机的严峻局势，清政府迫切需要云南丰富的自然资源的支持，利用好这些自然资源就需要科学技术的革新。而云南本土的科技人才少之又少，发展科学的力量极为单薄，仅凭原有的知识力量是不能够使科技得到长远发展的，因此必须接受西方的科技思想、输入一批高层次人才来带动云南科技的发展。综上可以看出，西方科技思想的传播与现实密切相关，因为西方科技思想并非处于真空之中，其必须面对现实环境，现实状况决定了云南必须接受西方科技思想。这些举措是清政府的有意为之，即便是云南官员也没有能力反抗。

云南在逐渐接受西方科技思想后，把科技思想付诸实践，应用于经济、政治、文化、工业等众多领域，取得了前所未有的发展。尤其是抗日战争时期，云南由边陲之地成为进行抗日斗争的大后方和最前线，拥有了更多与外界交流的机会，发挥出了显著的区位优势。

二、云南科技思想的现代转型

在西方科技思想传入这一背景下，云南原有的科技思想与西方的部分科技思想相结合，发生了"华丽"的转型，主要体现在以下几个方面。

1. 经济领域

经济与技术是历史发展的核心因素。云南从传统经济转向现代经济，与西方科技的大量传入是密不可分的，西方科技思想的传播使得生产方式发生了转变，生产力在技术的促进下也得到了提高。云南的农业发展远远优于工业，农业给西学传播提供了土壤，云南的科技思想转型从农业起步，有利于被民众接受，促进西方科技知识在云南的广泛传播。

云南民政长罗佩金在民国初年就特设督办棉业机关，整顿全省棉业，并饬实业司拟定专章，遴员开办。至1915年，棉花产量达到了230余万斤。[1]1933年10月，云南省实业厅筹建棉业试验场，棉业试验场以"培养植棉技术人才，

---

① 云南省志编纂委员会办公室：《续云南通志长编》（下册），1986年，第299页。

扩大棉业组织，改良地方品种"①为宗旨，以期利用先进的科技，在农业发展上有所突破。云南原经济委员会主任委员缪云台主张在云南省建立纺织工业，裕滇纺织厂就是其中最为典型的代表。以上做法实现了以农业与工业的良性互动，为云南的经济发展提供了重要保障。

2. 政治领域

放眼近代中国，戊戌变法、清末新政等都是受到西方国家政体影响的产物。而地处西南的云南，同样也受到西方的影响，但比较特殊的一点是，云南在政治领域上的转型大多是留日学生促成的。比如陆军讲武堂的建立、反袁护国运动的展开、政治军事活动的发生都与留日学生有很大关系。

3. 文化领域

近代留学生成为中国科技发展的重要推动力，云南也不例外。1902 年和1903 年，云南分别派遣、选送 10 名学生赴美日留学，至民国政府成立前共派遣 200 余名。"这部分留日生对辛亥革命和护国运动出力甚巨。"②民国政府成立以后仍继续选派留日学生，他们成为云南社会中西方科技思想传播的主要贡献者。这些留日学生主要就读于陆军士官学校、东京高等工业学校等院校，清政府期望这些留学生通过学习近代军事思想，以文化来带动云南其他领域的发展，以"实业兴滇"。虽然这些留学生较他省而言数量有限，但这批留学生几乎都参与了唐继尧时期的科技兴滇活动，在电报、邮政、公路、水电、矿产开发等方面都有留日学生的参与，对云南实业的发展起到了强有力的推动作用。留日学生孙一时曾担任云南第一家官办工业——云南"劝工局"的工程师，该厂出产喷水机、吸水机、水龙电铃、蒸汽发动机、风扇等工业产品，成为留日学生归国后发挥作用的典型。

随着抗日战争的爆发，云南省内科技思想传播的载体也从最初的留日归滇学生为主体转向留学欧美归滇的学生为主体，并关注发展生物学、气象学、测绘学、医学等科学。如云南大学结合当时的实际情况，在熊庆来先生等的支持与努力下，以法派专家为主，于 1937 年成立医学院。该医学院的院长范秉哲及

---

① 《云南省志·农业志》编纂委员会编撰：《云南省志》卷 22《农业志》，昆明：云南人民出版社，1996年，第 51 页。

② 于波：《西方科技与近代云南》，昆明：云南人民出版社，2013 年，第 37 页。

很多教授都曾留学法国，学富五车，经验极为丰富，成为当时极具特色的医学院，做到了中法科技思想的交流与融合。

4. 工业领域

为适应国内外形势的需要，工业技术在近代云南得到优先传播与发展。

滇越铁路是云南近代史上一项大规模的科技工程，其在修建前后采用近代建筑营造模式，引进国内外水利水电、工程机械、机车等大型的技术装备，并灵活运用了近代测绘工程学、铁道工程学等知识，是科技思想付诸实现的范例。"滇越铁路的前期施工和后续管理及法国修建滇越铁路引发的地缘政治经济危机直接催生了陆军测绘学堂、速成铁路学堂、滇蜀腾越铁路公司和个碧石铁路。上述活动促进了工程技术学科在云南的起步和发展。"①滇越铁路的通车改善了云南的交通状况，结束了云南没有现代交通工具的历史，使很多科技产品流入了云南，密切了云南与外界的交流，带动了铁路沿线教育文化事业的发展，推动了云南早期工业化的进程。

石龙坝水电站等工业文明设备开启了云南工业化的漫长道路。石龙坝水电站是中国第一座水电站，目的是抵抗法国侵略势力染指云南水电资源。为了建立石龙坝水电站，云南从全国招聘各类工程技术人才百余名，德方派遣的工程师毛士地亚等协助勘探设计，创造出中国电力的奇迹。抗日战争期间，石龙坝水电站由民用供电转为军工生产和防空警报电源供电，为抗日战争胜利做出了不小的贡献，成为云南人爱国救国济国和创造历史的见证。

---

① 车辚:《滇越铁路与近代西方科学技术在云南的传播》,《昆明理工大学学报（社会科学版）》2006 年第 4 期。

第四章　云南科技人物及其著作

云南地处西南边疆，在文化、经济发展模式上有其地域特点，兼之民族众多，发展脉络各异，产生了多样性的科技成果。尽管从严格意义上来说，近代以前的云南科技更多地偏向实用性技术问题，但这并不会影响其历史价值。在较长的历史阶段中，云南涌现了大批技术、科学类人才。以 19 世纪后半期为界，可将云南历史上的科技人物分成两个类别，即古代科学人物和近代科学人物。本章将按照时间顺序罗列，并加以简要评述。

第一节　古代云南科技人物及其著作

目前见于史籍记载的古代云南科技人物大多为明清时人。①所见史籍如《续云南通志稿》《新纂云南通志》《云南省志》等资料中记载的明代科技人物约有 40 人，涉及医药、占卜、堪舆、书画篆刻等门类②，其中尤以医药为要，下面简单做一胪列。

一、明代云南科技代表人物

黄拱斗，晋宁人。史载其游历京师时偶遇隐者，得授观象之术，回乡后常

---

① 明代以前所见记载者，仅唐代益州人闭珊居集一人。闭珊居集系沾益乌蛮，精通卜筮之术，或用细竹枝四十九枚，或用鸡骨作为占卜工具，时人称其"占验如神"，当地人称他为"筮师"。事见《续云南通志稿》。附传于此，仅备考录。

② 古代地方志《方技传》中所记人物，有部分严格意义上并不能与现代概念下的"科技"人物相混同，如占卜师、巫师、道士、异人等。但需要指出的是，作为古代的社会仪式和社会活动，这些行为是古代人民认识世界的重要途径，在较长时间内被视作是古代"方技"。部分人物附传于后，仅备考录。

预测天气、地震等事。

杨向春，云南县人，擅长占卜之术。

柳逢阳，易门人，擅堪舆之术。万历中曾为巡抚邹应龙勘察马头山风水。①

江天水，昆明人，善数学。

郭寓民，字螳川，安宁人，善医术，以意用方，所治辄效。

周璟，左卫人，后迁居晋宁，精医术，有活人之功。

孙光豫，字怀坞，昆明人，精医术。崇祯年间担任太医院院判，去职后返乡行医，治病不计较酬劳。

董锡，凤阳人，洪武年间曾作为军医从征，因救治军中疫病者有功，赐印世袭赵州医官，直至清代，其后人仍继承其医馆行医。

赵良弼，赵州人，诸生，游历华山时有人传授他眼疾医书，回乡后医人无数。

阚仁，通海人，幼时学儒，旁通医术。

朱绅，建水人，擅长诗文、书画。

朱煜，建水人，擅长诗文、书画，都督沐璘与其相识，礼重之。

钟士昌，通海人，擅长书画。天启年间人。

杨道明，建水人，万历壬午举人，善书法。

任俶，建水人，万历己酉举人，诗字画并称三绝。其弟任仁，贡生，擅长草书。

王廷伟，建水人，岁贡，通《毛诗》，精医术。

纪璋，建水人，世代从医。

高肇尧，石屏人，精通医术，著有医案。

何孟明，石屏人，精通医术，著医书若干卷。

张柏，大姚人，精通医术，不计贫富。

赵汝隆，曲靖人，精于医术，善用药。

郭元谷，寻甸人，精医术，善治肠、肺之症。

张神卜，真名不详，精数学。

---

① 堪舆即风水，实际上就是集地理学、地质学、星象学、气象学、景观学、建筑学、生态学以及人体生命信息学等多种学科于一体的一门自然科学。但传统时代堪舆学多为一种玄学门类。附传于此，仅备考录。

李德麟，鹤庆人，擅长医术。

陈洞天，鹤庆人，通黄白之术。①

张道裕，剑川人，自幼潜修，据称能"致风雨""祷雨辄应"。②

张辅高，鹤庆人，精通医术。

全祯，鹤庆人，精医术，时人称为"国手"。

李星炜，鹤庆人，精于医术，著有《奇验方书》《痘疹保婴心法》。

李仲鼎，鹤庆人，通医术。

蓝成彩，鹤庆人，通医术。

王琚，腾越人，擅长算术，正统年间曾为王骥统算军中粮草数量。

张羲，字恒斋，精医术，擅长治疗痘疹伤寒等症。

薛芬，蒙化厅人，精通医术，与张羲齐名，亦擅楷书。

董复粒，禄劝人，通医术。

以上即是目前史籍中可见的明代云南科技人物。从中可以大致看出以下三个特点。

其一，总体人数较少。这与明代云南地区整体发展水平较落后有关系，同时，受资料所限，部分科技人物可能未被记载在册。

其二，以精擅医术者为主。这有几个方面的原因：首先，古代地方志书编纂首重医术，盖以其关系生命之故。其次，云南地处边疆，少数民族众多，当地文化发展水平较为落后，少数民族在医药学方面，大都处于医与巫混杂的发展阶段。元代以后汉族移民逐步进入云南，中医学在当地也有了一定的发展，并得到当地百姓的推崇，但从业人数并不多，因此地方医生也往往为时人所尊崇。最后，古代地方志书中《方技传》收录堪舆、星卜、篆刻等方面的人物传记，这些技术在云南地区的发展相较医学而言更为缓慢，有传的人物也就更少。

其三，所录人物大多分布于昆明、大理周边区域，且多为汉族人物。最主

---

① 黄白之术，即古代方士炼丹之法。从某一方面而言，炼丹与化学有一定关系，但从其行为目的和理论认知而言不应与现代化学混为一谈。附传于此，仅备考录。

② 此人应为明代方士，从记载的事迹来看，应当是对气象学有一定的了解，但更有可能仅是地方传说，附传于此，仅备考录。

要的原因是中原文化在这些地区的传播较早，相比之下，在其他区域少数民族文化仍占据主导地位，缺乏相关人物的资料记载。而中原文化相对发达的滇东和滇中地区，出现的科技人物就较多一些，这也符合汉文化在西南地区传播的历史轨迹。

二、清代云南科技代表人物

清代出现了一大批科技人物，涵盖医术、算学、书画、种植、采矿、造纸、机械等领域。一方面，由于清代云南史料众多，记载的有关科技人物也比较全面；另一方面也是最主要的原因，即随着云南的科技不断发展，科技思想不断进步，也自然涌现出了一批产出了科技成果的科技人物。根据《新纂云南通志》卷 232《文苑传一》、《新纂云南通志》卷 233《文苑传二》、《新纂云南通志》卷 234《文苑传三》、《新纂云南通志》卷 235《实业传》、《新纂云南通志》卷 236《艺术传一》、《新纂云南通志》卷 237《艺术传二》,《续云南通志稿》卷 187《杂志·方技志》等史料的记载，清代云南科技人物中具有代表性的大致如下。

1. 医药类

王观，字见可，易门人。王观的父亲精通医术，善针灸之法。王观认真学习父亲留下的医书，也练就了高超的医术，治病如神。《新纂云南通志》记载，康熙年间，有一田家的儿子患了重病不治，王观一针就将患者起死回生。

王嗣祖，易门人，与兄长共同行医，精通诊脉，号脉时"三指齐下"，被人称为"王三点"。

余梦勋，字功甫，昆明人。余梦勋精通岐黄术，但凡有人求医，不论贫富，哪怕是夜间他也必定前往救助。余梦勋有豪士之风，好施与，听闻乡里有困难，都会慷慨解囊。

杨材，安宁人，通外科医术，尤其善于接骨，为人治病不计代价。

许高仪，宜良人，精通岐黄术。许高仪行善好施，嘉庆年间，瘟疫盛行，他捐钱购买药物，治好了很多罹患瘟疫的人。许高仪著有《奇方要览》，可惜兵乱的时候遗失了。

曹鸿举，字体恒，精通方脉及针灸，著有《瘟疫论》《瘟疫条辨》。

周翖，字荇秋，昆明人。周翖自幼聪慧，精通岐黄术，能治重疾，对张仲景的《伤寒论》有很深的研究，能够精准地辨别症状，百无一失。周翮认为，治疗重疾需要首先辨明病灶本源，才能对症治疗，"症虽危，须辨其寒热，起于何经，勿徒投以峻剂"①。

耿庆生，昆明人，精通岐黄术，治病非常谨慎，必须再三辨别症状后才能立药方，他说："宁使人笑吾拙，勿使人受吾害。"可见，耿庆生对于医者的职业道德及专业素养有着极高的自觉追求。

段觐恩，字云峰，安宁人，精通太素脉。段觐恩医术高明，到了晚年时不需询问病症仅凭诊脉便能辨别症状，著有《医学诀要》。

杨春林，安宁人，善于治疗跌打损伤，即使骨头碎裂也有治疗之术。杨春林行医以治病救人为宗旨，给患者诊脉甚至不收取费用，其德行受到众人景仰。

陈赞虞，字惠畴，昆明人，从父学习医术，尤其擅长儿科。

李延龄，昆明人，擅长妇科。

周文斌，昆明人，精通外科，专门治疗跌打损伤。周文斌行医开的药方与别人不同，他以家族发明的草药治疗病症。周文斌经常上山亲自采草药。他开的草药秘方对于跌打损伤之类的病症非常奏效，被传为神药。

李希舜，宜良人，官至太仓州知州，精通岐黄术，著有《经验良方》。

赵运，本姓唐，晋宁人。赵运急公好义，有一神膏药，凡是刀枪、跌打之类的伤病，药到病除。

高泽清，字润之，罗次人，精通岐黄术，尤其对于伤寒病的治疗颇有心得。

冯国桢，罗次人，精通拳术，有一剂神药，能够医治筋断骨折、刀砍枪伤，疗效甚佳。冯国桢给人治病不求钱财，受人爱戴。

周鸿雪，太和人。祖上世代行医，到了周鸿雪时医学甚精。周鸿雪的儿子周霞年少时有任侠之气，晚年好学，年过六十仍然远赴日本学习师范。周霞也精通医术，擅于用石膏，被人称为"周石膏"。

杨舒青，字蔚若，邓川人，精通医术。

尹东夏，邓川人。七代行医，至尹东夏时医术颇精，被人们誉为"仲景再世"。

熊彬，赵州人，乐善好施，精通岐黄术。

① 张秀芬、王珏、李存龙，等点校：《新纂云南通志 9》卷 236《艺术传一》，昆明：云南人民出版社，2007 年，第 352 页。

杨世宾，字名也，赵州人，精通医理，尤擅小儿科。慕名向杨世宾求医的人每天接踵而来。

辛储贤，字简臣，赵州人，精通岐黄术。他给患者开出的药方往往有奇效。

王泰交，宾川人，两世儒医，为世人称道。

杨宗儒，赵州增生，初学儒学，其父嘱咐他说："士生乱时，不能出而济世，惟医亦可活人。"此后，杨宗儒转而学习医学，研读医家诸书，尤其精通小儿痘症。杨宗儒遇到贫穷的患者，从来不收取费用。

饶国熙，字泰亨，邓川人，精通医术，善于用附子入药，有"附子名医"之称。

何愷，字伯庸，石屏人。祖父行医，到了何愷医术更加精深。

张书纶，建水人，精通岐黄术。

刘伟兴，建水人，精通医术，为人治病不计钱财。

白霞光，建水人，善于治疗枪伤、跌打损伤之类的病症。

李藩，字辉群，通海人，因其父亲久病，医治无效，便亲自学习医术，精通方脉，治好了父亲的病。后来有患者向李藩求医，他都尽力救治。

杜侨，字惠公，蒙自人，因父亲多病而学习医学，精通岐黄术。

刘定国，字来臣，宁州人。晚年学医，著有《目疾类函》。

曾时，通海人，精通岐黄术，善于针灸。晚年以积蓄建药王庙，赈济穷人。

毛扬坊，字翰声，石屏人，精于史学，同时在医学方面也有精深的造诣，著有《求我斋医书》《历代史略》。

许丰藻，字慎修，石屏人，精通医术，在治病时极为慎重，开药的分量也较轻，生平不收取诊脉费，也不卖药。

胡嗣铨，楚雄人，擅岐黄术，乐善好施。

杨法，楚雄人，擅岐黄术，遇到穷人求医经常送米或在药中放钱，乐善好施。

龚世禄，字廷锡，姚州人，精通岐黄术，悬壶济世，治病不计报酬。

马智，楚雄人，善于治疗刀枪伤，擅长接骨。

姚泰，字常喜，江川人，精通医术，被人称为仓公、扁鹊。

周逢源，字陶溪，江川人，精通医术，屡次治疗重症，曾将行医经验著成验方三十本，传给孙子国柱。

李裕达，河阳人，善太素脉和导引术，治疗所用都是普通的药，时常将药和食物搭配，有奇效。

侯景，江川人，精通外科，善于治疗跌打损伤等病症。

萧文彦，字俊卿，云州人，精通岐黄术，善于治疗重症。

陈雍，字子珍，南宁人，光绪乙亥举人，精通医学。

张发祥，南宁人，精通岐黄术，治病不论贫富。

何应达，宣威人，与其弟应拔，都精通眼科。

沈思诚，字慧生，沾益人，自幼习儒学，继而精通岐黄术。

王国弼，陆凉人，精通医术，擅长方脉，施药济贫。

刘廷选，字允中，寻甸人，精通医术。

杨成初，精通医术。丽江人若有患病习惯用巫术，不懂医药，见到杨成初精通脉理，药到病除，才开始相信医术。巡道李兴祖称他为"边塞华佗"。

周景濂，字广图，鹤庆人，擅长治疗疯狗咬伤。

孙荣福，鹤庆人，精通医术，著有《病家十戒》《医家十全》。

段思忠，字睿章，剑川人，精通岐黄术，能治疗顽疾。

杨晫，号爱庐，剑川人，善诗书，精通医术，用药不拘泥于古方。他认为治病应该视患者的具体情况开出药方，而不能一味地遵循方书："学医如参禅，禅在无字处，悟医可尽执方书求耶？若使见热即以凉药治之，见寒即以热药治之，则刻舟求剑，鲜有不误人者。"①

赵琳，维西人，医学世家，善于治疗伤寒，乐善好施。

奚毓崧，字楚翘，鹤庆人，精通医术，著有《训蒙医略》《伤寒逆症赋》《先哲医案汇编》《六部脉主病论补遗》《药方备用》《论治病必求其本》《论五脏受病舌苔歌》等。

李钟浦，鹤庆人，精通内外科，著有《医学辑要》《眼科》等。

习谭，字崇周，丽江人，擅长音律，精通医术，认为必须亲自去深山大壑、人迹罕至之处采药。著有《验后录》《本草改谬》两本医书。

张春芳，他郎人，善于治疗外科，用草药外敷治疗跌打、刀枪之伤，几天

---

① 张秀芬、王珏、李春龙，等点校：《新纂云南通志9》卷237《艺术传二》，昆明：云南人民出版社，2007年，第364—365页。

即可痊愈。

刘本元，腾越人，善于治疗瘰疬，名噪一时，著有《医案》一书。

李作霖，保山人，精通太素脉。

杨钟琳，字延辉，永平人，精通医术，善于治疗银、铜炉烟毒，认为"银烟毒入肾必小腹先痛，铜烟毒入肺必嗽"[①]。

赵琴，字一鹤，龙陵人，精通岐黄术，善于治疗瘴毒。

黄门旌，字其辛，永平人，精通脉理针法，被时人称为"扁鹊"。

刘士吉，字子谦，腾越人，博览群书，精通俞跗之学[②]，著有《溥仁堂验方》四卷。

刘德峻，世代学医，发明截疟追瘴丸。光绪年间中法之役时，刘德峻被聘为军医。著有《医案》一书。

姚连钧，文山人，精通外科。

朱应元，字子楷，精通岐黄术，善于治疗疑难杂症。

孟东旸，字寅苍，会泽人，精通医学。孟东旸为县医官，监狱流行瘟疫，他前去治疗，家人担心传染，他却执意前去治疗，并说："囚亦人也，其中岂无救宥？今病危而弗救，是吾杀之也。况生死数定，岂趋避所能免？"[③]

茅德昌，由于家境贫寒，弃儒学医，曾经游历四方，拜访名师，精通岐黄术，善于治疗伤寒，著有《临症知要编》。

禹嗣兴，昭通人，舌耕谋生，闲暇时研究医学，有名医之称。

梁朝柄，字鼎臣，蒙化人，精通医学。

王尚德，字聪明，广西州人，精通岐黄术，尤其擅长妇科。

傅经，字训五，丘北人，精通医术，并且善画山水。

杨润德，元江州属迤萨人，精通医学，善于审脉。

武云兆，元江人，精于外科，擅长治疗创伤。

张光成，字务荣，白井人，儒医，善于治疗伤寒。

① 张秀芬、王珏、李春龙，等点校：《新纂云南通志9》卷237《艺术传二》，昆明：云南人民出版社，2007年，第366页。

② 俞跗，上古医家，相传擅长外科，是黄帝的臣子。

③ 张秀芬、王珏、李春龙，等点校：《新纂云南通志9》卷237《艺术传二》，昆明：云南人民出版社，2007年，第367页。

李宗元，白井人，精通医学，著有《伤寒五法》。

赵同文，字书楼，白井人，精通岐黄术，擅于治疗重病。著有《手见效著》《伤寒论略》《临症绪言》。

杨广生，别号静翁居士，琅井人，隐居教授，晚年行医。

2. 书画类

李维新，字芑泉，呈贡人，乾隆年间曾任直隶井陉县知县。李维新善诗文，尤其喜欢作骈文，精通山水画。"画梅，清奇有致。"[①]著有《散木吟》。

李诂，号仰亭，昆明人。李诂善于临摹古名画，足以乱真，尤其擅长画山水、画夷人、绘制地图等。

周其淳，字石屋，昆明人，擅长绘画，尤其擅长着色，他给画中花卉着色，历久弥新，栩栩如生。

张文林，字云亭，昆明人，善于绘画，所画的人物、山水、花卉，意趣天然，笔法古朴，被称为"咸同间画工之最"。[②]

李芳，字定芝，昆明人，善于绘画，尤其擅长画巨幅墨梅。

李钟，易门人，擅长绘画，《新纂云南通志》记载，县治文庙还存有李钟的遗迹。

温聿新，字纯修，昆明人，善画山水、人物，尤其擅长画驴。

吴夏，字榴五，昆明人，工四体书。吴夏的弟弟吴竹，擅长绘画，光绪年间，在翠湖南岸设绿杨画馆，云南的许多名士都慕名前来聚会。

赵时俊，字秀升，浪穹人。同治辛未进士，官翰林院编修。遭遇家中丧事回乡，在五华书院作主讲。后来到贵州安顺府任知府。赵时俊在书法方面颇有造诣，工行书、楷书，笔意清健，为世人称道。

马国庆，字芝山，太和人，以画山水著名。

张昂，字莲溪，赵州人，善画兰花。

杨曰柟，赵州人，擅长山水画。

---

① 张秀芬、王珏、李春龙，等点校：《新纂云南通志 9》卷 236《艺术传一》，昆明：云南人民出版社，2007 年，第 351 页。

② 张秀芬、王珏、李春龙，等点校：《新纂云南通志 9》卷 236《艺术传一》，昆明：云南人民出版社，2007 年，第 352—353 页。

王兆基，字碣云，宁州人，善于书画。

朱文重，石屏人，擅长画山水画。

许文美，石屏人，擅长画山水画和人物肖像画。

廖灿纶，字紫章，石屏人，善作诗，精于隶篆，有六朝风韵。

牛文明，宁州人，自幼学习经史，善书法，晚年行医。

傅家麟，建水人，善书法，兼画山水、翎毛。

任聚仁，字书农，石屏人，乾隆举人，善于书画，尤其擅长画梅。

许式璜，字小泉，石屏人，善于山水画，笔意潇洒绝尘。

沈育柏，通海人，精于书法，不求仕途，认为"可以济物者莫如医"。沈育柏广求良方，得到了眼科秘传。

赵凝禧，字石舫，建水人，精于书画，尤其擅长画花卉。他的妻子贾氏、儿子赵钫也擅长绘画。赵钫尤其擅长画牡丹。

吴耀，字宿南，蒙自人，擅长画花卉、翎毛、山水。

王浩，蒙自人，善书法，其作品多为榜书、碑碣。

胡本姚，字渔村，别号南湖钓徒，蒙自人，光绪乙亥举人，任广西直隶州学正。善诗文，尤其擅长画山水。曾经在四川、江苏、浙江、福建等地游历，所到之处官吏争相延请胡本姚入幕。

丁逢庚，字少白，号印秋，光绪己卯举人，任马龙州学正。丁逢庚善绘画，画的梅、兰、竹、菊清健脱俗。

唐开中，字建五，号云台，路南人，雍正丁未武进士，擅长画山水，笔力苍劲。

张维彬，字朴园，江川人，善绘画，所画的梅、兰、竹、菊最佳。

袁昶，字姓轩，顺宁人，善书画，尤其擅长画芦鸦。

方立贤，陆凉人，擅长画山水，兼善书法。

王嘉宾，陆凉人，通晓《孝经》《仪礼》，善书法，同时精通岐黄术。

罗光曙，字晓楼，陆凉人，擅长画松鹤。

罗星源，字仙槎，陆凉人，善书法，尤其擅长画梅。

陈于王，号霞峰，剑川人，善琴、书法。曾经云游峨眉，渡过长江，向南到达福建、广东，航海至西洋。

陈新化，字时雨，剑川人，善于篆刻，曾经在桃核上刻仙佛人物像，栩栩如生。

萧品清，字一和，又字廉泉，号六梅居士，擅长篆刻，所作水墨梅、兰甚佳。

张宇，字君芋，号古愚，剑川人，擅长画龙。

王锡桐，字梦桂，丽江人，善画山水。

李士云，维西人，善于画翎毛花卉。

欧阳现，字粹然，剑川人，善于画山水人物。

王俨，号梅圃，腾越人，善丹青。

陈建勋，字燮堂，保山人，善画山水。

黄万春，字竹君，保山人，善书画，晚年多画墨竹。

王佐，腾越人，善画山水、翎毛。

林树柏，文山人，善画兰草。

王华，会泽人，善于绘画，尤其以山水画闻名遐迩，晚年喜好吐纳术。

何廷彦，善书画，所画兰、梅，名重一时。

田仙洲，蒙化人，善画莲花。

杨晴初，蒙化人，善画葡萄。

陈锦新，字馥溪，白盐井人，善书法，擅长画蝴蝶、花鸟。

3. 天文、算学、地理类

宋演，字羲臣，晋宁人。宋演喜爱勾股术，日夜演算，甚至到了废寝忘食的程度，著有《勾股一贯述》五卷，流传于世。

江培德，昆明人，曾在农业学堂教习算学，而且善于画大青绿山水画。

陈文藻，通海人，游学四方，学习了天文、地理、阴阳、星卜等。陈文藻晚年返乡行医，治病救人，将患者之疾视作自身之痛。

孙觐周，字光屏，他郎人，擅长草书，精通医术，通晓代数、几何、三角等数理之学。

何应清，字景襄，宾川人，专精古学，博览舆图，著有《滇南山水考略》《襄阳纪略》等。

何其侠，字天成，石屏人，博览群书，游历名山大川，著有《十笏斋墨雨楼文集》《迤西图说》《元师平滇道路考》《西藏指掌》等。

刘腾蛟，字云台，石屏人，雍正丁未进士，精通象数，著有《天运行度考》

《洪崖七畅中星论》等。

张登恒，宁州诸生，"学专格物，凡天地风云，以逮昆虫、草木之鸣息、荣枯，无一不究极其理而识其所以然"①。著有《醒迷篇》一书，共上、中、下三篇。

段之屏，建水副榜，精通舆图，光绪年间曾被滇督派遣与英人划缅甸界、与法人划越南界。

赵美，字含章，姚州诸生，善书画，精通天文、经史、象数，曾绘制南极、北极二图，以观星象。著有《南堂启蒙集》《梦梅书屋诗稿》《朱子家训引证》。

刘阶，字竹楼，楚雄贡生，著有《五声异同辨》《历朝舆图考》等。

缪瑞章，字辑臣，号星阶，宣威人。缪瑞章曾参与新学初小教材编纂，编成《宣威建置沿革》及《政绩录》《兵事录》《耆旧录》等。曾作《宣威州地图》。

张昇，字德辉，保山人，通晓天文地理，著有《地理图说》《中星图说》等。

4. 堪舆类

赵东周，字润岐，剑川人，精通青乌术，著有《地理论》。

杨树麃，字式周，剑川人，博学经史，旁通星历、舆地、卜筮、岐黄之学。

5. 农业

吴联元，邓川人，精通种植技术。吴联元购置数百亩沙砾地，经营数年，沙砾地转变为沙地，种植枸杞、藤萝做藩篱，在园子里种植橘、柚、雪梨等果树，又夹杂种植桃、李、枣、杏、榛、栗等树，几年后开始获利。他认为"种植无他巧，唯顺木之性以培植之"②。

6. 造纸、锻铁等手工业类

季再思，字汝勋，白井人，道光初年于马槽沟造纸，所造的纸有白纸和红纸两种，被人称为"马槽沟纸"，每年销量甚多。

杨朝俊，字在位，宣威人。提倡乡里造纸，以楮皮为原料，制成的纸质量很好。宣威境内产一种俗名为香花柯的植物，漫山遍野都是，杨朝俊令家人采香花柯的叶子晒干，碾成粉，用松根水混合，制成线香。在杨朝俊的带领下，

---

① 张秀芬、王珏、李春龙，等点校：《新纂云南通志 9》卷 233《文苑传二》，昆明：云南人民出版社，2007 年，第 324 页。

② 张秀芬、王珏、李春龙，等点校：《新纂云南通志 9》卷 235《实业传》，昆明：云南人民出版社，2007 年，第 347 页。

村民都富裕了起来。

赵怀忠，字厚德，太和人，少年学艺，咸丰年间，锤铜炼铁谋生。赵怀忠认为人的贵贱不在于所从事的行业，而在于人心。他说："人之贵贱，盖不在所业，在其心耳。士而丧志希荣，虽贵犹贱。若工而尽吾力以贸食，人之所贱，天之所贵也。"①

和清，字绍仪，丽江人，发明升水机一架。

总体而言，清代科技人物数量相较于明代显著增多。按照科技门类进行梳理可以发现，清代云南的科技人物涉及医药、书画、天文、地理、算学、农业、造纸、锻铁、制造发明等多个领域，这表明清代云南科技实现了长足发展。综观清代云南科技人物的生平经历及科技思想，呈现出以下几点特征。

首先，清代云南从事科技的人物往往具有研习儒学的经历，他们对于科技的认识大多是以儒家所强调的"仁""义""礼""智""信"等道德规范为基础的。这一特征突出表现在医药领域。精通医药的清代云南人物基本上都自觉以儒家思想规定自己的职业道德标准。所以，在上文中有关清代云南医药人物的简述中经常出现关于医者仁心、治病救人不计贫富等行为的记录。这表现出儒家思想在清代云南医药领域已经成了约定俗成的行业规范，也自然成了评价医者品行、医术的价值标准。正是在这种"以患者为本"的传统儒家思想的激励之下，通过医者的不断努力钻研，清代云南的医药科技取得了快速发展。

其次，清代云南的科技人物出现了一些博学的通才，如石屏人毛扬坊，精于史学和医学；宁州人牛文明，自幼学习经史，善书法，晚年行医；姚州人赵美，善书画，精通天文、经史、象数；陆凉人王嘉宾，善书法，同时精通岐黄术；等等。这一现象表现出清代云南科技人物往往不拘泥于某一领域的限制，而是触类旁通，博学多才。

最后，清代云南科技人物最多的是医药类，其次是书画类，再次为天文、地理、算学类。这一趋势表现出受到中国传统儒家思想影响，清代云南人形成了重视生命，以人为本的科技精神内核，因此在医药界涌现出了大批科技人物。此外，算学、几何、物理、机械发明等理学领域的科技人物则很少，成果也不

---

① 张秀芬、王珏、李春龙，等点校：《新纂云南通志9》卷235《实业传》，昆明：云南人民出版社，2007年，第348页。

多，这也表明清代云南理学领域的科技发展较缓慢。

第二节　近代云南科技人物及其著作

19世纪40年代以来，随着鸦片战争的爆发，中国经历了多次边疆危机，西方列强通过战争打开了中国的大门，为抗击外来侵略，各界仁人志士纷纷走上了寻找救国方法的道路。魏源、林则徐等号召"开眼看世界""师夷长技"，在这样的历史背景下，学习西方先进的科学技术逐渐成为一种社会共识。也正因为如此，中国近代科技有了全新的发展。云南地处西南边疆，是较早接触西方侵略并作出回应的地区之一。自这一时期以来，云南地区涌现了大批的科技人物，下面简要分类并做一胪列。

1. 医学、药学

陈子贞（1849—?），曲靖东关人，出身中医世家。光绪二年（1876）乡试中举，在云南昆明五华书院执教，光绪二十年（1894）弃教行医。光绪二十四年（1898），曲靖出现鼠疫，陈子贞带领群众撒石灰，在十字街头挖坑，烧柴火灭疫菌，为除疫做出了贡献。光绪三十年（1904），云贵总督、云南巡抚林绍年罹患中风，久治不愈，陈子贞将其治好。此后陈子贞在云南中医界名声更盛。经林绍年推荐，陈子贞在云南医学堂执教，主讲医经经典，传授中医理术。辛亥革命时期，陈氏门生多在革命军中当军医。1924年，陈子贞卸职还乡，在曲靖开设宝龄堂药室，继续行医，对贫苦患者免费治疗。著有《医学正旨择要》。陈子贞是云南也是全国建立公办医学堂的创始人。1954年，《健康报》撰文称："云南药学首推兰茞庵，医学首推陈子贞。"[①]

姚长寿（1869—1919），字静轩，弃儒行医，攻读中医典籍，认为："不通律度，不足以读《脉经》；不通古衡，不足以谈《本草经》。"[②]光绪中叶，姚长寿学习了铜人针灸术。姚长寿吸取诸医家精华，融会贯通，处方用药灵活多变，

① 云南省地方志编纂委员会总纂、云南省地方志编纂委员会办公室人物志编辑组编撰：《云南省志》卷80《人物志·科教体医卫》，昆明：云南人民出版社，2002年，第490页。

② 云南省地方志编纂委员会总纂、云南省地方志编纂委员会办公室人物志编辑组编撰：《云南省志》卷80《人物志·科教体医卫》，昆明：云南人民出版社，2002年，第495页。

善于治疗急症，疗效显著。1913 年，姚长寿被推为神州医学会云南分会会长。著有《冰壶馆集》《内难要旨》《姚氏医案汇编》等。

姚氏后人多行医，且有建树。

姚长治，姚长寿胞弟，随长兄学医，被誉为昆明四大名医之首，曾当选省中医协会主席，教弟子重心术医德。

姚志沣，姚长寿长子，擅长妇科，创制专治血伤风的丹栀逍遥散。他认为"云南之伤寒以时瘟为主，可占九成以上"。他还创制了粉葛解饥汤，在药物加工炮制方面颇有研究。

姚志鸿，姚长寿次子，致力于本草学研究，治病以六经辨证为纲，以气血辨证为线索，提出"春宜情疏要补阴，夏宜除湿要升阳，秋宜情润要培土，冬宜温进勿伤寒"的治疗法则。参与主校《滇南本草》，著有《药治发挥》《红楼梦之医与画》等。

姚蓬心，姚长寿三子，青年时追求进步，加入中国共产党，后考入中山大学医学院，毕业后回云南建议创办医士学校，培养了一批医护人员。抗日胜利后，姚蓬心赴美在约翰·霍普金斯大学医学院学习工作。中华人民共和国成立后，他在云南大学医学院任教授，并先后任第一、第二附属医院内科主任，省血吸虫防治委员会副主任。他认为从祖、父辈继承的家传秘方是"讲究医德"。

姚贞白，姚长治之子，曾任云南省昆明市中医师公会会长等职，中华人民共和国成立后，任昆明市卫生局副局长、昆明市中医院院长、昆明市中医学会委员等职。姚贞白精通医学典籍，旁通经史子集，批注《内经》30 年，认为对前人的医方必须做到全面了解，灵活使用，既重经方，也重时方。著有《姚贞白医案》《祖国医学对世界医学的贡献》《肝病治要》等。

彭子益（1871—1949），鹤庆人，博览太医院所藏医书，精通医理，在太原中医学校任教，培养了一大批中医人才。1938 年回到云南，在昆明开办中医系统学特别研究班，自编讲义，将知识毫无保留地传授给学员。

陆光鑫（1878—1949），字灿庚，楚雄人，熟读经史和中医典籍，弃政从医，1937 年回楚雄继续行医。他对伤寒、温病、时疫、内科杂症、妇科、伤科、针灸等都有临床经验。他认为："治病救人是为医之道，不能着眼于钱财，病人有求于己，切不可分官绅贫富。"①著有《伤寒论症治纲要》《温热病症治纲要》《儿科症治纲要》《脉学存真》《良效方剂》。

李继昌（1879—1982），字文祯，自幼攻读医学典籍，1907 年进入法国医院附属医学专科学校学习西医，为云南中西医结合先驱者之一。他在妇科、儿科等均有丰富的临床经验，其"鸡肝散"为治疗小儿营养紊乱、疳积虫症的良药。他为培养医学人员做出了巨大贡献，认为"医学者，民族之宝也，人类之宝也，个人何可得私之。愿天下有志者皆能行医，而医道亦能由此而发扬光大。"②他建立中国神州医学会云南分会，主办《神州医学报》。著有《伤寒衣钵》等，《李继昌医案》于 1978 年整理出版。

曲焕章（1880—1938），江川人，致力于草药研究，创"白药"，对治疗创伤及疮疡痈疽等病有特效。1923 年受唐继尧委任为东陆医院滇医部主任，并获赠"药冠南滇"匾额。他将白药提高到"一药化三丹一子"，即普通百药丹、重升百药丹、三升百宝丹和保险子，行销国内外。百宝丹在台儿庄大战中发挥了极大疗效。著有《曲焕章草木篇》《曲焕章求生录》。

吴佩衡（1888—1971），四川会理人，精通医学，1921 年来昆明行医，后被推选为昆明市中医师公会执行委员。他致力研究张仲景学说，精于内科，创用四逆二陈麻辛汤治疗寒湿痰饮咳嗽及寒喘，善于运用六经与脏腑密切联系的辨证论治法则。善于用附子治疗急症，对于因服用附子方法不当中毒，创用煎透的附子水或四逆汤加肉桂进行解救，在医学院是一大创举。著有《医验一得录》《临症医案选》《伤寒与瘟疫之分辨》《中医病理学》《伤寒论条解》《麻疹发微》《医药简述》《伤寒论新注》《吴佩衡医案》等。

木逢春（1888—1980），凤庆人，上海南洋医校毕业，在腾冲、顺宁、昆明开设药房，制售鸡血藤膏、鹿衔草膏、碧腊水、六神丸、痔癣膏等药，行销国内及东南亚各国，驰名中外，曾捐献大批碧腊水给抗日士兵。

秦作梁（1897—1987），河南偃师人，医学博士，曾赴日本仙台东京帝国大

① 云南省地方志编纂委员会总纂，云南省地方志编纂委员会办公室人物志编辑组编撰：《云南省志》卷 80《人物志·科教体医卫》，昆明：云南人民出版社，2002 年，第 505 页。

② 云南省地方志编纂委员会总纂，云南省地方志编纂委员会办公室人物志编辑组编撰：《云南省志》卷 80《人物志·科教体医卫》，昆明：云南人民出版社，2002 年，第 507 页。

学医学院进修真菌性皮肤病学，带回 200 多种真菌菌株。1945 年到昆明，后担任昆明市立医院内科顾问，昆明惠滇医院院长。1948 年，到云南大学医学院皮肤科任教授。历任中华医学会皮肤科学会理事，中华医学会云南省分会副会长，中国皮肤科学会云南省分会主任委员，《中华医学杂志》编委，《中华皮肤科杂志》编辑等职。参与编写教材《皮肤病学》，著有《体内恶性肿瘤在皮肤上的可能标志》，合译《皮肤病免疫学》。

王承烈（1896—1977），同济大学医学博士，1935 年赴德国柏林大学医学院进修耳鼻喉科专业，获柏林大学医学博士学位，后于汉堡大学学习眼科。1939 年返滇，担任昆明国立同济大学医学院眼科教授。1941 年进入云南省立昆华医院眼耳鼻喉科任职主任医师，为昆华医院眼耳鼻喉科创办人，也是云南眼耳鼻喉科开拓者。著有《我国人健康眼的前房角》等。

康诚之（1899—1970），昆明人，曾任云南中医学院附属医院副院长、儿科主任，中华医学会儿科学会会员，《云南医药》杂志编委等。在医疗实践中主张中西医结合，诊治白血病、再生障碍性贫血、肾病综合征、败血症、新生儿肝炎综合征等具有显著疗效。著有《康诚之儿科医案》《云南中医经验方》《中医常用方药手册》等。

戴丽三（1901—1968），昆明人，云南著名中医学家。1950 年任云南省卫生厅总门诊部主任，先后在中医进修学校、中医学校、中医学院等举办的进修班、师资班、研究生班授课。1955 年起任云南省卫生厅副厅长。他毕生致力于发展云南中医事业，推进传统中医的现代化，将辩证思维的科学方法应用于医疗临床实践。著有《中医常用方药手册》《中医学辩证原理》《戴丽三医疗经验选》《阴阳五行之研究》《伤寒论的科学性》《诊断篇》等。

邓尊六（1909—1986），江川人，云南著名的鼠疫防治专家，省鼠疫科研奠基人。1935 年毕业于广州中山医学院。1950 年任云南省人民政府卫生处副处长，分管防疫。曾率滇西鼠疫防治调查团赴疫区扑灭疫情。他深入研究，完成了鼠疫菌检验的"四步诊断"，鼠、蚤分类技术，鼠密度和蚤指数测定方法和指标等。经过 6 年奋战，云南流行近 200 年的人间鼠疫终于在 1955 年后被控制。

2. 教育

杨琼（1846—1917），字叔玉，邓川人，光绪十七年（1891）中举，授晋宁州学正。先后在邓川、昆明、大理的德源、开南、经正、西云等书院任教或当山长。光绪二十九年（1903）被派往日本考察学务。回国后任云南陆军学校、云南省师范学校校长。光绪三十三年（1907）回邓川任劝学总董，积极办新学，重视基础教育。在3年内建立了初级小学60多所，使邓川地区90%的适龄儿童都上学读书。杨琼还创办了一所乙种农业职业学校。1911年任云南省立大理第三模范中学校长。1916年回邓川设国学社。杨琼主张"强国之旨，要在教育"。著有《论语案》《五州赋》《肆雅释词》《滇中琐记》《寄巷楼集》，与大理人李文治合著《形声通》。

陈荣昌（1860—1935），字小圃，昆明人，光绪十九年（1893）进士，历任翰林院编修、武英殿纂修官、国史馆协修官、顺天府乡试同考官、山东提学使、云南经正书院山长、云南高等学堂总教习、云南劝学所所长、云南教育总会会长等职。陈荣昌虽出身科举，但鼓励新学，任经正书院山长时提议选送钱良骏、李培元、吴锡忠、李厚本等学生赴日留学，开云南籍学生留学先河。陈荣昌于1905年赴日本考察学务，回国后写成《西学杂记》，认为中国教育必须吸取西方教育经验和科学技术。陈荣昌著述颇丰，刊印的有《陈氏全书》《虚斋文集》《虚斋诗集》《桐村骈文》《滇南陈荣昌诗册》《滇诗拾遗》《经正书院课艺》等，并辑有《剑南诗钞》《改过篇》《乙巳东游日记》《老易通》《周训》《臣鉴录》《练胆篇》《字约子篇》等。1914年任《云南丛书》名誉总纂。1918年被聘为《晋宁州志》总纂。

钱用中（1864—1944），字平阶，晋宁人，光绪六年（1880）考中秀才。光绪三十年（1904）到日本考察学务，回国后任云南提学使司实业课长，省教育厅总务课长，规划云南教育。辛亥革命后，钱用中继续从事教育事业，推广师范，扩建边疆学校，倡办各县中学。他在教育总会时，积极为出版《云南日报》尽心尽力。著有《思诚斋文抄》甲集4卷，乙集2卷；《中国社会总改造》2卷，《我之国民改造观》1卷，以及《中国宪法草案》《大中华建设新论》等，主持编写《续晋宁州志》。他曾说："晋宁为生我之乡，昆明是长我之地，教育之提倡辅导，为我应尽之桑梓任务。"[①]

萧瑞麟（1868—1939），字石斋，昭通人，光绪十七年（1891）考中乡试副

---

① 云南省地方志编纂委员会总纂，云南省地方志编纂委员会办公室人物志编辑组编撰：《云南省志》卷80《人物志·科教体医卫》，昆明：云南人民出版社，2002年，第494页。

榜。1904 年被选送日本宏文学院学习师范。回国后与赴日留学同学胡祥樾一起创办昭通五属师范传习所，兼设两等小学堂。1908 年到昆明两级师范学校任教。1909 年被选送到北京大学攻读经科。1934 年被聘参加《新纂云南通志》土司部分撰写。著有《左微》《榴花馆诗序》《乌蒙纪年》《东瀛参观记》等。

刘钟华（1875—1955），字仲升，思茅人，光绪二十九年（1903）中举。1904 年到日本留学，考进东京帝国大学学习理化，在日期间参与云南籍同盟会，筹办革命刊物《云南》杂志，为撰稿人之一。回国后从事教育事业，任云南优级师范学堂监督，兼任理化教员，负责筹办云南工矿学堂，任第一任监督。

由云龙（1876—1961），姚安人，光绪二十三年举人。1901 年毕业于京师大学堂优级师范科，后留学日本，回国后任学部主事。后返回云南，任云南省优级师范监学，将云南各府、州、县立国民中学合并为师范中学，在迤西、迤东、迤南中每迤设一学校。1908 年，在昆明与钱用中、赵式铭等创办《云南日报》。1909 年任云南教育总会副会长。辑有《南雅诗社集》，著有《桂堂余录》《定庵诗话》《定庵题跋》《定庵文存》《定庵诗稿》《游美笔谈》《滇故琐录》《高峣志》《石鼓文汇考》《传奇》《云南乐府歌曲附民歌》等，总纂《姚安县志》《小说丛谈》，校定李慈铭《越缦堂读书记》。

惠我春（1877—1948），字云岑，宣威人。积极参加辛亥革命，编写教材。他提倡学习西洋文化，学习科学技术，发展工农实业，改革社会不良风气；组织天足会，提倡女子剪短发。1915 年，为配合讨伐袁世凯，创办《义声报》。

赵家珍（1882—1946），普洱人，1907 年赴日留学，入东京高等师范数理部学习。1912 年回国后积极投身教育事业，在普洱筹办师范学校。1916 年被推举为宁洱县教育会长。赵家珍毕生致力于教育事业，创办第四师范学校，创办义校 10 余所，为云南近代教育做出了重要贡献。

柳灿坤（1887—1951），普洱人，1908 年留学法国、比利时。1920 年回国从事军事工业。1941 年接受云南大学校长熊庆来聘请到云南大学任教，先后任云南大学工学院实习工厂主任、铁道管理工程系主任、代理工学院院长兼文学院外语系教授等职，是中国七人数学学会成员之一。

黄钰生（1898—1990），湖北人，1919 年赴美留学，于芝加哥大学学习教育学和心理学，获硕士学位。回国后到南开大学任教。后随学校南迁至昆明，任西南联大师范学院院长。他贯彻通才教育的教育思想，实行"学术自由，兼容并包"的方针，对学生的知识、思想、态度、理念、人格等方面提出严格要求，为云南近代教育事业做出了卓越贡献。

喻兆明（1901—1988），江苏南京人，曾留学美国攻读职业教育。1939 年任中华职业教育社云南办事处首届主任，其间成立了职业指导所和中华职业补习学校，并为富滇新银行举办行员训练班和银行专科学校。著有《职业教育理论与实践》《工厂管理理论与实践》等，主编《职业介绍》《大学概况》《中国职业教育史话》等。

3. 数学、几何、物理

熊庆来（1893—1969），弥勒人，曾任云南大学校长，清华大学算学系主任、教授，中国科学院院士。1913 年赴比利时留学，学习矿业，1914 年转往法国，攻读数学、物理学，获理科硕士、博士学位。他的博士论文《关于整函数与无穷极的亚纯函数》震动欧洲数学界，被国际数学界称为"熊氏无穷极"。1937 年，回滇任云南大学校长，在职 12 年，把云南大学建设成为一所综合大学，教师由原来的 49 人增加到 237 人，在校学生由原来的 302 人增至 858 人，最多时达 1100 人。华罗庚等知名教授 220 余名先后到校任教，法国、美国和其他外国知名教授也应聘来校讲学，使云南大学的教学质量跃入全国名牌大学行列。著有教材《高等数学分析》《方程式论》《微分方程式》《偏微分方程》《动力学》《微分几何》等，以及《关于单位圆内的亚纯函数》《关于由泰式极数确定的无穷极整函数的增长性》等论文，所著《关于亚纯函数及代数体函数——R. 奈望利纳的一个定理的推广》被列为法国数学丛书之一。

何衍璿（1900—1971），广东高要县人，1921 年赴法国里昂中法大学学习数学，获硕士学位，回国后在上海大夏大学、广州中山大学任教。1940 年到云南大学任教，任理学院院长。与袁武烈合著《解析几何》，编写《微积概要》《近代几何学讲义》，编著《矢之理论与运动学》《关于矢的理论和运动学》等。

张其濬（1900—1983），安徽太和县人，1921 年到法国巴黎大学留学，获物理硕士学位，后至巴黎高等无线电学校继续深造。回国后教授物理。1940 年到昆明，任中法大学物理系教授兼系主任。1945 年到云南大学担任物理系主任、理学院院长等职。他为创建云南大学物理系和信电系做出了贡献。20 世纪 50 年代初，张其濬研究并设计机器操作铸字机、自动排版印刷机和汉字信息处理机等。后来，转而研究"汉字信息处理"，首创"不如实式"编码方案，发明

"汉字字型三元代码法"。

4. 测绘

赵鳌（1880—1936），洱源人，云南第一批公费留学生之一，到日本留学，入测量部地形高等科，在日期间加入同盟会。1926 年，回云南陆军测量学校任第五、第六期校长，培养了云南第一批新型测绘人才。1932 年，任云南省陆地测量局局长。任职期间拟定《云南省五万分一迅速测图十年完成计划纲要》并实施，为抗日战争中的军用地图做了早期准备，也在 20 世纪 50 年代云南国防和经济建设起到了重要作用。

曹恒钧（1889—1948），剑川人，毕业于云南陆军测绘学堂。1910 年进入云南陆军测地局任职，毕生致力于云南测绘事业。抗日战争期间测绘 1∶50000 地形图 461 幅，水准测量 4540 千米等，及时保障了抗日战争的需要。

罗士可（1910—1986），广东兴宁人，毕业于广东省陆地测量学校大地测量专业。毕生致力于测绘事业。1961 年调到云南省农垦总体设计队任工程师，制定《云南农垦 1/10000 平板仪地形测量实施细则》，开办 1/10000 基本图测绘训练班，讲授测量理论知识，提高测绘队员技术素质。著有《荒地勘测测绘纲要》。

5. 矿业、冶金、化工

罗为垣（1883—1977），凤庆人，赴日留学，于日本秋田矿山专门学校学习采矿专业，与曾鲁光、邹世俊并称秋田三杰，同盟会会员。1911 年回国，在南京参加辛亥革命。后赴美国哥伦比亚大学攻读矿业专业，获博士学位。1928 年回滇，任个旧锡业公司协理、工程师。之后在云南大学任教授，其间改柴薪煎盐为煤煎试验成功。1955 年向云南省政协提议在凤庆建水电站，获准实施，于 1958 年建成临沧地区第一座小水电站——洛党燕子岩河水电站（洛党后河边水电站）。

吕冕南（1894—1971），江苏宜兴人。1930 年赴法留学，获南希大学分析化学博士学位。1941 年任云南锡务公司厂矿管理处事务室主任兼化验室主任。他改进冶炼技术、设备，建设有吸尘设备的新式鼓风炉炼锡，发明粗锡精炼、加硫除铜、加油结晶的方法，将含铅、铜、铋等杂质的粗锡提纯生产出高质量精锡。

倪桐材（1900—1984），上海松江人，1924 年毕业于天津北洋大学矿冶系。1941 年任云南锡务公司个旧选矿厂厂长，其间试制成功理想的水泥摇床面，又研究用生漆制作摇床面，研制的漆面摇床后来销售至巴西和英国。1946年任云南锡务公司总工程师，先后到加拿大、美国考察。中华人民共和国成立后，继任云南锡业公司总工程师，勘测设计建成16千米双线架空索道，并主持设计建成日处理1500吨的现代化锡选矿厂——大屯氧气化矿选厂及部分改扩建工程。与科研、生产部门研制出云锡翻床、二十层翻床、水力旋流器等。著有《六层矿泥摇床》等9篇论文。

顾敬心（1907—1989），上海人，1931年赴德国柏林工业大学留学，获工学博士学位。1938年随同济大学南迁到昆明。顾敬心参与组建黄磷厂，从牛骨中提炼出黄磷。之后筹建兵工署第二十三兵工厂昆明分厂，在国内首次用电炉法制成机制黄磷，为抗日战争的黄磷供应做出了突出贡献。

6. 交通、土木工程

萨福均（1886—1955），中国铁路专家，中国工程师学会会员，英国工程学会会员。1910年毕业于美国普渡大学铁路工程专业。1919年来云南，任鸡街建水段铁路总工程师。1938年任滇缅铁路工程局局长、总工程师，在设备材料奇缺的困难条件下，抢在1941年实现昆曲段铺轨通车。1942年任川滇铁路公司总经理兼滇越、川滇铁路线区司令。中华人民共和国成立后，萨福均在西南铁路工程局领导建设成渝铁路。著有《三十年来中国之铁路工程》《人民铁路的成长》等文。

段纬（1889—1956），云南籍的第一个飞行员和飞行教师，是云南航空事业的开拓者。1916年赴美留学，于普渡大学学习土木工程，1921年进入麻省理工学院学习飞机制造，后留学法国，1923年赴德国学习飞机驾驶。1925年回滇任东陆大学土木工程系教授，1926年任云南航空大队副大队长，培训出云南第一批航空人员。1928年调任云南道路工程学校校长和汽车驾驶人员训练班教练，为云南培养了第一批公路技术人才和汽车驾驶人员，并主持云南第一条省际公路——滇黔公路昆盘段的修建工程。1938年任滇缅公路总工程处处长，领导建设滇缅公路。

李炽昌（1891—1947），昆明人，先考入香港大学土木工程系学习，后于1919年赴美进修。1923年回滇筹划云南路政。1927年任云南建设厅技监兼第二科科长，主管公路。后主管滇西主干道的勘测修建。他研制出一个"四干道、八分区"的公路网络建设计划，为云南公路建设的科学化、规范化奠定基础。

毕近斗（1894—1981），呈贡人，1920 年毕业于香港大学土木工程系。返滇后参加筹建东陆大学，后在东陆大学讲授代数、水力学、材料力学等课程。1930 年，受命创办云南省第一工业学校，担任校长。他曾主持石龙坝电站的第二期扩建工程。

郭珠（1900—1968），山西广灵人，1927 年毕业于天津北洋大学采矿专业。1939 年到云南明良煤矿工作，任明良煤矿工务课长、总工程师，明良煤矿局局长兼总工程师，其间积极致力于改进云南煤炭落后的生产技术，主持设计施工的明良煤矿第一对竖井，为云南煤矿竖井开采之先河，并主持修建了万寿山至永丰营的轻便铁路，为省内煤矿第一条铁路运输线。此外，他还为云南煤炭工业培养了一批工程技术人员。1950 年后，任云南省煤业管理局副局长，云南省工业厅煤业处处长等职。

苗天宝（1905—1968），江川人，1927 年赴德国汉诺威大学学习化学工程，获博士学位，发明了几种有机化合物并获得发明奖。后又到德国学习制革工艺，被授予工程师职称。1936 年回国，任云南制革厂总经理兼总工程师，其间大幅提高了云南制革厂制出的皮革质量。1944 年在云南制革厂内设立橡胶部，生产橡胶制品。1951 年任云南省工业厅副厅长兼总工程师。他为发展云南橡胶事业，亲自带队赴滇西调查野生橡胶植物资源。1952 年任云南漂染厂总工程师。1963 年制出了我国第一根氯纶纤维，并使氯纶纤维染色成功。苗天宝为云南近代化工事业的发展做出了重要贡献。著有《土法指糠醛经验介绍》。

7. 天文、气象

陈一得（1886—1958），是云南近代天文、气象、地震学的先驱者。在云南优级师范数理化专科学习，毕业后在省会中学、师范任教。1927 年参观南京天文台，有感于云南天文、气象落后，决心转向天文、气象自然科学研究。他同全文晟在太华山顶建造太华山气象站，为云南天气预报事业做出卓越贡献。著有《昭通等八县图说》《最近十年昆明气象统计册》《昆明之雨量》《昆明气象与天文观测》《日全食气象观测报告》《叙昆铁路线一瞥》等，编纂《高峣志·气候》《新纂云南通志·天文考》《盐津县志》等。

陈展云（1902—1985），祖籍昆明，1921 年考入北京中央观象台学习气象测候。1937 年来昆明，任云南省立气象测候所研究主任。后参加昆明建设天文台的工作。1940 年任中国天文学会昆明分会副干事。中华人民共和国成立后，陈展云在昆明天文工作站长期观测太阳黑子。著有《昆明凤凰山天文台沿革》《中国近代天文事迹》等。

王士魁（1904—1969），海南海口人，1920 年赴法留学，随后在法国里昂大学师从里昂天文台台长杜飞，获得数学博士学位，他用数学方法成功解决了光在银河系的扩散和吸收问题。抗日战争爆发后，他怀着"科学救国"的信念来到云南大学任教。1946 年担任昆明凤凰山天文台主任，带领学生到天文台观测实习，领导天文台职工坚持观测太阳黑子和变星。著有《论角差分配》《论星际扩散》《论银河系中心的扩散和吸收》《关于银河系内光的散射的研究》《张量方法的几何应用》《论所有星体的全部光辉》《选择吸收与天空的光》《积分方程的一个应用》等。

8. 电气

萧扬勋（1893—1964），昆明人，留学日本，毕业于东京高等工业学校电气科，后赴美留学，于加州大学、普渡大学攻读无线电专业。1922 年回国任东陆大学筹备委员。1928 年任云南电政管理局局长兼云南无线电报局局长。领导建成以昆明为中心，东通贵州威宁，西通下关、保山，南通宜良、开远、蒙自的有线电话线路。抗日战争时期，萧扬勋在云南筹划、架设长途电话干线工程，并主持建设云南第一座广播电台，建设防空情报网等。他还开办无线电技术人员养成所，培养大批电信业务、技术人员。萧扬勋对于云南近代的无线电通信做出了开创性的贡献。

赵述完（1896—1978），通海人，赴美留学，于普渡大学学习电机工程，获硕士学位。回昆明后，在东陆大学任数学、物理教授。任教期间，建议学校开办土木工程系和冶金采矿系。1929 年担任云南省无线电总局工程师，1931 年任电话局局长，为昆明电信事业做出贡献。他既推进了云南长途电话线路建设和农村电话事业建设，也为抗日战争中云南建立防空情报网打下了基础。

9. 机械

杨克嵘（1893—1950），洱源人，1913 年赴美留学，于哥伦比亚大学机械系专攻机械制图、设计。1922 年任东陆大学筹备委员，主办校舍建筑，绘图设计，监工指导，于 1924 年建成会泽院、至公堂等 11 幢校舍。1931 年，杨克嵘测绘、设计、制造了火炮架。1938 年任云南大学工学院院长、理科教授。

连忠静（1903—1966），辽宁海城人，1926 年留学德国学习机械，获特许工程师学位，曾在柏林西门子飞机头厂实习。抗日战争期间，连忠静领导裕云机器厂员工生产棉纱棉布，保障了抗日战争时期的供给，还为昆明地区的造纸、水泥、油漆、橡胶、烟草等企业提供了零配件。1945 年 8 月任昆明中央机器厂工务处长兼第六分厂厂长，抗日战争胜利后留在昆明裕云机器厂任厂长、经理。

周自新（1909—1971），江苏江阴人，1928 年赴德国留学，进入柏林工业大学学习精密测量仪器，获工程师职称。回国后任职于光学器材修理厂，抗日战争爆发后随修理厂南迁至昆明。在昆明成立艺徒学校、技工训练班，为制造望远镜、测远镜培训技术工人。1939 年任第二十二兵工厂厂长，试制成功中国第一架 6×30 望远镜。他还组织官商合办昆华煤铁股份有限公司，任董事长，亲自往路南、泸西勘察圭山煤矿、易门铁矿，拟定开采计划，之后又筹建云南钢铁厂。1942 年二十二厂与五十一厂合并为第五十三兵工厂，周自新任厂长，生产大量捷克式机枪、望远镜、迫击炮瞄准镜、指南针等产品。

郭佩珊（1912—1985），河北定县人，毕业于武汉大学机械工程系。1939年到昆明，后到第十飞机修理厂任修造课课员、白铁股股长。1942 年创造了一种蜂窝式炸弹架，改装了机枪架、整流罩等设备，改良了飞机性能。中华人民共和国成立后，郭佩珊历任中国人民解放军驻昆明飞机场军事代表，云南军区航空站站长，西南军区空军工程部部长兼成都国营四一一厂厂长等职。

10. 农业、林业、植物学

张海秋（1891—1972），剑川人，云南高等林业教育创始人，中国现代林业教育和林业科学技术先驱者之一。1918 年毕业于东京帝国大学农学部林科。回国后加入中华农学会、中华林学会。1929 年被国立中央大学农学院森林系聘为教授，主讲森林经理学、森林计算学、测树学、树木学、造林学、森林利用学等课程，主持规划南京幕府山、乌龙山两林场为实习林场。1939 年返滇，任云南大学森林系主任、农学院院长等职。编写《森林经理学》《森林计算学》《林产制造学讲义》等教材，著有《森林数学》《重要树种造林法》《糖槭类性质及造林法》《防御苗圃旱害之设施》《泡桐造林计划》《中国出产与输出漆汁漆油》等，编著的《中国森林史略》为我国森林史方面的较早专著。

秦仁昌（1898—1986），江苏武进人，于金陵大学林学系学习，到江苏、浙江、安徽、湖北等地考察和采集大量蕨类植物标本，1929 年到丹麦哥本哈根大学攻读蕨类植物分类学。抗日战争爆发后，来到云南，建立庐山植物园丽江工作站，在昆明形成了一个新的蕨类植物研究中心。1945 年在云南大学生物系、林学系任教授兼主任。1949 年兼任云南省林业局副局长，领导并计划云南省金鸡纳和橡胶宜林地勘察及育苗选林工作。著有《中国植物志·第二卷》《中国蕨类植物图谱》《中国蕨类植物科属志》《中国与印度及其邻邦产鳞毛蕨属之正误研究》《水龙骨科的自然分类系统》《中国蕨类植物科属的系统排列和历史来源》，翻译《植物学拉丁文》，编译《现代科技辞典》《大不列颠百科全书》中的植物学部分。

冯绍裘（1900—1987），湖南衡阳人，1923 年毕业于河北保定农业专科学校。掌握了茶叶栽培、制造技术，试验成功"祁红"茶叶，并设计了一套红茶初制机器设备，为我国机械制茶的开端。1938 年来到云南研究滇红。著有《茶经》《"滇红"史略》等。

刘崇乐（1901—1969），福建福州人，曾赴美国康奈尔大学留学，回国后致力于昆虫学研究。曾任中国科学院学部委员，昆虫研究所研究员，中国科学院云南热带生物资源综合考察队队长，昆明动物研究所所长等。在西南联大任教时组织开展昆明地区昆虫调查。曾主持和参加云南热带生物资源考察。

曲仲湘（1905—1990），河南唐河人，1930 年毕业于南京中央大学生物系，1945 年赴美国明尼苏达大学研究院学习英美学派植物生态学理论方法。回国后任复旦大学生物系教授兼南京大学生物系教授。1956 年到云南大学任生物系教授、系主任、研究室主任，其间组织云南大学生物系师生参加云南西双版纳橡胶宜林地考察，为我国北纬 18°—24°范围内的低热地区大面积引种三叶橡胶的基地选择做出了贡献，并于 1982 年荣获国家自然科学一等奖。著有《曲仲湘论文集》《环境和植物生态学》《云南植被》《植物生态学》《植物生态及植物群落基本知识》《云南森林》《西藏植物志》《人工多层多种经济植物群落的实验研究》《云南热带、亚热带自然保护区植物调查》等。

蔡希陶（1911—1981），浙江东阳人。1930 年进入北平静生生物调查所工作，自学植物和植物分类学，1933 年到云南调查，采集了 1.2 万多件植物标本，有许多新发现的种类。抗日战争爆发后来滇，与俞德浚、汪发瓒等一起在昆明黑龙潭创办云南农林植物研究所。1951 年参与在云南寻找橡胶资源标本、确定橡胶宜林区的任务。1958 年创建了中国第一个热带植物科研基地——中国科学院西双版纳热带植物园。他主张"科技上山下田"，1964 年为西双版纳制订了山区和平坝垂直剖面的综合样板计划，开展水稻、橡胶、茶叶、水果和油料等品种引进栽培。编写《中国植物志·姜科》。

朱彦丞（1912—1980），河北保定人，1935年赴法国里昂大学学习，获自然科学博士学位。1947年来昆明，任北平研究院云南工作站站长，云南大学生物系教授。他曾领导云南大学生物系的云南植被和植物区系的调查工作，考察了丽江玉龙山、滇西横断山地区的植被类型和分布，橡胶宜林地等，为云南大学生态学和植物分类学奠定了基础。著有《中国地衣的初步研究》《对 Vaccinic-Piceetalia 群目中种类盖度值的研究》《法国地中海地区蒙伯里埃西北部的法国植被类型图》《昆明西山青岗栎群落的初步研究》《滇东北大海地区亚高山草场的植物群落研究及其资源评价》《云南丽江玉龙植被调查专号》《云南自然保护区植被专号》等。

11. 史学、语言文字学等

袁嘉谷（1872—1937），字树五，石屏人，光绪二十九年（1903）考取经济特科状元，被称为"经济特元"或"袁状元"。1904年赴日本考察政务和学务，并任云南留日学生监督。回国后负责编译中西要籍与各级教科书各数十种，为我国学校统编教科书之始。1921年任云南省图书馆馆长，1923年任东陆大学国文教授。参与编写《清史稿》《新纂云南通志》，主纂《滇诗丛录》、民国《石屏县志》等百余种。著有《卧雪堂文集》《卧雪堂诗集》《滇绎》《讲易管窥》《孔氏弟子籍》《移山簃随笔》《东游日记》等。

方国瑜（1903—1983），丽江人，云南学术史上的著名学者，云南地方史和西南民族史研究的拓荒者和奠基人。1932年毕业于北京师范大学国文系，1934年到南京中央研究院历史语言研究所学习语言学。1936年在云南大学任教，先后任文史系教授、文史系主任、文法学院院长。1938年兼任云南通志馆编审、审定、续修之职。1954年参加云南民族识别领导工作，1956年参加全国少数民族社会历史调查，参加创办云南省少数民族社会历史研究所。方国瑜著述甚丰，著有《广韵声汇》（共38卷）、《困学斋杂著五种》、《纳西象形文字谱》、《彝族史稿》、《抗日战争滇西战事篇》、《云南民族史讲义》、《云南民族史料目录解题》、《云南史料目录概说》等，参与《新纂云南通志》的编纂和审定，编辑出版《西南边疆》杂志，参加《保山县志》纂写，编写《云南民族纪录》，主持《中国历史地图集》西南部分编绘，编定《中国西南历史地理考释》。

　　张殿甲（1873—1950），字一臣，保山人，自幼熟读经典，攻科举。1895年在康有为《上皇帝书》上签名。后来，张殿甲钻研康有为所授公羊学说及西方政治科学，对经传史籍，古文法义，近代西方历算等都有钻研。1905年在永昌府中学任教员，除了讲授文史外，还兼授数学、地理等课，常常启迪青年报效国家。著有《保山乡土志》《保山沿革考》《修志稿》《二十四史择语》《毛诗笺》《骈文汇稿》《杂记》《对联集》等。

　　陈复光（1899—1960），大理人，1917年赴美国哈佛大学留学，主修国际法和外交史，致力于中俄关系史研究。回国后担任清华大学、燕京大学教授。1930年任东陆大学教授，主讲各国政治制度、西洋政治思想史等课程。抗日战争胜利后任云南大学教授。著有《有清一代之中俄关系》《中苏轴心与世界和平》《世界形势与新战争》等。

　　罗常培（1899—1958），北京宛平人，毕业于北京大学中国文学系，现代著名学者、语言学家。1938年来昆明，到西南联大讲授语音学、声韵学概要、古音研究、汉藏系语言调查、训诂、元曲、国文等。他带头调查昆明话的语音系统，并到大理调查汉语方言和白族、傣族、独龙族、怒族等10多个少数民族语言。著有《昆明话和国语的异同》《莲山摆夷语文初探》《贡山俅语初探》《福贡傈僳语初探》《贡山怒语词汇》等。

　　秦瓒（1898—1988），河南固始人。赴美国哥伦比亚大学攻读财政学。回国后在北京大学任教。1938年随国立西南联合大学迁至昆明。抗日战争结束后，秦瓒留在云南大学，担任经济系主任、财政学教授。著有《中国所得税问题及发展》《新财政学（大纲）》。

　　晚近以来云南地方科技人才呈现出井喷式的增长，这与中国近代历史的发展轨迹是相吻合的。总体而言，呈现出以下几个特点。

　　首先，云南地区科技人物涉及的门类不再限于传统时代的医药、天文、堪舆等，而是开始向近代西方科学体系转向，涌现了一批具有物理、化学、电气、交通、机械等某方面的专长或复合型人物。这是鸦片战争后，"中体西用论"所带来的一种必然社会反映，也是西方科技进入中国后，云南乃至全中国逐步走向前现代化的直观表现。

　　其次，近代云南科技人物中涌现了一批留学生，多为到欧洲、美国、日本等地求学的归国者。这反映出，尽管近代以来中国被动卷入了世界资本主义市场，但也加强了自身与世界的联系，在百年未有之大变局中，一批先进的云南地方知识分子走上了海外求学的道路，希望通过不同的方式寻找国家出路。

再次，大批云南科技人物积极投身时代洪流，以不同的方式参与到中华民族救亡图存的时代洪流之中，既有投身革命者，亦有实业救国者，以及科教兴国者。这充分体现出，近代以来在云南地方知识分子当中，民族意识已经全面觉醒，同时反映出科技发展为近代中国思想带来的巨大转变。

最后，近代科技人物大多为某一学科领域的开创者，这固然有特定时代带来的历史机遇，但同时表现出，云南作为边疆地区，在中国近代化的历史进程中始终走在时代的前列，为近代中国现代科技的传播做出了巨大的贡献，也为未来中国科技的发展奠定了良好的基础。

结语 云南科技的历史形态及其现代化转型

本书讨论了从有人类活动以来至近代晚期为止云南科技发展历程中的一些论题。选择近代晚期作为探讨时限的尾端，意味着在科技的领域中，如同前现代的一切文明景观一样，旧的思想、科技在中华人民共和国成立以后已经逐步被新思想和新科学所取代。

这个观点大致上应该被认为是对的。所谓"科技现代性"的一个主要标志，是工业化时代的来临。从时间上来说，这与第二次世界大战之后，第三次技术革命兴起的时间是相对应的。中国真正意义上参与到第三次技术革命中的时间，大致是在中华人民共和国成立之后——随着社会主义工业化体系的建立以及现代教育体系的全面建立而逐渐发生的。所以本书认为，中国的科技发展在这个时期以后"现代化"了，或者说，科技水平开始成为中国现代化程度的一种标识物。从这一时期开始，我们才可以说出现了有意识的"科技思想"及"科技史"。

然而，更确切地说，这个观点还需要做一点修正和说明。因为，"有意识"仅仅是相对意义上的。科技水平的发展并非空中楼阁，自有其历史根源。但所谓"现代"却往往是以绝对时间点来划分的。事实上，所谓科技"现代化"，早在清末乃至更早的明代或元代就已经有了现代化的端倪，事实上随着全球化的产生，这种端倪就一直在发展之中。这也是本部分想要表达的一个主要观点：历史是发展的，科技也不例外。但我们作为观察者，视野往往是局限的。这就需要通过横向——云南与整体世界、纵向——前现代时期的云南（或者中国）

与现代中国的对比来进行梳理。因此本部分的主要内容并不是对云南科技发展的历史做全面的回顾，而是对第三次科技革命前后的云南科技水平，以及科学思想做一些明确的比较和对照。

一、前现代时期的云南科技

科技与人类历史的关系密不可分，这种关系可以追溯到人类诞生之初。马克思对于人的本质，是从三个方面界定的：首先，从人与动物相区别的角度，认为劳动是人的本质属性；其次，从人与人的关系角度，认为人是一切社会关系的总和；最后，从人自身发展的角度，认为人的自身需求就是人的本质。[①]如果我们进行逐一分析即可发现，在这一语义之下，人的本质的实现，都是通过"科技"最终实现的——科技是人类社会产生和发展的重要基础。这主要体现在科技提高了人类的认知能力、推动了社会经济发展、促进了社会变革、协调了人与自然的关系。

毋庸置疑的是，前现代时期的云南科技确实发挥了以上的各种作用。尽管本书在上文中提到，并不能把前现代时期（传统时代至近代早期）的"科技"与现代意义上的"科技"直接等同，但就社会功能来说，前现代时期的科技对人类社会也发挥了重要作用，两者的区别在于所处社会的发展程度与发展模式不同——我们无法苛求古人用现代性的思维来认识世界和改造世界，相反，古代科技恰恰构成了科技现代性的底层基础。从这个角度来说，在"早期现代化"产生以前，古代科技为生产力发展带来的历史意义是不可忽视的，即便在现代，古代科技中所蕴含的智慧和实用性仍存在于各个方面。

诚然，我们对古代科技的评价，首先必须限定在特定的时代背景下。受到工业革命的推动，近现代中国的科技水平有了较快发展，科技形态也开始步入现代化。但在此之前，古代中国的科技是属于"农业—游牧"社会范畴之下的，

---

① 马克思对于人的界定见于三本著作。其中关于人和动物相区别的角度，见《1844 年经济学哲学手稿》，《马克思恩格斯文集》第一卷，北京：人民出版社，2009 年，第 163 页；关于人与人的关系的界定，见《关于费尔巴哈的提纲》，《马克思恩格斯文集》第一卷，北京：人民出版社，2009 年，第 505 页；关于人自身发展角度的界定，见《德意志意识形态》，《马克思恩格斯全集》第三卷，北京：人民出版社，1960 年，第 514—515 页。

实用性的技术大多与农牧生产相关联，科技思想更倾向于对人的行为做出"正确的解释"，科技的作用则体现在人对"正确行为"的追求之中。例如，古人将医、卜、星、相之术视作"方技"，如果仅从现代科学的角度进行审视，这无疑是蒙昧而荒诞的；但如果将视野放在 19 世纪以前的中国，这些"方技"又确实指导和影响着当时人们的生活：它们直接或间接地承载着古人通过某种正确的方式来处理日常事务的渴望——这实际上与现代科学所追求的终极目标是一致的。

　　另外，我们也不难看出，科技在传统时代被统治者视为一把双刃剑，它在提高生产力的同时，也对国家的基本社会结构和思想领域进行着潜移默化的影响。因此，在王朝国家时期，科技本身往往是受到压制的。《尚书》中将新奇的技艺和作品称为"奇技淫巧"，这一观点持续到了 19 世纪中叶——可以看出，至少在近代以前，受到儒家思想深刻影响的中国社会对于科技的态度是趋于极度保守的。元代有"一官，二吏，三僧，四道，五医，六工，七猎，八民，九儒，十丐"的说法①，作为与科技直接相关的"医、工、匠"，社会地位并不显赫。我们首先要明确的是，科技作为一种提高生产力的手段，并非价值中立的，而是具有明确的政治意向性，执行着意识形态功能。换言之，科技从业者地位的低下所反映出的本质实际上是王朝国家统治阶级干预经济生活，同时期望将科技作为其自身统治合法性基础的助力而非障碍。也就是说，在一定程度上，科技本身的发展（如哲学、天文学、地理学等）是会影响甚至威胁到王朝国家的统治合法性根源的。为避免这一情况的发生，压制科技的发展及限定科技从业者的社会地位是最为有效的手段之一。同时，古代"方技"中的"医、卜、星、相"诸术，大多依托于传统时代的世界观、自然观而存在，在承认其实用性的同时限制相关从业者的社会地位，就可以自下而上地有效保证王朝国家的社会环境及思想领域的稳定。

　　就近代以前云南地区本身的科技而言，或许并不能直接用"先进"或"落后"来进行评价。与当时中国所有的区域一样，云南地区的科技也处于前现代的历史背景及王朝国家的意识形态环境之下。就当时而言，科技本身存在的意义在于"实用"，即提高生产水平和改善生活环境，而非对社会生产关系提供变

---

① （清）赵翼：《陔余丛考》卷四十二《九儒十丐》，栾保群、吕宗力校点，石家庄：河北人民出版社，1990 年，第 776 页。

革性的助力（尤其是在哲学和科技思想领域），独尊儒术就是最主要的表现。与此同时，云南地区边疆族群的科技思想及特色技术恰好成了中原地区科技的参照物，在思想层面更好地诠释了王朝国家的政权合法性——"夷夏有别"就是一个直观的例子。所以我们大致可以认为：在整个前现代时期，受到王朝国家时期意识形态的直接影响，云南（乃至整个中国）的科技本身是推动社会进步的一种力量，但也是统治者用于维护统治的有效手段。

经过对云南科技发展的历史进程进行初步的梳理，可以看出，从远古到西汉中期，云南科技主要是地方性的，具有较为明显的自发性科技发展的特征，但必须认识到，云南早期科技发展的过程中与中原地区具有极为密切的关联。汉代以后，随着中原王朝不断开发西南，汉地文化开始逐渐传入云南，云南与中原的文化进一步融合，云南科技中保留了部分云南地方特点（如梯田耕作法、乌铜走银等），但从总体来看，两者的关联性是不断加强并走向一体化的。

二、云南科技的现代化转型

中国科技早期现代化的开端，大抵与19世纪中叶首次边疆危机的高峰同时产生。在两次鸦片战争时期，清政府迫于列强入侵的压力，不得不进行自身的改良，以一批开明知识分子和官僚为代表的洋务派，发起了洋务运动，提出"师夷长技"的口号。所谓"长技"指的便是西方先进的科学技术。以此作为契机，中国的科技逐渐摆脱了前现代时期的历史形态，开始逐渐向早期现代化进行转型。

欧洲爆发的工业革命事实上改变了世界历史的发展轨迹，科技在历史进程中所处的地位越发重要。开明士大夫阶层首先认识到了科技的重要性，传统科技已经不能满足国家当时的现实需求——特别是在经济生活和军事活动中——落后的科技水平使得国家在内部统治和外交活动中屡屡受挫。为扭转这一局面，自19世纪中后期开始，清政府开始不断尝试在科技方面有所发展，以期跟上世界发展的步伐。尽管在没有完成民主革命的近代中国，仅仅凭借科技的改良无法改变整体落后的现实局面，也无法改变中国半殖民地半封建的社会性质，但科技本身的发展仍对中国社会产生了巨大的影响——生产力的提高、思想的启蒙促使中国进入了思想启蒙的历史阶段，并逐步带来了民族意识的觉醒与社会革命的兴起。

1978 年，邓小平在全国科学大会开幕式上指出："科学技术是生产力，这是马克思主义历来的观点。现代科学技术的发展，使科学与生产的关系越来越密切了。科学技术作为生产力，越来越显示出巨大的作用。"①这一论点现已成为一句名言，即邓小平在1978年提出的"科学技术是第一生产力"的重要论断。尽管在19世纪中期，尚未形成成熟的整体性科技发展观，但当时的中国人在外忧内患之下，已经明确感受到了科技在社会变革中发挥的重大作用。"寻找国家出路"成为近代中国人的主要诉求，而科技则成为实现这一诉求的主要手段。

云南地区的科技前现代化最早肇始于洋务运动期间，但相较于内地而言，成效较为有限。中法战争之后，法国殖民者在云南部分地区开展殖民活动，同时在云南修建铁路，开办洋行、工厂，一定程度上带动了云南科技水平的提升。至中华民国成立后，云南地区的科技水平有了较大提升，涌现出一批科技人才，其中很大一部分人都有海外留学的经历，和本土学成的科技从业者一样，他们都成为云南科技近代化的先驱者。在第一次世界大战结束后，较为和平的国际环境也给予了云南良好的发展契机，科技水平逐步提升到了与内地相当乃至领先的水平。

提到科技思想，人们不免会发出疑问——为何中国没有产生西方近代科技？这个问题是学术界探讨的热点，至今仍无定论，其涉及的经济、政治、社会等历史因素尤为复杂。从背景而言，西方近代科学的产生与资本主义的扩张、社会生产发展的需要紧密相连，因此受到西方统治者的高度重视。而中国虽在明清时期就出现自然科萌发的迹象，但由于统治者"重道轻器"，科举盛行，对这方面并不重视。加之近代的中国处于一个"混沌未开"的稚嫩时期，对近代科学这一概念并不明晰，无法提供近代科学发展所需的物质条件。从内容上看，"西方近代科技的发展乃之基于由数学——逻辑所形构的科学理论和由有控制的实验搜集的经验资料两者的互动。数学结构和系统实验相携并进，藉以推动

① 宿党辉：《党史百年·天天读 3 月 18 日》，https://www.12371.cn/2021/03/14/ARTI1615710735931635.shtml，2021 年 3 月 14 日。

西方近代科技之发展"①。而中国的传统科学理论主要通过较直观甚至想象的方法来获取，缺乏精确性与系统性，在理论知识方面比较欠缺。

近代以来，一批先进的政治家、思想家出于"富国强兵"的愿望，不得不借鉴西方的科技思想来改造中国社会。鸦片战争之后、洋务运动之前，中国部分知识分子面对社会政治经济状况不断恶化的现状，在巨大的社会阻力中逆行，试图把中学的经世之学同西方的"技艺"相结合，形成"实用"之学，但这一过程并非一帆风顺。

首先，近代中国社会中传统的经济结构仍然存在，新的科技思想不足以打破旧思想的束缚，社会对西方科技思想普遍持抗拒的态度；其次，民众视野较为狭隘，习惯了以往的思维体系，对新事物的接受程度极低，无论从心态上还是从行动上都对西方科技思想表现出不满与抵制，科技思想真正的支持者极少。这些方面的原因最终导致西方科技思想与中国传统的思想体系之间的矛盾与冲突。

中国近代科学就是在中西科技思想碰撞中缓慢地向前发展。早在明末，以徐光启为代表的少数有识之士就主张从近代科学中开辟出一条新的道路，其在继承传统科学的基础上，提倡学习天文、兵法、水利、工艺、数学，尤其重视农业的科学实验，并看到数学对中国水利农业工程的重要性。他提出"欲求超胜、必须会通"的爱国情怀与中西科技思想相结合的科研方法，成为中国近代科学探索道路上的先行者。"我国近代科学发展过程，并不是使传统完全消融于西学之中，而是呈现互相会通或独立发展的形态。"②洋务运动时期，西方的科技思想开始深入到中国传统之中，打破了以往以旧学为主导的格局，中西科技思想出现融合的趋向。以农学与医学为例，作为中国传统科学的代表，这两门学科在新环境下不断融合西方的科技思想，建立了其特有的科学思维，使之成为中国闻名于世界的传统科学。"旧学是新学的基点和前提，没有旧学本身发展的内在要求，没有源于旧学的经世之学对于以'实用之学'为特征的西学的认同和最初的接纳，就不会有近代新学的起步；没有源于中学的今文公羊学与西

① 沈清松：《谈科技思想史》序《中国科技史的三个问题》，载刘君灿：《谈科技思想史》，台北：明文书局，1986年，第3页。

② 林庆元、郭金彬：《中国近代科学的转折》，厦门：鹭江出版社，1992年，第9页。

方进化论的结合，就不会有康、梁比较完整的新学理论形态的出现；没有旧式书院和科举八股自身更新变革的现实要求，没有洋务以后新学堂体系与旧学体系的双轨并行及其渗透，就不会有近代新学制度上的重大成果。"①

可见，中西科技思想并非一味对立，其间也有互通与融合。正是在近代边疆危机和国家产生巨大变革的时代环境下，云南人民不懈奋斗，努力学习西方科学技术，并最终实现了科学体系的近代化转型。

三、云南科技发展的现实成就及发展潜力

中华人民共和国成立以来，云南的科技事业得到了显著的发展，尤其是改革开放后，云南科技发展日新月异，取得了巨大的成就，许多科技在云南从无到有，从弱到强，开拓出新的领域，取得了长足的进步。

中华人民共和国成立至 1957 年间，云南省尚未建立省级的统一科技管理机构，也没有省级科技发展规划出台，这一时期内的科技规划和科技计划的编制、实施和管理，主要由相关厅局、各地区、各单位自行安排。1958—1959 年，云南省陆续成立了中国科学院云南分院、云南省科学技术委员会、云南省科学技术协会等科技工作的相关领导机构。随后，全省第一届科学技术工作会议也于1959 年 3 月召开。

（一）科技机构的筹建

1966 年 5 月至 1972 年，云南的科技事业遭到严重破坏，科技管理机构瘫痪，许多科研机构被撤销，资料流失，设备毁损，科技人员被下放，不少知名学者、专家作为"反动学术权威"被批判斗争，云南的科技事业损失严重。1972年，周恩来总理主持中央日常工作，召开了全国科技工作会议。此后，云南科技工作和全国科技工作一道开始复苏。1973 年，云南省科学技术委员会恢复，各地州市县也相继恢复或建立了一批科技管理机构，不少科技人员在此期间取得了一些的科技成果。

1978 年 3 月，中共中央在北京召开了全国科学大会，邓小平在会上的讲话

---

① 王先明：《近代"新学"形成的历史轨迹与时代特征》，《天津社会科学》2002 年第 1 期。

中明确指出"现代化的关键是科学技术现代化",重申了"科学技术是生产力"这一马克思主义基本观点。此后,云南省提出了加强科技管理工作、科技队伍建设和党对科技工作的领导,做好科技成果推广和科学普及等工作。党的十一届三中全会之后,云南省恢复了云南省科学技术协会和中国科学院昆明分院,恢复、新建了一批科研机构,试行扩大科研所财务自主权、科研合同制、农业技术联产承包责任制等,开始了科技体制的初步改革。

1983年以后,科研机构实力日渐增强。云南省经济发展逐步转移到依靠科技进步和加强应用开发研究上来,成立了省科技协调领导小组,加强统一领导和综合协调。昆明植物研究所、昆明动物研究所、云南天文台、昆明贵金属研究所等中国科学院下属、中央直属科研机构,以及云南省农业科学院、云南省林业科学院等一大批省级科研机构相继成立。1986年,云南拥有省属自然科学技术领域独立科研机构为 151 个[1],初步形成学科比较齐全,具有一定攻关能力和开发潜力的多类型、多层次的科研开发体系。

截至 2021 年 2 月,云南省科技水平已有较大发展,创新能力显著提升。已建成国家重点实验室 7 个,省重点实验室 105 个,省工程技术研究中心 123 个,临床医学研究中心 10 个。[2]

(二)科技发展规划的制定

在相关的省级科技管理机构成立后,根据国家各个阶段的方针、任务,结合云南发展需要与工作实际,云南省的科技发展规划逐步编制出台,提出发展科技的战略思想,最具指导性和代表性的当属不同时期的发展规划(表-1)。

表-1 云南省主要科技规划

序号	文件名称
1	《云南省科学研究初步规划(1958—1962)》
2	《云南省科技发展十年规划(1963—1972)》

---

[1] 《云南科技 60 年·辉煌历程》,https://www.safea.gov.cn/ztzl/kjzg60/dfkj60/yn/hhlc/,2022 年 6 月 25 日。

[2] 季征:《云南科技创新能力显著提升》,《农村实用技术》2021 年第 2 期。

续表

序号	文件名称
3	《云南省"三五"科技发展规划和远景规划（1966—1970）》
4	《云南省科技发展"四五"规划（1971—1975）》
5	《云南省科技长远发展规划纲要（1978—1985）》
6	《云南省科学技术"六五"规划和十年设想》
7	《云南省1986—2000年科学技术发展纲要》
8	《云南省"七五"科技发展规划（1986—1990）》
9	《云南省"八五"科技发展规划（1991—1995）》
10	《云南省"九五"科技发展规划（1996—2000）》
11	《云南省"十五"科技发展规划（2001—2005）》
12	《云南省"十一五"科技发展规划（2006—2010）》
13	《云南省中长期科学和技术发展规划纲要（2006—2020）》

资料来源：《云南科技60年科技发展政策、规划与创新环境建设》，https://www.safea.gov.cn/ztzl/kjzg60/dfkj60/yn/fzzcghcx/，2022年6月25日

云南省不同时期的科技发展规划根据目标和实际状况进行调整，符合不同时期的云南发展状况。1986年前的规划主要针对具体科技需求组织科研项目，没有设置明确的科技计划。从1986年起，则开始逐步设立相对规范的科技计划体系，主要有科技重大（攻关）计划、软科学研究计划、星火计划、应用基础研究计划、科技成果试验示范计划和火炬计划等。应用基础研究方面设立了云南省自然科学基金。"八五"期间，云南省科技计划继续坚持"依靠、面向、攀高峰"的方针，强调科技与经济的紧密结合，促进科技与教育，对计划设置进行了适当调整。1995年云南省委、省政府召开全省科技大会，作出了加快科技进步的决定，故"九五"省科技计划围绕促进科技与经济结合的关键环节，以推动科技成果转化为核心，精心组织"面向经济建设主战场、发展高新技术及产业化、加强基础性研究"三个层次的科技计划工作，在原有计划的基础上新增了国际科技合作计划、省院省校科技合作计划、科技型中小企业技术创新、新药研究开发和优质农产品开发示范等专项计划。"十五"期间，省科技计划工作全面贯彻科学发展观，在参照国家科技计划体系设置的基础上，结合云南科

技工作实际需要，将科技计划体系调整为应用基础研究、科技合作、技术创新、科技创新条件及产业化环境建设四个板块。

"十一五"以来，云南省科技厅按照贯彻政府目标、加强统筹协调的要求，以加强自主创新为核心，围绕实施五大创新行动和十个重大专项，设立了科技创新强省、重点新产品开发、社会发展、科技基础条件平台建设和科技富民强县五大科技计划，着力培育一批创新型重点企业，支持一批对云南经济社会发展有支撑引领作用的重大项目。

（三）科技政策法规的完善

改革开放后，地方性的科技法规相继制定（表-2），相关的法治建设进程逐步加快，为科技进步提供了有力的制度保障，营造了科技创新的良好环境。

表-2　云南省主要地方性科技法规

法规名称	颁布日期	实施日期
《云南省促进民族自治地方科学技术进步条例》	1993 年 1 月 7 日	1993 年 4 月 1 日
《云南省技术市场管理条例》	1994 年 1 月 21 日	1994 年 4 月 1 日
《云南省民办科技企业条例》	1994 年 9 月 24 日	1995 年 1 月 1 日
《云南省科学技术进步条例》	1994 年 11 月 30 日	1995 年 1 月 1 日
《云南省实施〈中华人民共和国促进科技成果转化法〉若干规定》	1997 年 12 月 3 日	1998 年 1 月 1 日
《云南省园艺植物新品种注册保护条例》	1998 年 9 月 25 日	1998 年 11 月 1 日
《云南省实施〈中华人民共和国农业技术推广法〉办法》	1998 年 9 月 25 日	1998 年 11 月 1 日
《云南省科学技术普及条例》	2003 年 3 月 28 日	2003 年 7 月 1 日
《云南省专利保护条例》	2003 年 11 月 28 日	2004 年 3 月 1 日
《云南省高新技术产业促进条例》	2007 年 5 月 23 日	2007 年 10 月 1 日

资料来源：《云南科技 60 年科技发展政策、规划与创新环境建设》，https://www.safea.gov.cn/ztzl/kjzg60/dfkj60/yn/fzzcghcx/，2022 年 6 月 25 日

关于科技发展的政策逐步增多。自 1985 年以来，云南省委、省政府先后颁布了《云南省科研院所改革的若干暂行规定》《云南省人民政府贯彻国务院〈关于深化科技体制改革若干问题的决定〉的规定》《云南省人民政府关于放活科

技人员的若干政策规定》《云南省关于促进科技成果转化为现实生产力的若干暂行规定》《关于进一步推动科技人员和党政机关工作人员到经济建设第一线的意见》等一系列科技体制改革等的政策措施。

1988—1994年，云南省科委充分发挥协调、组织、服务等作用，使云南科技发展逐步适应商品经济发展的要求。在此期间，云南省贯彻落实科技工作面向经济建设主战场、培育高新技术及其产业化、加强基础研究的战略部署，把资源优势通过科技开发变为新兴产业的经济优势。

1995年12月，云南省委、省政府在全省科技大会上作出了《中共云南省委云南省人民政府关于贯彻落实〈中共中央、国务院关于加速科学技术进步的决定〉的实施意见》，提出了实施科教兴滇战略的指导思想、基本原则和目标、战略重点和八大科技工程，以及深化科技体制改革、加强科技队伍建设、坚持第一把手抓第一生产力等政策措施。

1997年云南省科委进一步提出"解放思想，更新观念；改进作风，加强调研；突出重点，以点带面"的指导思想和工作原则，推动科技体制和科研机构改革，确定了"大力推动农业和农村科技进步""加强研究与发展（R&D①）工作"等八项重点任务。党的十五大之后，省委和省政府把"科教兴滇"战略实施作为关系云南经济社会发展全局的重大战略来抓，以改革为动力，在解决经济建设面临的大量科技问题、推动国民经济持续快速健康发展和民族文化建设方面发挥科技的重要作用，促进了全省的科技进步。

1998年11月，全省高新技术产业工作会议召开，云南省委、省政府作出了《关于加快发展高新技术产业的决定》，明确了云南省发展高新技术产业的总体思路、指导原则、发展目标和重点领域及相关的政策措施。1999年12月，云南省委、省政府在《关于加快高层次人才培养引进的决定》中，提出要加快培养一批跨世纪的学术、技术带头人和一批高层次企业经营管理人才，并明确了目标和具体政策措施。2000年，在全省科技创新大会上，云南省委、省政府作出了《中共云南省委云南省人民政府关于贯彻落实〈中共中央、国务院关于

---

① research and development，即科学研究与试验发展，指在科学技术领域，为增加知识总量（包括人类文化和社会知识的总量），以及运用这些知识去创造新的应用进行的系统的创造性的活动，包括基础研究、应用研究、试验发展三类活动。

加强技术创新，发展高科技，实现产业化的决定〉的实施意见》，提出以企业技术创新为主体，以创新创业人才开发为基础，以科技成果转化为重点，以产品创新为突破口，坚持有所为有所不为相结合、技术引进与自主创新相结合的科技工作方针。2005年，全省科技大会召开，中共云南省委、云南省人民政府印发《关于大力加强自主创新促进经济社会全面发展的决定》。2008年，中共云南省委、云南省人民政府印发《关于实施建设创新型云南行动计划的决定》，提出把提高自主创新能力作为调整经济结构、转变发展方式的核心，全面提升产业竞争力，加快创新型云南建设，实现经济社会又好又快发展的科技工作方针。

（四）科技人才

中华人民共和国成立初期，云南省科技从业人数较少，不足2万人，其中科研机构技术人员不足百人。经过十余年的发展，这一数字有了较大提升，即从不足2万人发展到1965年全省科技从业人员总数约为15.7万人。1979年，省委省政府落实知识分子政策，提出了加强科技人员队伍建设的建议和措施。到2007年，全省科技从业人数已达95.68万人。[①]

"十三五"期间，云南省增选"两院"院士4名，培引科技领军人才、高层次人才、高端外国专家123名，中青年学术和技术带头人后备人才、技术创新人才培养对象635名。这一期间，云南省建设院士专家工作站422个，实现全省州（市）全覆盖。截至2021年，云南省已建成国家重点实验室7个、省重点实验室105个、省工程技术研究中心123个、临床医学研究中心10个。[②]

（五）科技投入与基础条件建设

1957年，全省财政安排科学事业费222万元，1960年增至1140万元。自1974年起，科技三项费实行预算、决算管理制度，按科研课题进行财务核算，逐年加大科技投入。据不完全统计，1970—1988年省科学事业费和科技三项费共投入3.65亿元；1978—1985年，全省共投入科学事业费和科技三项费4.47

---

① 《云南科技60年发展状况比较》，2009年11月24日，http://www.most.gov.cn/ztzl/kjzg60/dfkj60/yn/fzzkbj/200911/t20091124_74337.html，2021年10月21日。

② 季征：《云南科技创新能力显著提升》，《农村实用技术》2021年第2期。

亿元。1989—2005 年，全省科技三项费实现了大幅度增长，由 1989 年的 3133 万元增加到了 2005 年的 57 536 万元，增长了 17 倍多。全省科技三项费占全省财政总收支比例明显提高，1989 年全省科技三项费占财政总收入和总支出比例分别为 0.5% 和 0.38%，2005 年全省科技三项费占财政总收支比例为 0.75%。[①]

与此同时，科研基础设施如场地、设备等从最初的设备匮乏、场地狭小等窘况不断改善，保障科技创新发展。1958—1985 年间，云南省购置大型精密仪器 300 多台，投入 3.02 亿元，下拨上万吨钢材和其他物资用于科研，建设科研、办公和生活用房 112 万多平方米。20 世纪 90 年代，大型科学仪器引进在质与量上都有提高。至 2005 年全省拥有 13 大类各种大型科研仪器设备 1300 多台（套），价值 8 亿多元。2006 年，"全省大型科学仪器共享协作网"开始建设，推动了大型科学仪器设备的共建共享工作。2007 年由中国科学院和云南省共同承担建设的"中国西南野生生物种质资源库"落成，成为我国西部地区最重要的大型科技基础设施。[②]

（六）科技成就

改革开放后，云南省科技发展迅速。主要表现在以下几方面。

其一，科技成果大量涌现。2018 年，专利申请量和授权量分别突破 3 万件和 2 万件，分别是 1986 年的 196 倍和 581 倍。专利产出质量不断提升，发明专利授权量的比重从 1986 年的 8.57% 提高到 2018 年的 11.29%；每亿元 R&D 投入的专利产出从 2012 年的 104.37 件增加到 2018 年的 128.93 件。2000—2018 年，云南省获国家科学技术奖 109 项，其中最高科学技术奖 1 项，自然科学奖 9 项，技术发明奖 15 项，科学技术进步奖 82 项，国际科学技术合作奖 2 项。2008—2018 年，云南省科学技术奖获奖项目达 2444 项。[③]

其二，科技创新能力显著提高，研究领域拓宽。1978 年全国科技大会后，

---

① 《云南科技 60 年发展状况比较》，2009 年 11 月 24 日，http://www.most.gov.cn/ztzl/kjzg60/dfkj60/yn/fzzkbj/200911/t20091124_74337.html，2021 年 10 月 21 日。

② 《云南科技 60 年发展状况比较》，2009 年 11 月 24 日，http://www.most.gov.cn/ztzl/kjzg60/dfkj60/yn/fzzkbj/200911/t20091124_74337.html，2021 年 10 月 21 日。

③ 《建国 70 年云南科技成就报告》，2019 年 9 月 12 日，http://www.ynst.net/show-34-224-1.html，2022 年 4 月 8 日。

随着对科技是第一生产力认识的日益增强，云南省科技活动步入大发展阶段。20 世纪 80 年代，科技创新活动主要集中在农业领域。20 世纪 90 年代开始，全省科技创新活动蓬勃发展，在矿冶、电子信息、机械制造、农业、医疗、动物疫病、环境安全等领域开展了大量科技创新活动，取得了一大批重大成果，其中不乏达到国际或国内先进水平的技术与产品，全省科技创新能力和科技实力迅速增强。党的十七大以后，开始深入贯彻落实科学发展观，大力促进科技与经济的紧密结合，全省创新能力总体水平大幅跃升，生物、冶金、烟草等优势特色领域在科研基础、技术装备和成果应用等方面具备较强的科技实力，具有自主知识产权的技术和产品不断涌现，创新能力居于全国领先水平。花卉新品种、重大冶金工艺技术及装备的开发应用，新材料产品的开发，有色金属及稀贵金属资源利用，物流自动化设备和金融电子装备，大型铁路养护机械，红外光电子设备制造，磷化工和煤化工深加工技术等具有云南特色的技术创新在全国优势突出。

其三，科普活动增多，形式多样。1951 年，云南省科学技术普及协会筹备委员会成立，1956 年正式成立云南省科学技术普及协会。至 2005 年全省共有各种专门学会、协会、研究会 123 个，会员 15.54 万人。①

20 世纪 90 年代以来，以城镇社区居民为主要对象的社区科普逐渐兴起，农村科普进入新的发展时期，全省科普组织网络建设与发展不断增强。1996 年 12 月第一次全省科普工作会议召开，贯彻全国科普工作会议精神，明确了科普工作的方向和目标。2001 年首次开展全省科技活动周工作以来，每年以主题形式组织开展了丰富多样的科普活动。2003 年 7 月 1 日《云南省科学技术普及条例》正式施行，为科普工作提供了法律依据。据统计，2000—2005 年全省共组织科技下乡 5918 次，科普讲座、报告 1485 场，举办科普展览 1131 次，展出科普展板 17 000 块，放映科普电视 1705 部，发放科普宣传资料 1006.7 万份，编印科普期刊 20 余种发行量 176 万册、科普小报 15 种年发行量 112.6 万份、各类科普图书 554 种 50 余万册②，对提高全社会公众，特别是广大农民的科学素质起到了积极作用。

---

① 《云南科技 60 年·科技成就》，https://www.safea.gov.cn/ztzl/kjzg60/dfkj60/yn/kjcj/，2022 年 6 月 25 日。
② 《云南科技 60 年·科技成就》，https://www.safea.gov.cn/ztzl/kjzg60/dfkj60/yn/kjcj/，2022 年 6 月 25 日。

其四，国内科技合作成效显著。20 世纪 60 年代以来，在周恩来总理的关怀下，上海与云南建立了帮扶合作关系。1979 年中央正式确定了上海与云南的对口合作关系。1995 年上海市科学技术委员会、云南省科学技术委员会签署了《关于进行双边对口科技合作意向书》，由上海对思茅、文山、红河三个地州开展重点对口帮扶。2002 年上海方面正式移交了红河沪滇合作农场、思茅农业科技示范园及文山农业科技示范园。2005 年由云南省科技厅和上海市科学技术委员会共建了"上海-云南技术转移基地"。

在中国加入世界贸易组织，党中央实施西部大开发战略的时代背景下，为进一步扩大开放，加强科技创新，重视人才培养，推进科技事业的跨越发展，进而推动经济持续快速发展，云南省委、省政府决定率先在国内开展与中国科学院、著名高校、重点科研机构开展以科技、教育、人才培养等为主要内容的省院省校全面合作。1998 年以来，云南省院省校科技合作成效明显，与中国科学院、中国农业科学院等权威科研机构，清华大学、北京大学等著名高校建立了正式合作关系，围绕云南省经济社会发展和产业结构的战略性调整，启动实施了一批教育、科技、人才培训等高水平的合作项目。云南省院省校科技合作共安排项目 540 项，投入总经费 44.92 亿元，其中省财政专项投入 6.25 亿元，来自省外 60 所高等学校、82 所科研院所的上万名科研人员参与了省院省校科技合作工作。引进和开发新产品 241 项，新工艺 160 多项，申报国内外专利 300 多项，建成 380 多条中试装置和生产线，共建了 132 个农业新品种、新技术实验示范基地，为云南省培养博士生 350 多名，硕士生 580 多名。这些项目的实施为云南省新增产值 437.47 亿元，新增利税 50.76 亿元，完成了中国西南野生生物种质资源库、丽江高美古"2 米级天文望远镜"、国家探月工程 40 米射电望远镜、昆明高新五华科技园、一汽红塔技术创新中心等一批重大项目。[①]2006 年中华人民共和国科技部、云南省人民政府在北京签订《科学技术部、云南省人民政府工作会商制度议定书》，共同推进生物质能源产业化工程建设、云南花卉星火产业带发展、云南民族药工程技术研究中心建设、抗艾滋病新药与戒毒新药研制等工作。2009 年在昆明举行的第二次部省工作会商会议上，双方进一步围绕共同推进云南有色金属新材料产业化基地建设、推动中药现代化科技产

---

① 《云南科技 60 年科技成就》，https://www.safea.gov.cn/ztz1/kjzg60/dfkj60/yn/kjcj/，2022 年 6 月 25 日。

业（云南）基地建设、继续推进云南特色动物资源实验动物化开发及共享平台建设等合作进行了磋商。

其五，国际科技合作日益增多。20 世纪 50 年代云南省主要是同苏联和捷克等东欧国家进行科技合作。根据中苏协议，开展了云锡扩建工程和东川、会泽的新建工程等援建项目。1955—1956 年在苏联林业部援助下，首次对云南森林进行了航空测量和森林管理调查。同时中苏两国科学院还进行了动植物区系调查和紫胶考察研究。1960 年中苏关系恶化之后云南对外科技合作基本处于停滞状态。

1978 年党的十一届三中全会以后，云南对外科技合作逐步恢复并日益扩大。1980—1988 年云南省对外科技合作项目共 42 项，合作经费约计 300 万美元。1992 年大湄公河次区域经济合作启动。云南省作为中国参与大湄公河次区域经济合作的主要省份，在双方具有相同资源的领域（如锡业、橡胶业、热带作物业、水电建设等），立项支持了以"中缅千亩甘蔗、万亩水稻丰产示范"为代表的 13 个国际合作计划项目，创造了享有国际声誉的替代罂粟种植的"勐海禁毒模式"。①

"十五"以来，云南省对外科技合作工作在继续加强与发达国家在更深层次、更高水平和更广领域开展长期、稳定的国际科技合作与交流的同时，围绕技术和产品输出，重点针对东盟各成员国，特别是云南省周边国家和印巴次大陆国家，加强国际合作计划项目的组织实施，积极推动"科技兴贸"行动计划，支持和引导云南省企业（集团）、科研院所和大学开展以增强国际市场竞争能力、促进技术和产品出口为目标的技术经济合作，不断增强云南省对周边地区的经济技术辐射能力和核心竞争能力。

当前，云南在建设民族团结进步示范区，生态文明建设排头兵，面向南亚、东南亚辐射中心过程中，以及国家"一带一路"倡议实施过程中既需要继承和发展已有科技优势，开拓新的研究领域，更需要将科技知识、思想和历史普及到广大的人民群众之中。

对云南科技史的研究，是对云南地区科技发展过程的梳理和总结，既能丰富中国科技史的内容，又能对当前的科技发展提供借鉴。云南在农业生产、手

---

① 《云南科技 60 年科技成就》，https://www.safea.gov.cn/ztz1/kjzg60/dfkj60/yn/kjcj/，2022 年 6 月 25 日。

工业、建筑、交通、矿业、盐业等方面有许多值得挖掘和总结的历史资料，对此进行深入研究，可以增强人们对云南科技发展知识的了解，也可以丰富对中国科技史进程的认识，并为当前的科技发展提供历史参考。

研究云南科技史有利于云南科技知识、思想和历史的普及。只有在对云南科技史进行全面、深入的研究基础上，才可能更好地开展云南科技知识的普及工作，弘扬其中的科学精神，传播科学思想和科学方法，推动社会形成讲科学、爱科学、学科学、用科学的良好氛围，充分释放蕴藏人民群众中间的创新智慧和创新力量，进而促进云南科技的创新发展。

后　记

　　近年来，有关云南科技发展史的研究已有一定的规模，产生了多部有关云南科技史的通论著作，如夏光辅等著《云南科学技术史稿》（云南科技出版社1992 年版）、云南省科技志编委会编纂《云南省志·科学技术志》（云南人民出版社 1998 年版）、李晓岑著《云南科学技术简史》（科学出版社 2013 年版）。同时，还涌现了一批资料梳理性质的著述，如云南省科学技术志编纂委员会组织编写的《云南科学技术大事》（昆明理工大学印刷厂 1997 年版）、《云南科研设计机构简介》（云南科技出版社 1991 年版）、《云南获奖科技成果》（云南科技出版社 1992 年版）等。在前辈学者的辛勤耕耘下，关于云南科技发展史的研究已经形成丰硕的成果，为后续研究奠定了坚实的基础。但由于时间断限、受众群体、时代要求等方面的差异，云南科技发展史的研究仍有一定的开拓空间：一是缺乏兼具学术性和普及性的云南科学技术史著作；二是未能深入挖掘云南少数民族科技的贡献；三是未能充分反映中华人民共和国成立后云南科技发展的成就。

　　因此，编写一部深入系统的云南科技史著作，将有利于对云南地区科技发展过程的梳理和总结，有利于深入发掘云南少数民族在科技发展中的贡献，有利于云南科技知识、思想和历史的普及，并为当前的科技发展提供借鉴。以此为契机，2018 年 8 月，由云南省科学技术厅科技发展战略与政策研究重点项目资助的"云南省科学技术史研究"课题正式启动。课题设置有"云南科学技术史总论""云南历史上的科技思想与人物""人文社会科学""天文、气象与地学""数学、物理学与化学""生物学与医学""矿业与冶金""建筑与交通""农业与水利""手工业与工业"等 10 个子课题，拟通过搜集整理与云南科技相关历史资料，并在史料整理的基础上，系统地梳理其中的科学知识、思想和文化等内容,厘清云南科学技术发展中的重要问题,将相关内容用通俗易懂的语言表述出来,完成云南省科技史专著,继承和传播云南科技的相关知识、思想、文化。在各子课题负责人的协同努力下,2020 年初,"云南省科学技术史研究"课题顺利结项,形成了百万余字的研究成果。

在课题成果即将付梓之际,考虑到漫长历史时期里云南科技发展的实际情况,并兼顾课题研究的系统性和完整性,笔者对原有各子课题内容做了相应调整,最终整合成名为"云南科技发展史通论"的系列丛书。该系列丛书包含《云南科技发展史通论——云南科技发展史总论》《云南科技发展史通论——人文社会科学、数学、物理学与化学卷》《云南科技发展史通论——建筑、交通、农业与水利卷》《云南科技发展史通论——矿业、冶金、手工业与工业卷》《云南科技发展史通论——天文、气象、地学、生物学与医学卷》等内容。该系列丛书从云南科技发展的基础、古代云南科技的发展、近代云南的科技三大部分系统阐述了云南科技的发展历程、阶段性特点和重要贡献,内容涵盖云南历史上的科技思想与人物、农业生产、手工业、建筑、交通、矿业、盐业、天文、医学等方面。

《云南科技发展史总论》融合了前述"云南省科学技术史研究"课题"云南科学技术史总论""云南历史上的科技思想与人物"两个子课题的内容,也是"云南科技发展史通论"系列丛书的卷首。本书试图全面展现在漫长历史时期里的云南科技发展与变迁,总结其历史成就,从农业、手工业、交通、建筑等方面对云南科技的发展历程作整体研究,兼顾考察云南的科技人物及其著述,尤其侧重探讨少数民族为云南科技发展做出的贡献,勾勒云南科技发展脉络,分析其演进趋势。

因研究所涉时段较长,对象又十分多样,故笔者在谋篇布局时,一方面,以时间为纵轴,力图综合呈现云南科技在不同历史时期的成就,再以多样的科技成就为研究横轴,并将之设置为农业、手工业、交通、建筑等多个维度,希冀以此详细阐述云南科技在不同领域的发展与变迁;另一方面,结合笔者的研究专长及相关研究成果,形成少数民族科技、科技思想及科技人物等专题,以专题研究为导向,将云南科技的发展置于历史长河中进行考察,并对其中的代表性问题加以分析研究。此外,笔者还注意选取一些重点内容和典型案例,如中华人民共和国成立后云南科技发展的成就、云南少数民族科技的贡献、云南的科技人物等问题，在向纵深拓展的同时实现了横轴面在不同维度间的对比，大大丰富了本书的内容。

在本书写作过程中，笔者以前人研究为基础，广泛钩稽史料，对云南科技发展做了深入而细致的研究。研究方法上，本书坚持以实证研究为依托，充分借鉴历史学、人类学、民族学、社会学、民俗学等多学科理论拓宽研究视野，为论证本书的观点提供充足的论据，做到论从史出，力图呈现云南科技发展的图景及历史成就。

本书各章具体的人员分工如下：绪论由潘先林、谭世圆、彭建执笔。第一章由潘先林、谭淑敏执笔。第二章由潘先林、彭建、李能燕执笔。第三章由罗群、王丹等执笔。第三章第一节由王丹、黄丰富撰写；第二节由李淑敏撰写；第三节由李淑敏、王丹撰写；第四节由王丹撰写；第五节由黄丰富、胡奕伟撰写；第六节由邹培杨撰写。第四章由罗群、王丹、孙骁执笔。结语由罗群、孙骁、童巍雄执笔。全书由谭淑敏统稿并负责格式调整、统一体例等具体工作。

需要说明的是，由于编者多为文科背景，对云南科技发展史上的如数学、物理学、化学、生物学、医药学等部分内容掌握得还不是很纯熟，其学科理论水平有限，以致书中难免会有一定的不足，恳请专家与读者批评指正。

罗群　潘先林

2025 年 1 月